高等职业教育"互联网+"新形态一体化教材

综合布线技术
第 3 版

主　编　李元元
副主编　包晓蕾
参　编　董莹荷　项　烨

机械工业出版社

本书以行业职业技能为导向，根据综合布线工程领域的各个岗位对于不同层次人才技能的要求，将全书内容分为综合布线工程操作、综合布线系统设计、综合布线工程管理与招投标3个学习领域，引导学生由浅入深地学习综合布线系统的各项技能。

综合布线工程操作学习领域包括6章，主要介绍了综合布线系统的基本概念，综合布线常用的线缆、器材、工具、测试仪表，施工和测试的基本操作技能，并附带设计了若干个实训项目。

综合布线系统设计学习领域包括5章，主要介绍了综合布线系统的需求分析方法、常用设计标准、总体设计架构、各子系统的常见设计方案、验收要点和步骤，并附带了若干个工程案例。

综合布线工程管理与招投标学习领域包括两章，主要介绍了工程管理的基本流程、工程招投标的主要流程。

本书可作为高等职业院校通信技术、计算机网络技术等专业的教学用书，也可作为综合布线工程领域的技术参考用书。

为方便教学，本书配有电子课件、课后练习题答案、模拟试卷及答案等教学资源，凡选用本书作为授课教材的教师，均可通过 QQ（2314073523）咨询。

图书在版编目（CIP）数据

综合布线技术/李元元主编．—3版．—北京：机械工业出版社，2023.12
高等职业教育"互联网+"新形态一体化教材
ISBN 978-7-111-74349-1

Ⅰ.①综⋯ Ⅱ.①李⋯ Ⅲ.①计算机网络-布线-高等职业教育-教材 Ⅳ.①TP393.03

中国国家版本馆 CIP 数据核字（2023）第 227438 号

机械工业出版社（北京市百万庄大街22号　邮政编码100037）
策划编辑：曲世海　　　　　责任编辑：曲世海
责任校对：薄萌钰　韩雪清　封面设计：马若濛
责任印制：张　博
北京建宏印刷有限公司印刷
2025年1月第3版第1次印刷
184mm×260mm ・ 14.25 印张 ・ 345 千字
标准书号：ISBN 978-7-111-74349-1
定价：49.00元

电话服务	网络服务
客服电话：010-88361066	机 工 官 网：www.cmpbook.com
010-88379833	机 工 官 博：weibo.com/cmp1952
010-68326294	金 书 网：www.golden-book.com
封底无防伪标均为盗版	机工教育服务网：www.cmpedu.com

前　　言

建筑物智能化是信息时代的产物，综合布线系统作为智能建筑的信息传输系统，是智能建筑的基础，综合布线系统的发展与建筑物智能化发展密切相关。综合布线系统具有兼容性、开发性、灵活性、可靠性、先进性、经济性等特点，较好地解决了传统布线存在的各种问题。在信息化时代，综合布线的应用范围及服务对象逐步增加，行业发展前景良好。对于通信技术、计算机网络技术、建筑智能化工程技术等专业的高职院校学生，综合布线系统工程的相关职业技能显得十分重要。

为深入贯彻党的二十大精神，实施科教兴国战略，本书以立德树人为根本任务，以行业职业技能为导向，根据综合布线工程的各个岗位对于不同层次人才技能的要求，将本书分为综合布线工程操作、综合布线系统设计、综合布线工程管理与招投标3个学习领域，共计13章。综合布线工程操作学习领域包括1~6章，主要介绍综合布线系统的基本概念、综合布线产品选型、综合布线的工程施工操作和测试等内容，面向具有初级技能的操作人员；综合布线系统设计学习领域包括7~11章，主要介绍综合布线系统工程项目设计、工程项目验收等内容，面向综合布线工程项目的设计人员等；综合布线工程管理与招投标学习领域包括12、13章，介绍综合布线工程项目的管理、招投标等内容，面向综合布线工程的管理人员。

本书针对各个不同层级人才的技能要求，叙述内容由浅入深、循序渐进，选取案例贴近工程实际，是一部实用性很强的书籍。本书邀请多位企业专家共同参与教材的编写，在编写过程中，企业专家不仅带来企业对人才岗位技能的要求，对编写大纲提出了很多宝贵的意见，而且提供了大量丰富的工程案例、设计文档、图片，使得本书的内容贴近工程实际。本书详细介绍了综合布线工程的各项基本施工技能、各种常见的设计方案和各类项目的管理方案。本书选取了大量来自一线工程的插图，使得教材的内容更加生动。

本书由李元元担任主编，包晓蕾担任副主编，董莹荷和项烨参与编写。其中第1、2、3、7、8、9、12章由李元元编写，第4、6、13章由包晓蕾编写，第11章由项烨编写，第5、10章由董莹荷编写。

本书的编写得到了上海上科联合网络科技有限公司和福禄克仪器仪表公司的技术支持，在此表示衷心的感谢。

编　者

二维码索引

序号	二维码	页码	序号	二维码	页码
1		23	8		77
2		24	9		78
3		69	10		89
4		72	11		91
5		75	12		93
6		75	13		94
7		76	14		94

二维码索引

（续）

序号	二维码	页码	序号	二维码	页码
15		97	17		107
16		103	18		117

目 录

前 言

二维码索引

学习领域1 综合布线工程操作

第1章 认识综合布线 ………… 3
- 1.1 通信线缆的初步认识 ………… 3
  - 1.1.1 通信线缆的发展概述 ………… 3
  - 1.1.2 双绞线的初步认知 ………… 4
- 1.2 综合布线系统的基本概念 ………… 6
  - 1.2.1 综合布线系统和智能建筑的关系 ………… 6
  - 1.2.2 综合布线系统的组成结构 ………… 9
  - 1.2.3 综合布线系统的特点和应用范围 ………… 11
  - 1.2.4 综合布线与传统布线的比较 ………… 11
- 1.3 综合布线系统的配置 ………… 13
  - 1.3.1 综合布线系统的拓扑 ………… 13
  - 1.3.2 语音、数据业务在综合布线系统上的实现 ………… 14
- 课后练习题 ………… 16

第2章 认识综合布线工程使用的通信线缆 ………… 17
- 2.1 双绞线的进一步认识 ………… 17
  - 2.1.1 双绞线的电气特性参数 ………… 17
  - 2.1.2 双绞线电缆等级 ………… 18
  - 2.1.3 非屏蔽双绞线与屏蔽双绞线 ………… 20
  - 2.1.4 双绞线连接器件 ………… 21
  - 2.1.5 大对数全塑电缆 ………… 24
- 2.2 光纤与光缆 ………… 30
  - 2.2.1 光纤的基本知识 ………… 30
  - 2.2.2 光纤的传输特性 ………… 31
  - 2.2.3 光纤的类型 ………… 33
  - 2.2.4 光纤连接器件 ………… 35
  - 2.2.5 光缆的结构和型号 ………… 37
- 2.3 同轴电缆 ………… 42
  - 2.3.1 同轴电缆概述 ………… 42
  - 2.3.2 同轴电缆特性参数 ………… 42
- 课后练习题 ………… 43

第3章 认识综合布线工程使用的布线器材和布线工具 ………… 45
- 3.1 综合布线中使用的布线器材 ………… 45
  - 3.1.1 线管 ………… 45
  - 3.1.2 线槽 ………… 47
  - 3.1.3 桥架 ………… 48
  - 3.1.4 机柜 ………… 50
  - 3.1.5 线缆整理材料 ………… 51
  - 3.1.6 其他布线器材 ………… 52
- 3.2 认识综合布线中使用的工具 ………… 53
  - 3.2.1 布线工具 ………… 53
  - 3.2.2 管槽安装施工工具 ………… 56
- 3.3 个人安全设备 ………… 58
- 课后练习题 ………… 59

第4章 掌握综合布线工程基本施工技术 ………… 60
- 4.1 管槽系统的安装 ………… 60
  - 4.1.1 水平布线的管槽安装施工 ………… 60
  - 4.1.2 建筑物内干线子系统布线的管槽安装施工 ………… 63
  - 4.1.3 建筑群地下通信管道施工 ………… 65
- 4.2 电缆布线施工 ………… 68
  - 4.2.1 电缆的布放 ………… 69
  - 4.2.2 电缆的牵引 ………… 69
  - 4.2.3 电缆的处理 ………… 71
  - 4.2.4 信息插座模块的安装及端接 ………… 72
  - 4.2.5 机柜与配线设备的安装 ………… 74
- 4.3 光缆布线施工 ………… 75
  - 4.3.1 光缆施工的安全防范 ………… 75
  - 4.3.2 光缆敷设 ………… 75
  - 4.3.3 光纤端接配线架 ………… 76
  - 4.3.4 光纤冷接技术 ………… 77

4.3.5 光纤熔接 …………………… 78
课后练习题 ……………………… 80

第 5 章 掌握综合布线工程测试 …… 81
5.1 测试工具 ………………………… 81
　5.1.1 电缆测试设备 ……………… 81
　5.1.2 光缆测试设备 ……………… 82
5.2 测试标准和测试类型 …………… 84
　5.2.1 测试的标准和内容 ………… 84
　5.2.2 测试类型 …………………… 84
5.3 电缆测试 ………………………… 85
　5.3.1 电缆认证测试模型 ………… 85
　5.3.2 电缆认证测试内容 ………… 87
5.4 光缆测试 ………………………… 87
课后练习题 ……………………… 88

第 6 章 综合布线工程操作实训 …… 89
6.1 管道弯曲、钢丝穿放、
　　牵引双绞线布线 ………………… 89
　6.1.1 实训目标及实训设备 ……… 89
　6.1.2 实训要点及步骤 …………… 89
6.2 双绞线跳线制作及测试 ………… 91
　6.2.1 实训目标及实训环境 ……… 91
　6.2.2 实训要点及步骤 …………… 91
6.3 非屏蔽超 5 类信息插座打线及
　　配线架打线操作 ………………… 93

6.3.1 实训目标与实训环境 ……… 93
6.3.2 实训要点及步骤 …………… 93
6.4 光纤跳线的制作 ………………… 96
　6.4.1 实训目标与实训环境 ……… 96
　6.4.2 实训要点及步骤 …………… 97
6.5 光纤熔接操作 …………………… 102
　6.5.1 光纤熔接机原理 …………… 102
　6.5.2 实训设备 …………………… 102
　6.5.3 实训准备工作 ……………… 102
　6.5.4 实训步骤 …………………… 103
6.6 光纤冷接操作 …………………… 105
　6.6.1 实训目标及实训设备 ……… 105
　6.6.2 实训操作步骤 ……………… 105
6.7 线缆认证测试仪的使用 ………… 107
　6.7.1 认证测试参数 ……………… 107
　6.7.2 实训环境与实训设备 ……… 107
　6.7.3 实训操作步骤 ……………… 107
　6.7.4 实训要点 …………………… 109
　6.7.5 典型测试案例分析 ………… 114
6.8 光纤清洁 ………………………… 117
　6.8.1 实训目标和实训设备 ……… 117
　6.8.2 操作步骤 …………………… 117
课后练习题 ……………………… 118

学习领域 2　综合布线系统设计

第 7 章 综合布线工程用户需求分析 … 121
7.1 计算机局域网的基本知识 ……… 121
　7.1.1 网络系统组成 ……………… 121
　7.1.2 计算机局域网拓扑 ………… 122
　7.1.3 计算机局域网通信协议 …… 123
7.2 综合布线与建筑物整体工程的关系 … 127
　7.2.1 综合布线工程与土建工程的
　　　　配合 ………………………… 127
　7.2.2 综合布线工程与装潢工程的
　　　　配合 ………………………… 129
　7.2.3 建筑物现场勘察 …………… 130
7.3 需求分析 ………………………… 131
　7.3.1 什么是需求分析 …………… 131
　7.3.2 需求分析面临的困难 ……… 131
　7.3.3 需求分析的方式和基本要求 … 132
课后练习题 ……………………… 133

第 8 章 综合布线系统总体设计 …… 134
8.1 综合布线系统设计标准 ………… 134
　8.1.1 美国标准 TIA/EIA ………… 134
　8.1.2 欧洲标准 EN50173/EN50174 … 136
　8.1.3 国际标准 ISO/IEC 11801 …… 137
　8.1.4 中国国家标准 ……………… 138
8.2 综合布线系统设计概要 ………… 139
　8.2.1 综合布线系统设计原则 …… 139
　8.2.2 综合布线系统的设计内容 … 140
　8.2.3 综合布线系统的设计流程 … 141
8.3 系统总体框架 …………………… 141
　8.3.1 综合布线系统结构 ………… 141
　8.3.2 综合布线组件和接口 ……… 142
　8.3.3 综合布线系统设计等级 …… 143
　8.3.4 子系统线缆长度 …………… 144
课后练习题 ……………………… 145

第9章　综合布线子系统设计 …………… 146
9.1　工作区子系统设计 ………………… 146
9.1.1　工作区子系统概述 …………… 146
9.1.2　工作区子系统设计要点 ……… 146
9.1.3　信息插座连接技术要求 ……… 147
9.2　水平子系统设计 ……………………… 148
9.2.1　水平子系统布线方案 ………… 148
9.2.2　水平子系统布线设计 ………… 151
9.3　垂直干线子系统的设计 ……………… 152
9.3.1　垂直干线子系统布线方案 …… 153
9.3.2　垂直干线子系统布线设计 …… 154
9.4　管理间子系统的设计 ………………… 155
9.4.1　管理间子系统部件 …………… 155
9.4.2　管理间子系统的管理方式 …… 156
9.4.3　管理间的设计原则和流程 …… 157
9.4.4　管理标记 ……………………… 159
9.5　设备间子系统的设计 ………………… 161
9.5.1　设备间的面积确定 …………… 161
9.5.2　设备间的环境因素 …………… 162
9.6　建筑群子系统的设计 ………………… 164
9.6.1　建筑群子系统设计方案 ……… 164
9.6.2　建筑群子系统中电缆敷设方法 …………………………… 166
9.6.3　电缆线的保护 ………………… 168
9.7　接地系统的设计 ……………………… 169
9.7.1　接地结构的6个要素 ………… 169
9.7.2　接地系统设计应注意的几个问题 ……………………… 170
9.8　图样设计 ……………………………… 171
9.8.1　绘图软件简介 ………………… 171

9.8.2　设计参考图集 ………………… 175
9.8.3　图样设计内容 ………………… 177
课后练习题 …………………………………… 178

第10章　综合布线工程验收 ……………… 180
10.1　工程验收的要求、阶段和主要内容 …………………………… 180
10.1.1　工程验收要求 ……………… 180
10.1.2　工程验收阶段 ……………… 180
10.1.3　工程验收主要内容 ………… 181
10.2　竣工验收 …………………………… 184
10.2.1　竣工验收的组织 …………… 184
10.2.2　竣工验收的程序 …………… 185
10.2.3　竣工验收的技术资料 ……… 185
课后练习题 …………………………………… 186

第11章　综合布线工程设计案例 ………… 187
11.1　案例1：家庭居室综合布线系统 …… 187
11.2　案例2：教师办公室综合布线系统改造工程 ………………………… 190
11.2.1　项目概述 …………………… 190
11.2.2　项目设计方案 ……………… 190
11.2.3　工程施工计划 ……………… 191
11.2.4　工程预算 …………………… 192
11.3　案例3：×××小区内部综合布线工程（电缆工程） ………………… 193
11.3.1　设计概述 …………………… 193
11.3.2　施工要求和注意事项 ……… 194
11.3.3　项目预算 …………………… 195
课后练习题 …………………………………… 198

学习领域3　综合布线工程管理与招投标

第12章　综合布线工程管理 ……………… 201
12.1　综合布线工程的项目管理体制 …… 201
12.1.1　设立项目管理体制 ………… 201
12.1.2　综合布线项目管理的要素 … 202
12.1.3　资质经验 …………………… 203
12.2　综合布线工程的施工管理 ………… 203
12.2.1　综合布线工程项目生命期 … 203
12.2.2　综合布线工程项目启动 …… 205
12.2.3　综合布线工程项目计划 …… 207
12.2.4　综合布线工程项目实施与控制 …… 208

12.2.5　综合布线工程项目收尾 …… 209
课后练习题 …………………………………… 212

第13章　综合布线工程招投标 …………… 213
13.1　招投标概述 ………………………… 213
13.2　招标文件的编制 …………………… 214
13.3　投标文件的编制 …………………… 215
13.4　开标与合同签订 …………………… 217
课后练习题 …………………………………… 217

参考文献 ………………………………… 218

学习领域1

综合布线工程操作

第 1 章   认识综合布线

1.1 通信线缆的初步认识

1.1.1 通信线缆的发展概述

从广义上说，通信是各种形式的信息转移或传递。通常是将要传输的信息加载到某种载体（电波、光波）上，经由特定的通信信道的传输到达目的地，再将有用的信息从载体上还原出来。从这个意义上说，信息的载体和通信的信道提供是两个关键的因素。

现代意义的通信以电通信的出现为标志，以电信号为最初的信息载体，以通信线缆为最初的通信介质提供通信信道。从最初莫尔斯 1837 年发明的有线电报技术开始，通信线缆的使用已经经历了长达 180 年的历史。期间通信业务从最初的电报扩展到电话、有线电视、IP 数据等多种业务；信息载体经历了电信号到光信号的跨越；而单根通信线缆带宽从最初的不到 20kbit/s，发展到 40Gbit/s 左右。通信技术实现了令人瞩目的跨越式发展，已经完全融入了千家万户的日常生活中。而通信线缆的应用，大致经历了架空明线、对称电缆、同轴电缆和光缆 4 个阶段。

约在 19 世纪中叶，世界上出现的第一条通信线缆是采用马来胶绝缘的多股扭合成 2mm 线径的单芯电报电缆。外护层用铅皮包封，再缠以钢带或钢丝，以适用于陆地架空或水底敷设，这种通信线缆广泛用于电报通信。

但是到 1876 年贝尔发明电话后，这种通信线缆用于电话通信具有太大的通话噪声，为了较少噪声干扰，电话明线和电缆都改用了双线环路。为了进一步减少通话串音，在电缆中采取双线扭绞的方法，由两根相同线质、相同线径、相互绝缘的芯线相互扭绞而成芯线对，将多对这样的芯线组合在一起，成为了新一代的对称电缆，又称双绞线（Twisted Pair）。20 世纪后，市内电话用户逐渐增多且密集，细线径的铜芯对绞式市话电缆已可以适用于 6km 以下的短距离电话传输。1920 年以后，相继出现了 1.2～1.4mm 线径的纸绳纸带绝缘的复对绞线包电缆，电容和衰减都比上述市话电缆要小，若接入加感线圈构成的电话回路，传输距离可延伸 100km 左右，20 世纪 60 年代进一步实现复用到 800kHz 的长距离传输。这样电话系统的容量和传输距离都有了很大的提高。

双绞线通常能传送频率为 4MHz 以下的电信号。为了传送更高频率的电信号，1930 年后，出现了一种新型结构的电缆，称为同轴电缆（Coaxial Cable）。这是由一根中心导线（内导体）和一根包围在它外面的圆管导体（外导体）组合而成的信息传输媒体。最早的是 3MHz（600 路）的传输系统，发展到 20 世纪 70 年代已经建成了 60MHz（万路）以上的传输系统，或可以同时传送几路电视节目。西欧各国过去已敷设的双绞线较多，也有部分同轴电缆线路；而在北美境内，则采用同轴电缆干线线路。这些电缆干线网至今仍在世界各国有线通信系统中使用。同轴电缆的另一个用途是城市有线电视网络（CATV），用于传输广播式的有线电视节目，同轴电缆的频带可以使用到 750MHz，相比电话线具有带宽优势。目前的方向是将同轴电缆组成的有线电视网进行双向传输的改造，增加回传信道，以支持双向 IP 数据通信业务。

随着社会的发展进步，通信业务量的增加与日俱增，为了增大通信容量，得到更快更好的通信方式，人们不懈追求更高的通信载体频率，终于在 20 世纪 70 年代突破了光通信的关键技术。光波与电波一样是一种电磁波，只是频率比无线电波高得多，光波波长分布如图 1-1 所示，由于光波的频率资源为 $10^{14}\sim10^{15}$Hz，比常用的微波（$10^9\sim10^{10}$Hz）高 $10^4\sim10^5$ 量级，因此理论上的通信容量也是微波通信的 $10^4\sim10^5$ 倍。

光通信的两大关键技术为稳定且适合调制信息的光源和稳定、低损耗的传输介质。在 20 世纪 60~70 年代，在光通信发展史上出现了两个重大的突破：在常温下连续工作的双异质结半导体激光器的出现和低损耗光导纤维的问世，这两种技术的结合促进了光通信的极大发展。光通信的发展和商用化，标志着通信线缆的应用从电缆时代正式进入了光缆时代。

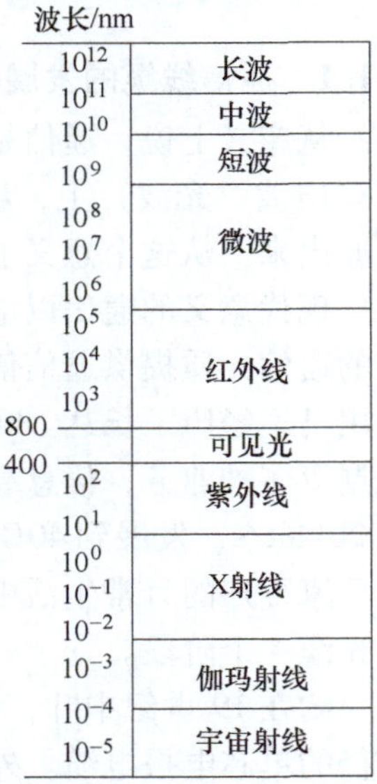

此后数年中，光纤通信得到爆炸性的发展。至 1974 年，多模光纤损耗降低到了 2dB/km，1976 年又获得了 1.31μm、1.55μm 两个低损耗的长波长窗口，1980 年 1.55μm 窗口处的光纤损耗低至 0.2dB/km，已接近理论极限值。到 20 世纪 80 年代中期，已能获得小于 0.4dB/km（1.31μm 处）和 0.25dB/km（1.55μm 处）的低损耗商用光纤。随着光纤损耗的降低，新的激光器件及光检测器的不断研制成功，各种实用的光纤通信系统陆续出现。发展到今天，单波长光纤通信系统的传输速率已达到 40Gbit/s，采用 DWDM 技术的光纤测试系统的传输速率已达到 10.9Tbit/s，短短的二十多年，光纤通信系统的传输速率提高二十多万倍，可见它的发展速度是前所未有的，光纤通信系统传输速率的发展进程如图 1-2 所示。如今，电话、传真、有线电视、IP 宽带接入已广泛进入社会生活的各个环节，新的需要如 IPTV、视频点播、家庭购物、电子理财、远程医疗等又摆到日程上来。所有这一切依赖更大容量、更大规模的通信网络系统，这一切又将推动光通信技术的进一步发展。

图 1-1 光波波长分布

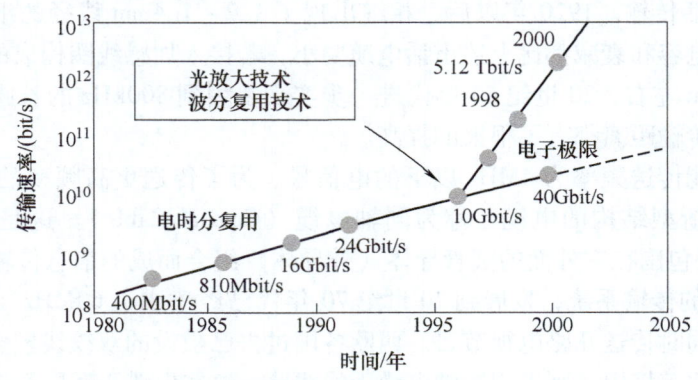

图 1-2 光纤通信系统传输速率的发展进程

1.1.2 双绞线的初步认知

在综合布线工程中，最常用的传输介质就是双绞线，双绞线一般由两根标准的绝缘铜导线相互缠绕而成，双绞线外观如图 1-3 所示。把两根绝缘的铜导线按一定密度绞在一起，可以降低信号干扰的程度，每一根导线在传输中辐射的电磁波会被另一根导线上发出的电波抵消。

实际使用时，通常会把多对双绞线包在一个绝缘套管里，用于计算机网络传输的典型双绞线是 4 对的，也可将更多双绞线放在一个电缆套管里，这些称为双绞线电缆。在双绞线电缆内，不同线对具有不同的扭绞长度，一般情况下，扭绞得越密，其抗干扰的能力就越强。

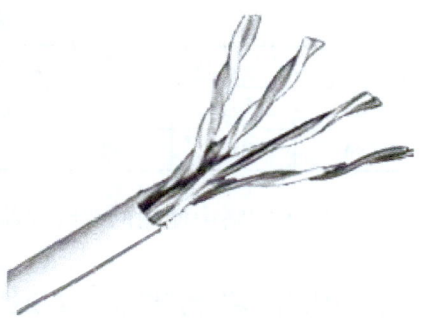

图 1-3　双绞线外观

双绞线电缆中的每一对双绞线使用不同颜色加以区分，这些颜色构成标准的编码，利用这些编码，人们很容易正确识别和端接每一根线。典型的 4 对双绞线电缆的 4 个线对具有不同的颜色标记，分别是蓝色、橙色、绿色、棕色。其中一个线对的两根导线，一根导线为线对的颜色，另一根导线为白色条纹加线对的颜色。超 5 类双绞线线对颜色编码见表1-1。

表 1-1　超 5 类双绞线线对颜色编码

线　对	颜色编码	简　写
线对 1	白/蓝	W/BL
	蓝	BL
线对 2	白/橙	W/O
	橙	O
线对 3	白/绿	W/G
	绿	G
线对 4	白/棕	W/BR
	棕	BR

在实际使用双绞线时，需要对应的连接器件，这些连接器件用于端接或直接连接线缆，从而组成一个完整的信息传输通道。双绞线的连接器件很多，最常见的连接器为 RJ45 连接器，是一种透明的塑料接插件，因为其看起来像水晶制品，俗称水晶头，RJ45 连接器是 8 针的。

在使用双绞线电缆布线时，通常要使用双绞线跳线来完成布线系统与相应设备的连接。所谓双绞线跳线，是指两端带有 RJ45 连接器的一段双绞线电缆。

未连接双绞线的 RJ45 连接器的头部有 8 片平行的带 V 字形刀口的铜片并排放置，V 字形的两个尖锐处是较锋利的刀口，RJ45 连接器外观如图 1-4 所示。制作双绞线跳线的时候，将双绞线的 8 根导线按照一定的顺序插入 RJ45 连接器，导线会自动位于 V 字形刀口的上部。用压线钳将 RJ45 连接器压紧，这时 RJ45 连接器的 8 片 V 字形刀口将刺破双绞线导线的绝缘层，分别与 8 根导线相连接。

图 1-4　RJ45 连接器外观

根据综合布线系统 TIA/EIA 标准，双绞线 RJ45 连接器的连接线序有两种：T568A、T568B。双绞线连接线序见表 1-2。

表 1-2　双绞线连接线序

	1	2	3	4	5	6	7	8
T568B	白/橙	橙	白/绿	蓝	白/蓝	绿	白/棕	棕
T568A	白/绿	绿	白/橙	蓝	白/蓝	橙	白/棕	棕

在计算机网络中使用的双绞线跳线有以下 3 种：

1. 直通线

直通线用于将计算机连入交换机以及交换机和交换机之间不同类型端口的连接，通常情况下，直通线两端的端口线序均遵循 TIA/EIA-568B 的线序标准。

2. 交叉线

交叉线用于计算机与计算机的直接连接、交换机与交换机相同类型端口的直接相连，也被用于将计算机直接接入路由器的以太网接口。交叉线两端口中，其中一个端口遵循 TIA/EIA-568B 线序标准，另一端口遵循 TIA/EIA-568A 线序标准。

3. 配置线

配置线用于将计算机接入交换机或路由器的控制端口，此时计算机将作为网络设备的超级终端，实现对网络设备的管理和配置。根据 TIA/EIA 标准，配置线的一端使用 RJ45 连接器，另一端使用 COM 接口，线序与设备的型号有关。

1.2　综合布线系统的基本概念

1.2.1　综合布线系统和智能建筑的关系

1. 综合布线系统的起源

20 世纪 50 年代，经济发达的国家在城市中兴建新式大型高层建筑，为了增加和提高建筑的使用功能和服务水平，首先提出楼宇自动化的要求，在房屋建筑内装有各种仪表、控制装置和信号显示等设备，并采用集中控制、监视，以便于运行操作和维护管理。因此，这些设备都需分别设有独立的传输线路，将分散设置在建筑内的设备相连，组成各自独立的集中监控系统，这种线路一般称为专业布线系统。由于这些系统基本采用人工手动或初步的自动控制方式，科技水平较低，所需的设备和器材品种繁多而复杂，线路数量很多，平均长度也长，不但增加工程造价，而且不利于施工和维护。

20 世纪 80 年代以来，随着科学技术的不断发展，尤其是通信、计算机网络、控制和图形显示技术的相互融合和发展，高层房屋建筑服务功能的增加和智能化水平的提高，传统的专业布线系统已经不能满足需要。传统布线中各个系统分别由不同的厂商设计和安装，布线也采用不同的线缆和不同的插座，而且连接这些不同布线的插头、插座及配线架都无法相互兼容。当需要更换设备时，就必须要重新布线。这样一来，增加新电缆，留下不同的旧电缆，天长日久，导致建筑物内部的线缆杂乱无章，维护和改造都十分困难。

随着全球信息化与经济国际化的深入发展，特别是智能建筑概念的提出，人们对信息共享的需求日趋迫切，就需要一个适合信息时代的布线方案，综合布线系统就是在这样的背景下诞生的。

这种新型的布线系统由美国电话电报公司的贝尔实验室研究发明，于 20 世纪 80 年代在美国推出，用于统一规划建筑中的通信、控制、监视系统中的线路系统。80 年代后期综合布线系统逐步引入我国。近几年来我国国民经济持续高速发展，城市中各种新型高层建筑和现代化公共建筑不断建成，尤其是作为信息化社会象征之一的智能建筑中的综合布线系统已成为现代化建筑工程中的重要组成部分，也是建筑工程和通信工程中设计和施工相互结合的一项十分重要的内容。

经过若干年的发展，原中华人民共和国邮电部于1997年9月正式发布了通信行业标准《大楼通信综合布线系统第1部分：总规范》（YD/T 926.1—1997）正式对综合布线系统给出了如下的定义：

通信电缆、光缆、各种软电缆及有关连接硬件构成的通用布线系统，能支持多种应用系统。即使用户尚未确定具体的应用系统，也可进行布线系统的设计和安装。综合布线系统中不包括应用的各种设备。

目前所说的建筑物与建筑群综合布线系统简称综合布线系统。它是指一幢建筑物内（或综合性建筑物）或建筑群体中的信息传输介质系统。它将相同或相似的缆线（如双绞线、同轴电缆与光缆）连接硬件组合在一套标准的且通用的、按一定秩序和内部关系而集成的整体中。因此，目前它是以CA为主的综合布线系统。今后随着科学技术的发展，会逐步提高和完善，充分满足智能建筑的要求。

在目前综合布线系统的发展情况下，主要有以下两种看法：

1）主张将所有的弱电系统都建立在综合布线系统所搭建的平台上，也就是用综合布线系统代替所有的传统弱电布线系统，包括计算机网络系统、电话系统、视频监控系统、安防控制系统、消防报警控制系统、照明控制系统等。

2）主张将计算机网络布线、电话布线纳入到综合布线系统中，其他弱电布线仍采用其特有的传统布线。

从目前的技术性及经济性角度看，第二种主张更加合理，是现在的综合布线系统设计主要采用的思路。本书之后所叙述的综合布线系统，主要指电话系统和计算机网络系统布线的综合。

2. 智能建筑的定义和基本功能

综合布线系统的产生和发展与智能建筑概念的提出和发展密不可分。

智能建筑起源于美国。20世纪80年代中期开始，美国的跨国公司为了提高国际竞争能力和应变能力，适应信息时代的要求，纷纷将信息化装备安装进大楼。1984年1月，美国联合技术公司在美国康涅狄格州哈特福德市，将一幢旧金属大厦进行了改建。改建后的大厦称为都市大厦，楼内增添了计算机、数字程控交换机等先进的办公设备以及高速通信线路等基础设施，大楼的住户不必购置设备便可以进行语音通信、文字处理、电子邮件传送和市场行情查询、资料检索、科学计算等服务。此外，大楼的暖气、给水排水、消防、保安、供电、照明等系统均由计算机控制，实现了自动化综合管理，使用户感到倍加舒适、方便和安全，引起了世人的关注。这就是最早出现的智能建筑。

此后，智能建筑在世界各地蓬勃兴起。在步入信息社会和国内外正在加速建设"信息高速公路"的今天，智能建筑越来越受到我国政府和企业的重视。智能建筑的建设已经成为一个迅速增长的新兴行业。

智能建筑具有多门学科融合集成的综合特点，发展历史较短，但发展速度很快，国内外对它的定义有各种描述和不同理解，尚无统一的确切概念和标准。应该说智能建筑是将建筑、通信、计算机网络和监控等各方面的先进技术相互融合、集成为最优化的整体，具有工程投资合理、设备高度自控、信息管理科学、服务优质高效、使用灵活方便和环境安全舒适等特点，能够适应信息化社会发展需要的现代化新型建筑，在国内有些场合把智能建筑统称为"智能大厦"，从实际工程分析，这一名词定义不太确切，因为高楼大厦不一定需要高度智能化，相反，不是高层建筑却需要高度智能化，例如航空港、火车站、江海客货运港区和智能化居住小区等房屋建筑。目前所述的智能建筑只是在某些领域具备一定智能化，其程度也是深浅不一，没有统一标准，且智能化本身的内容是随着人们的要求和科学技术不断发展而延伸拓宽的。我国有关部门已在文件中明确称为智能建筑，其名称较确切，含义也较广泛，与我国具体情况是相适应的。

智能建筑的基本功能主要由3大部分构成，即大楼自动化（BA）（又称建筑自动化或楼宇自动化）、通信自动化（CA）和办公自动化（OA），这3个自动化通常称为"3A"，它们是智能建筑中最基本的，而且必须具备的基本功能。目前有些地方的房地产开发公司为了突出某项功能，以提高建筑等级和工程造价，又提出防火自动化（FA）和信息管理自动化（MA），形成"5A"智能建筑，甚至有的文件又提出保安自动化（SA），出现"6A"智能建筑，甚至还有提出"8A""9A"的。但从国际惯例来看，FA和SA等均放在BA中，MA已包含在CA内，通常只采用"3A"的提法，为此，建议今后应以"3A"智能建筑提法为宜。

3. 两者之间的关系

由于智能建筑是集建筑、通信、计算机网络和自动控制等多种高新科技之大成，所以智能建筑工程项目的内容极为广泛，作为智能建筑中的神经系统（综合布线系统）是智能建筑的关键部分和基础设施之一，因此，不应将智能建筑和综合布线系统相互等同，否则容易错误理解。综合布线系统在建筑内和其他设施一样，都是附属于建筑物的基础设施，为智能建筑的主人或用户服务。虽然综合布线系统和房屋建筑彼此结合形成不可分离的整体，但要看到它们是不同类型和工程性质的建设项目。它们从规划、设计直到施工及使用的全过程中，其关系是极为密切的，具体表现有以下几点：

（1）综合布线系统是衡量智能建筑的智能化程度的重要标志　在衡量智能建筑的智能程度时，既不完全看建筑物的体积是否高大巍峨和造型是否新颖壮观，也不会看装修是否宏伟华丽和设备是否配备齐全，主要是看综合布线系统配线能力，如设备配置是否成套，技术功能是否完善，网络分布是否合理，工程质量是否优良，这些都是决定智能建筑的智能化程度高低的重要因素，因为智能建筑能否为用户更好地服务，综合布线系统具有决定性的作用。

（2）综合布线系统使智能建筑充分发挥效能，是智能建筑中必备的基础设施　综合布线系统把智能建筑内的通信、计算机和各种设备及设施，在一定的条件下纳入综合布线系统，相互连接形成完整配套的整体，以实现高度智能化的要求。由于综合布线系统能适应各种设施的当前需要和今后发展，具有兼容性、可靠性、使用灵活性和管理科学性等特点，所以它是智能建筑能够保证优质高效服务的基础设施之一。在智能建筑中如没有综合布线系统，各种设施和设备因无信息传输媒质连接而无法相互联系、正常运行，智能化也难以实现，这时智能建筑是一幢只有空壳躯体的、实用价值不高的土木建筑，也就不能称为智能建筑。在建筑物中只有配备了综合布线系统时，才有实现智能化的可能性，这是智能建筑工程中的关键内容。

（3）综合布线系统能适应今后智能建筑和各种科学技术的发展需要　众所周知，房屋建筑的使用寿命较长，大都在几十年以上，甚至近百年。因此，目前在规划和设计新的建筑时，应考虑如何适应今后发展的需要。由于综合布线系统具有很高的适应性和灵活性，能在今后相当长的时期内满足客观发展需要，为此，新建的高层或重要的智能建筑，应根据建筑物的使用性质和今后发展等各种因素，积极采用综合布线系统。对于近期不拟设置综合布线系统的建筑，应在工程中考虑今后设置综合布线系统的可能性，在主要部位、通道或路由等关键地方，适当预留房间（或空间）、洞孔和线槽，以便今后安装综合布线系统时，避免打洞穿孔或拆卸地板及吊顶等装置，有利于扩建和改建。

总之，综合布线系统分布于智能建筑中，必然会有相互融合的需要，同时又可能发生彼此矛盾的问题。因此，在综合布线系统的规划、设计、施工和使用等各个环节，都应与负责建筑工程的有关单位密切联系、配合协调，采取妥善合理的方式来处理，以满足各方面的要求。

1.2.2　综合布线系统的组成结构

综合布线系统是建筑物内或建筑群之间的一个模块化的、灵活性极高的信息传输通道，它既能使语音、数据、图像设备和交换设备与其他信息管理系统彼此相连，也能使这些设备与外部通信网连接。

综合布线系统由不同系列和规格的部件组成，其中包括传输介质、相关的连接硬件（如配线架、插座、插头、适配器）以及电气保护设备等。

综合布线系统采用模块化的结构，按每个模块的作用，可把综合布线系统划分为6个部分，综合布线系统结构如图1-5所示。这6个部分中的每一部分都相互独立，可以单独设计，单独施工。更改其中一个子系统时，不会影响其他子系统。以下介绍这6个部分。

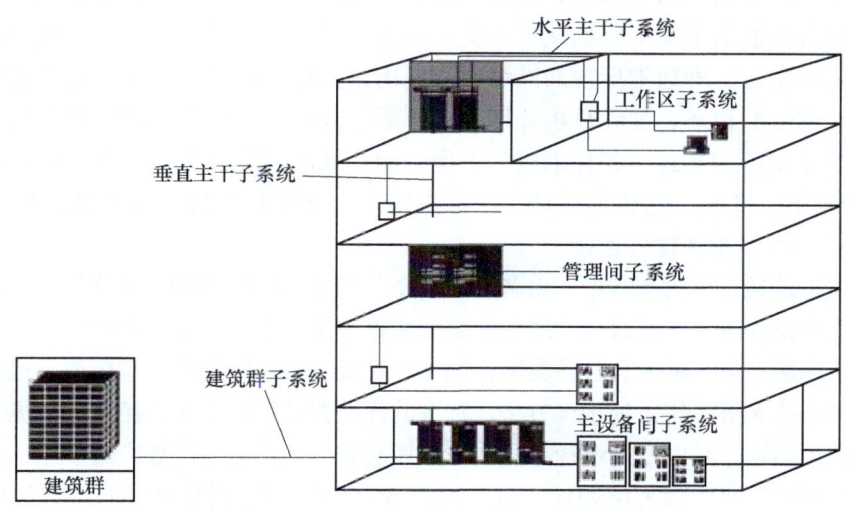

图1-5　综合布线系统结构

1. 工作区

工作区也称为工作区子系统，提供从水平子系统端接设备到用户设备的信息连接，通常由连接线缆、网络跳线和适配器组成。用户可以将电话、计算机和传感器等设备连接到线缆插座上，插座通常由标准模块组成，能够完成从建筑物自控系统的弱电信号到高速数据网和数字语音信号等各种复杂信息的传送。

在进行终端设备和 I/O 连接时，可能还需要某种传输电子装置，但这种装置不是工作区子系统的一部分。如调制解调器，它能为终端接入综合布线系统提供信号的转换，但不是工作区子系统的一部分。

2. 水平子系统

水平子系统也称水平主干子系统，它提供楼层配线间到用户工作区的通信干线和端接设施。水平子系统一般总是在一个楼层上，仅与信息插座、管理间连接。水平主干线通道使用双绞线，也可以根据需要选择光缆。端接设施主要是相应通信设备和线路连接插座。

3. 干线子系统

干线子系统也称垂直主干子系统，是建筑物中最重要的通信干道，通常由大对数铜缆或多芯光缆组成，安装在建筑物的弱电竖井内。干线子系统提供多条连接路径，将位于主控中心的设备和位于各个楼层的配线间的设备连接起来，两端分别端接在设备间和楼层配线间的配线架上。

4. 管理区

管理区也称管理间子系统。在结构化布线系统中，管理间子系统是垂直子系统和水平子系统的连接管理系统，由通信线路互联设施和设备组成，通常设置在专门为楼层服务的设备配线间内。常用的管理间子系统设备包括计算机局域网交换机、布线配线系统、其他有关的通信设备和计算机设备。利用布线配线系统，网络管理者可以很方便地对水平主干子系统的布线连接关系进行变更和调整。

5. 设备间

设备间也称为主设备间子系统，是结构化布线系统的管理中枢，整个建筑物或大楼的各种信号都经过各类通信电缆汇集到该子系统。具备一定规模的结构化布线系统通常设立集中安置设备的主控中心，即通常所说的网络中心机房或信息中心机房。设备间内通常安装、运行和管理系统的公共设备，如计算机局域网主干通信设备、各种公共网络服务器和程控交换设备等。为便于设备的搬运、各种汇接的方便，如广域网电缆接入，设备间的位置通常选定在每一座大楼的 1～3 层，这样的设计和考虑主要是方便各种管理以及设备的安装，相对于各种系统而言，可以实现就近连接。

布线配线系统通常称为配线架，由各种各样的跳线板和跳线组成。在结构化布线系统中，当需要调整配线设备时，即可通过配线架的跳线来重新配置布线的连接顺序。从一个用户端子跳接到另一条线路上去。跳线有各种类型，如光纤跳线、双绞线跳线，有单股，也有多股。跳线机构的线缆连接大都采用无焊接续方法。基本的连接器件是接线子，接线子根据不同的快接方式具有不同的结构。其中根据绝缘移位法而发展起来的快速夹线法被广泛使用。这种接线子一般为钢制带刃的线夹，当把电缆压入线夹时，线夹的刀刃会剥开电缆的绝缘层而与缆芯连接。随着光纤技术在通信和计算机领域的广泛应用，光纤在布线系统中也得到了越来越多的应用。布线系统中光纤的连接需要有专门的设备、技术并严格按照规程操作。

6. 建筑群子系统

建筑群由两个及以上建筑物组成，这些建筑物彼此之间要进行信息交流。综合布线系统的建筑群子系统的作用，是构建从一座建筑物延伸到建筑群内的其他建筑物的标准通信连接，系统组成包括连接各建筑物之内的线缆、建筑群综合布线系统所需的各种硬件，如电缆、光缆、通信设备、连接部件以及防止电缆的浪涌电压进入建筑物的电气保护设备等。

1.2.3 综合布线系统的特点和应用范围

1. 综合布线系统的特点

综合布线系统是目前国内外推广使用的比较先进的综合布线方式，具有以下特点：

（1）**综合性、兼容性好** 传统的专业布线方式需要使用不同的电缆、电线、接续设备和其他器材，技术性能差别极大，难以互相通用，彼此不能兼容。综合布线系统具有综合所有系统和互相兼容的特点，采用光缆或高质量的布线部件和连接硬件，能满足不同生产厂家终端设备传输信号的需要。

（2）**灵活性、适应性强** 采用传统的专业布线系统时，如需改变终端设备的位置和数量，必须敷设新的缆线和安装新的设备，且在施工中有可能发生传送信号中断或质量下降，增加工程投资和施工时间，因此，传统的专业布线系统的灵活性和适应性差。在综合布线系统中任何信息点都能连接不同类型的终端设备，当设备数量和位置发生变化时，只需采用简单的插接工序，实用方便，其灵活性和适应性都强，且节省工程投资。

（3）**便于今后扩建和维护管理** 综合布线系统的网络结构一般采用星形结构，各条线路自成独立系统，在改建或扩建时互相不会影响。综合布线系统的所有布线部件采用积木式的标准件和模块化设计。因此，部件容易更换，便于排除故障，且采用集中管理方式，有利于分析、检查、测试和维修，节约维护费用和提高工作效率。

（4）**技术经济合理** 综合布线系统各个部分都采用高质量材料和标准化部件，并按照标准施工和严格检测，保证系统技术性能优良可靠，满足目前和今后通信需要，且在维护管理中减少维修工作，节省管理费用。采用综合布线系统虽然初次投资较多，但从总体上看是符合技术先进、经济合理的要求的。

2. 综合布线系统的应用范围

综合布线系统的应用范围应根据建筑工程项目范围来定，一般有两种范围，即单幢建筑和建筑群体。单幢建筑中的综合布线系统范围，一般指在整幢建筑内部敷设的管槽系统、电缆竖井、专用房间（如设备间等）和通信缆线及连接硬件等。建筑群体因建筑物数量不一、规模不同，有时可能扩大成为街坊式的范围（如高等学校校园式），其范围难以统一划分，但不论其规模如何，综合布线系统的工程范围除上述每幢建筑内的通信线路和其他辅助设施外，还应包括各幢建筑物之间相互连接的通信管道和线路，这时，综合布线系统较为庞大而复杂。

我国通信行业标准《大楼通信综合布线系统》（YD/T 926.1—2009）的适用范围规定是跨越距离不超过 3000m、建筑总面积不超过 100 万 m^2 的布线区域，其人数为 50 人～50 万人，如布线区域超出上述范围时可参照使用。上述范围是从基建工程管理的要求考虑的，与今后的业务管理和维护职责等的划分范围有可能是不同的。因此，综合布线系统的具体范围应根据网络结构、设备布置和维护办法等因素来划分相应范围。

1.2.4 综合布线与传统布线的比较

1. 性能对比

综合布线是在传统布线的基础上发展起来的一种新技术。与传统布线相比，综合布线系统具有许多优点。

(1) 有较大灵活性，能适应未来发展需要　传统布线系统是将楼内的各种弱电系统单独考虑，即电话网、计算机网络等系统是作为独立的系统，分别进行设计和施工的，各系统所采用的传输介质、布线管道、连接方式及其接口互不相同，所以用于电话网的信息接口、线路是不能供计算机网络使用的。综合布线系统则将楼内的各种弱电系统统一考虑，即在设计及施工时将楼内的电话网、计算机网络作为一个系统来考虑，采用统一的的传输介质、布线管道、连接方式及接口。故系统中的任何一个信息接口、线路可根据实际的需要提供给语音系统和数据系统使用，这种转换通过简单的跳线插拔就能完成，又由于各种接口是统一的，所以不存在布线系统只能用于特定厂家网络设备的情况。

(2) 管理方便　传统布线系统中的电话网、计算机网络是独立的，每个系统有独立的管理间完成跳线及故障检测等工作，一般情况下，各系统的管理工作是各自独立进行的。综合布线系统由于将电话网、计算机网络等综合在一起作为一个系统来处理，所以有统一的管理间，在同一位置完成跳线及故障检测等工作，并采用相同的线路及管理标志，从而使得管理工作非常方便。

(3) 投资效益高　传统布线系统的设计及施工通常是按照应用要求来进行的，若应用升级，布线系统可能会难以满足新的应用要求而需要重新施工，这不仅给建筑物的使用者造成极大的不便，也使布线总成本上升。综合布线系统在设计时就考虑到用户今后必会有更大的应用需求，所以留有适当的布线余量，而且综合布线系统中一般采用高性能双绞线和光纤作为传输介质，其传输性能能够满足未来高速数据传输对布线的要求，所以综合布线系统安装完成后通常不会出现因为用户的应用提升导致的扩容施工。综合布线的首期投资一般会比传统布线高，但由于综合布线系统的一次性施工，所以通常情况下，在3~5年后，传统布线的成本会超过综合布线。

2. 综合布线的经济可行性分析

衡量一个系统的经济性，应该从两个方面考虑，即初期投资与性能价格比。用户希望所采用的设备在开始使用时具有良好的实用特性，还应该具有一定的技术储备，在今后若干年里应保护用户的初期投资，不增加新的投资，同时保持建筑物的先进性。综合布线与传统布线相比，就是一种既具有良好的初期投资特征，又具有极高的性能价格比的高科技产品。

(1) 综合布线系统的初期投资特性　虽然综合布线设备的价格比较高，但由于它是将原来相互独立、互补兼容的若干布线系统集中成为一套完整的布线系统，并由一个施工单位完成几乎全部弱电线缆的布线，因此可省去大量的重复劳动和设备占用，大大缩短了布线周期。

当使用综合布线方法只有一个系统时，传统布线方式的投资约为综合布线方式的一半。但当系统个数增加时，传统布线方式的投资就增加得很快；而综合布线的初期投资较大，但当系统的个数增加时，投资的增加量却很小。

(2) 综合布线系统性能价格比　综合布线系统的性能价格比是极高的，主要表现在以下两个方面：

首先，一栋大厦在设计和建设期往往有许多不可知的情况发生，只有当用户确定后，才知道计算机网络的配置和电话的需求。采用综合布线，只需要将电话或终端插入早已敷设在墙壁上的标准插座，然后在楼层配线间的配线架完成相应的跳线接线操作，就可解决用户的需求。

其次，当大厦的使用者需要把设备从一个房间搬迁到另一层的房间去，或者在一个房间中增加新的设备时，只要在原标准插口做简单的分线处理，然后在配线间和设备间完成跳线接线操作，就可以满足新增的需求，而不需要重新布线。

（3）带宽的需求对综合布线系统的影响

如果采用光缆、双绞线混合的综合布线方式，可以解决诸如三维多媒体的传输和用户对宽带网络的需求，实现大厦与全球信息高速公路的接轨等具有前瞻性的需求。根据世界计算机与通信技术的发展，它可以保证 10 年，甚至更长时期内的技术先进性。

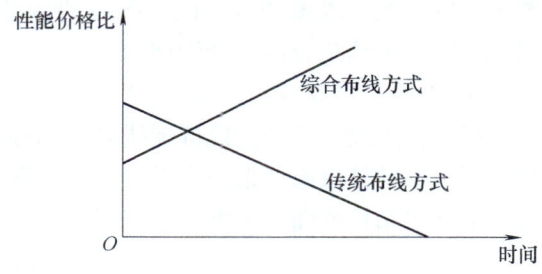

图 1-6　传统布线方式和综合布线方式的性能价格比

传统布线方式和综合布线方式的性能价格比如图 1-6 所示，可见，随着时间的推移，综合布线系统的性能价格比曲线是上升的，传统综合布线的曲线是下降的，这样形成一个剪刀差，时间越长，两种布线方式的性能价格比的差距越来越大。

1.3　综合布线系统的配置

1.3.1　综合布线系统的拓扑

可以把综合布线系统中的基本单元定义为节点，两个相邻节点之间的连线称为链路。

从拓扑学的观点看，综合布线系统是由一组节点和链路组成的。节点和链路的几何图形就是综合布线系统的拓扑。综合布线系统中的节点有两类：转接点和访问点。设备间、楼层配线间、二级交接间内的配线管理点或有源设备等属于转接点，它们在综合布线系统中转接和交换传送的信息。设备间的系统集成中心设备和信息插座是访问节点，它们是信息传送的源节点和目标节点。目标节点往往和工作区的终端设备联系在一起，即一个信息点既可以连接一台数据或语音设备，也可以连接图像设备，还可以连接传感器器件。拓扑的选择往往和建筑物的结构及访问控制方式密切相关。不同节点的连接方式可组成不同的拓扑。

计算机网络的拓扑可以包括星形、总线型、环形、树形等，但是综合布线系统一般采用星形拓扑或树形拓扑。该结构下的每个分支系统都是相对独立的单元，对每个分支子系统的改动都不影响其他子系统。实际应用中可以根据需要通过配线连接灵活地转换为其他拓扑。目前综合布线采用的星形结构主要有以下两种：

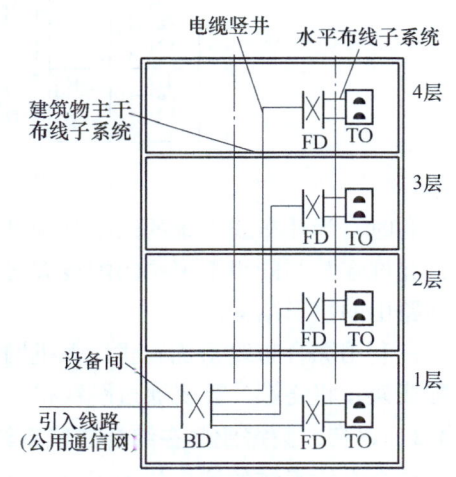

图 1-7　建筑物标准结构

1. 建筑物标准结构：两层结构

两层结构形式以一个建筑物配线架（BD）为中心，配置若干个楼层配线架（FD），每个楼层配线架连接若干个通信出口（TO）。两层结构是单幢建筑物综合布线系统的基本结构，建筑物标准结构如图 1-7 所示。

两层结构中，通常楼层配线架设置在楼层的管理间内，而建筑物配线架通常设置在整个大楼的设备间内。楼层管理间的数量应按所服务的楼层范围及工作区面积来确定，如果该层信息点数量不大于400个，水平缆线长度在90m范围以内，宜设置一个管理间；当超出这一范围时宜设两个或多个管理间；每层的信息点数量较少，且水平缆线的长度不大于90m的情况，宜几个楼层合设一个管理间。

2. 建筑群标准结构：三层结构

三层结构形式以某个建筑群配线架（CD）为中心，以若干建筑物配线架为中间层，相应地有再下层的楼层配线架和水平子系统，三层结构是建筑物综合布线系统的基本结构。建筑群标准配置结构如图1-8所示。

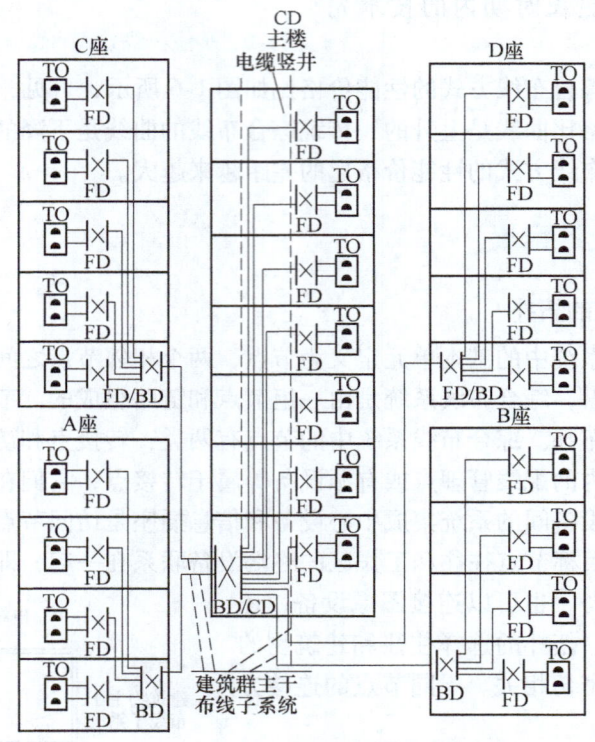

图1-8　建筑群标准配置结构

有时，为使布线系统的网络结构具有更高的灵活性和可靠性，并适应多种应用系统的要求，允许在某些同级汇聚层的配线架之间增加直通连接，额外放置一些连接用的线缆，构成迂回路由的星形结构。

在利用综合布线系统构建计算机网络时，可以把相应层次的交换机通过跳线分别接入各级配线架，将终端计算机通过跳线接入信息插座，即可实现大中型网络的一般结构。

1.3.2　语音、数据业务在综合布线系统上的实现

综合布线系统的接口位于每个布线子系统的端部，用以连接有关设备。综合布线系统接口如图1-9所示，其连接方式可以是互联（指不用接插软线或跳线，直接使用连接器件把一端的电缆、光缆与另一端的电缆、光缆直接相连的一种连接方式），也可以是交连（指配线设备和信息通信设备之间采用接插软线或跳线上的连接器件相连的一种连接方式）。

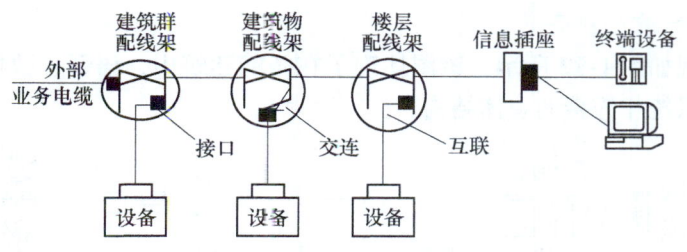

图1-9 综合布线系统接口

1. 语音业务的实现

语音业务可连接至星形结构的布线拓扑上，语音业务实现如图1-10所示，该图给出了模拟/数字语音业务怎样接入综合布线系统的一个例子。图中对于用户交换机（PBX）和多路复用器（MUX）所标的位置，是它可以装设的位置。实际上，典型的连接点只有一点，它可能出于系统的高端。

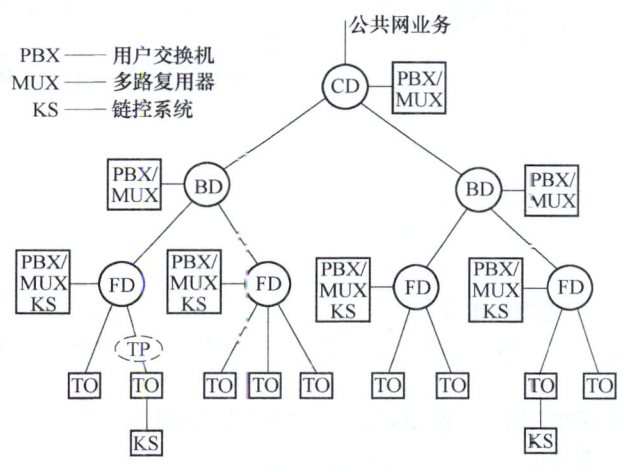

图1-10 语音业务实现

2. 数据业务的实现

数据业务实现如图1-11所示，该图显示了计算机网络设备与综合布线系统的连接点。

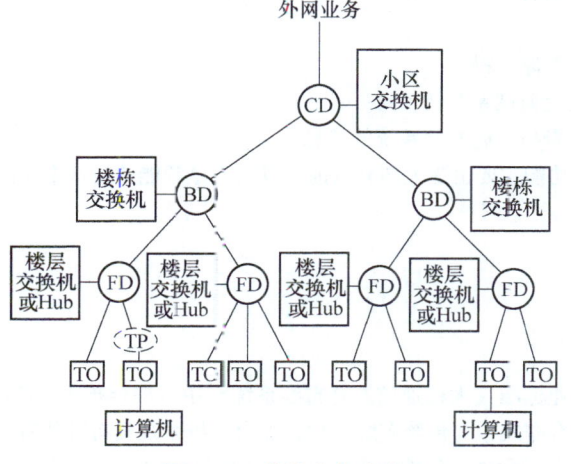

图1-11 数据业务实现

3. 语音、数据综合业务的实现

综合业务实现如图 1-12 所示，该图体现了在智能建筑中，语音、数据终端设备和网络设备与综合布线系统相连接的总体结构。

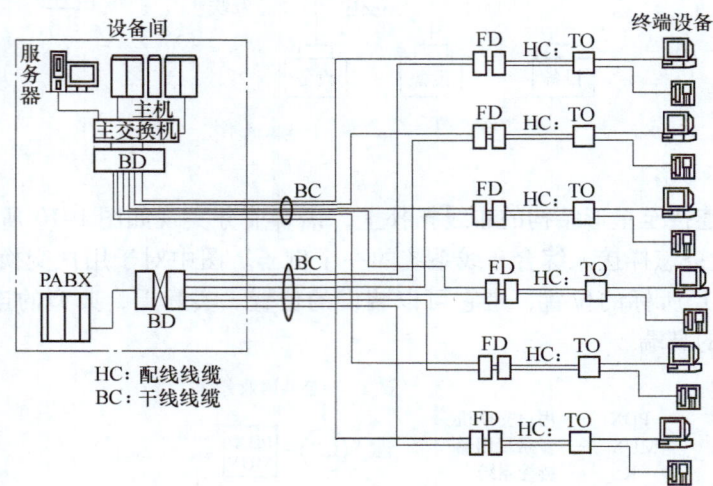

图 1-12　综合业务实现

课后练习题

1. 填空题

（1）综合布线系统一般逻辑性地分为＿＿＿＿、＿＿＿＿、＿＿＿＿、＿＿＿＿、＿＿＿＿、＿＿＿＿6 个系统，它们相对独立，形成具有各自模块化功能的子系统，成为一个有机的整体布线系统。

（2）TIA/EIA 的布线标准中规定了双绞线标准 T568B 的排列线线序为＿＿＿＿＿＿。

（3）常用的综合布线系统拓扑有＿＿＿＿＿＿＿＿＿＿＿＿＿＿。

（4）综合布线系统中直接与用户终端设备相连的子系统是＿＿＿＿。

2. 选择题

（1）以下属于综合布线系统功能的是（　　）。

A. 传输模拟与数字的语音
B. 传输数据
C. 传输传真、图形、图像资料
D. 传输电视会议与安全监视系统的信息
E. 传输建筑物安全报警与空调控制系统的信息

（2）智能建筑的基本功能主要由 3 大部分构成，以下不是智能建筑基本功能的是（　　）。

A. 大楼自动化（BA）
B. 通信自动化（CA）
C. 办公自动化（OA）
D. 布线自动化（GA）

3. 简答题

（1）简述我国通信行业标准《大楼通信综合布线系统》中对综合布线系统的正式定义。

（2）为什么要实现综合布线？与传统布线相比，综合布线系统具有哪些特点？

（3）我国通信行业标准《大楼通信综合布线系统》对综合布线系统的规模做出了怎样的规定？

第 2 章　认识综合布线工程使用的通信线缆

2.1　双绞线的进一步认识

2.1.1　双绞线的电气特性参数

双绞线的电气特性直接影响了它的传输质量。双绞线的电气特性参数也是布线过程中的电气参数。

1. 特性阻抗

特性阻抗指链路在规定工作频率范围内呈现的电阻。无论使用 5 类、超 5 类或 6 类线缆，其每对芯线的特性阻抗在整个工作带宽范围内应保证恒定、均匀。链路上任何点的阻抗不连续将导致该链路信号反射和信号畸变。

特性阻抗包括电阻及频率范围内的电感抗和电容抗，它与一对电线间的距离及绝缘的电气性能有关。各种电缆有不同的特性阻抗，双绞线电缆有 100Ω、120Ω 和 150Ω 几种，结构化布线用电缆应该为 100Ω。

2. 直流环路电阻

在基本链路方式、永久链路方式或是通道链路方式下，无论是 5 类、超 5 类、还是 6 类双绞线，每个线对的直流电阻在 20～30℃ 的环境下最大值不超过 30Ω。

3. 衰减

衰减（A）是指信号传输时在一定长度的线缆中的损耗，是一个信号损失的度量，衰减与线缆的长度有关，随着长度增加，信号衰减也随之增加，同时衰减量与频率也有着直接关系。

在计算机网络中，任何传输介质都存在信号衰减问题，每 100m 的传输距离会增加 1dB 的线路噪声。衰减越低，信号传输的距离就越长。

设信号的输入功率为 P_{in}，信号的输出功率为 P_{out}，则衰减的计算公式为

$$A = 10\lg(P_{out}/P_{in})$$

式中，P_{out} 与 P_{in} 单位为 W；A 的单位为 dB（分贝）。

dB 是一个对数计量单位，用于表示两个量的比值大小的对数值，没有单位。在通信工程中，普遍使用 dB 度量衰减、串扰等性能参数，其好处有如下两点：

1）便于将一个很大或者很小的物理量比较简短地表示出来。

2）可以化乘除法为加减法，在测量系统整体衰减（或串扰）时，只需要分段测量衰减（或串扰），然后累计求和即可。

4. 串扰

当信号在一个线对上传输时，会同时将一小部分信号感应到其他线对上，将对其信号传输造成不良干扰。串扰就是指一对线对另一对线的影响程度。测量串扰时，通常在一个线对发送已知信号，在另一个线对测试所产生的感生信号的大小。

串扰分为近端串扰和远端串扰，如果在信号输入端测试，得到的是近端串扰（NEXT）。如果在信号输出端测试，得到的是远端串扰（FEXT）。

设信号的输入功率为 P_{in}，信号的输出功率为 P_{out}，测试噪声的功率为 N。近端串扰计算公式为

$$NEXT = 10\lg(P_{in}/N)$$

远端串扰计算公式为

$$FEXT = 10\lg(P_{out}/N)$$

式中，P_{out} 与 P_{in} 单位为 W；NEXT 与 FEXT 的单位均为 dB。

5. 等效远端串扰（ELFEXT）

等效远端串扰是传送端的干扰信号对相邻线对在远端所产生的串扰，是考虑衰减后的 FEXT，计算公式如下：

$$ELFEXT = FEXT - A$$

式中，ELFEXT、FEXT、A 的单位均为 dB。

6. 综合等效远端串扰（PSELFEXT）

综合等效远端串扰表征了 4 对线缆中的 3 对传输信号时，对另一对线缆在远端所产生的干扰，单位为 dB。

7. 衰减串扰比（ACR）

在高频段，串扰与衰减的比例关系很重要。衰减串扰比的计算公式为 $ACR = NEXT - A$，单位为 dB，即 ACR 是同一频率下近端串扰和衰减的差值。ACR 是系统 SNR（信号噪声比）的唯一衡量标准，它对于表示信号和噪声串扰之间的关系有着重要的价值。ACR 值越高，意味着信号的抗干扰能力越强。

8. 综合衰减串扰比（PSACR）

综合衰减串扰比表征了 4 对线缆中的 3 对传输信号时，对另一对线缆所产生的衰减串扰比，单位为 dB。

9. 回波损耗（RL）

在数据传输中，当线路中的阻抗不匹配时，部分能量会反射回发送端。回波损耗反映了因阻抗不匹配而反射回来的能量大小。回波损耗对于全双工传输的应用非常重要，电缆制造过程中的结构变化、连接器类型和布线安装情况是影响回波损耗数值的主要因素。

10. 传输延迟

传输延迟是指信号从信道的一端到达另一端所需要的时间，单位为 ms。

11. 延迟偏离

延迟偏离是最短的传输延迟线对和其他线对间的差别，单位为 ms。

2.1.2 双绞线电缆等级

随着网络技术的发展和应用需求的提高，双绞线电缆的质量也得到了发展与提高。从 20 世纪 90 年代开始，美国电子协会（EIA）和电信工业协会（TIA）不断推出双绞线电缆各个级别的工业标准，以满足日益增加的速度和带宽要求。

1. 双绞线的尺寸

线缆的尺寸标准必须遵循标准直径和规范，即美国线规（AWG）尺寸标准，AWG 值是导线外径（以 in 计）的函数，AWG 与公制、英制单位的对照见表 2-1。

表2-1　AWG与公制、英制单位的对照

AWG	外径		截面积 /mm²	电阻值 /Ω·km⁻¹
	公制/mm	英制/in		
21	0.724	0.0285	0.4116	42.7
22	0.643	0.0253	0.3247	54.3
23	0.574	0.0226	0.2588	48.5
24	0.511	0.0201	0.2047	89.4
25	0.44	0.0179	0.1624	79.6
26	0.404	0.0159	0.1281	143
27	0.361	0.0142	0.1021	128

2. 双绞线类别

类是用来区分双绞线等级的术语，不同的等级对双绞线中的导线数目、导线扭绞数量以及能够达到的数据传输速率等具有不同的要求。以下介绍各类别的双绞线特性及应用。

（1）1类双绞线　　1类双绞线曾经用于电话，门铃导线也使用1类双绞线。和所有双绞线一样，1类双绞线通常是22AWG和24AWG。1类双绞线没有扭绞，阻抗和衰减很大，因此不用于数据传输，不是现代综合布线系统的一部分。

（2）2类双绞线　　2类双绞线主要用于IBM令牌环网的布线系统，最高数据传输率为4Mbit/s，使用22AWG或24AWG实行双绞线，目前也不再使用。

（3）3类双绞线　　3类双绞线是使用24AWG导线的100Ω电缆，最高传输速率为16MHz，一般情况下传输速率可达10Mbit/s。它被认为是10Base-T以太网安装可以接受的最低配置电缆，但现在已不再推荐使用，目前3类双绞线仍在电话布线系统中有着一定程度的使用。

（4）4类双绞线　　4类双绞线用来支持16Mbit/s的令牌环网，使用24AWG导线，阻抗100Ω，测试通过带宽为20MHz，传输速率达16Mbit/s。

（5）5类双绞线　　5类双绞线是用于运行CDDI和快速以太网的电缆，使用24AWG导线，阻抗100Ω，最初带宽为100MHz，传输速率达100Mbit/s。在一定条件下，5类双绞线可以用于1000Base-T网络，但要达到此目的，必须在电缆中同时使用多对线对以分摊数据流。目前，5类双绞线仍广泛使用于电话、保安、自动控制网络中，但在计算机网络布线中已失去市场。

（6）超5类双绞线　　超5类双绞线的传输带宽为100MHz，传输速率可达到100Mbit/s。与5类双绞线相比，具有更多的扭绞数目，可以更好地抵抗来自外部和电缆内部其他导线的干扰，从而有效提升了性能，在近端串扰、综合近端串扰、衰减和衰减串扰比4个主要指标上都有了较大的改进。因此超5类双绞线具有更好的传输性能，更适合支持1000Base-T网络，是目前计算机网络布线常用的传输介质。

（7）6类双绞线　　6类双绞线主要应用于快速以太网和千兆以太网，采用23AWG导线，传输带宽为200~250MHz，是超5类双绞线的两倍，最大速度可达到1000Mbit/s，能满足千兆位以太网的需求。6类双绞线改善了在串扰以及损耗方面的特性，更适合用于全双工的高速千兆网络，是目前综合布线系统常用的传输介质。

（8）超6类双绞线　　超6类双绞线主要应用于千兆位以太网中，其传输带宽是500MHz，最大传输速率为1000Mbit/s，与6类双绞线相比，在串扰、衰减方面有较大改善。

(9) 7类双绞线　7类双绞线是线对屏蔽的S/FTP电缆，它有效抵御了线对之间的串扰，使得在同一根电缆上实现多个应用成为可能，其传输带宽为600MHz，是6类双绞线的两倍以上，传输速率可达10Gbit/s，主要用来支持万兆位以太网。

双绞线的电缆等级见表2-2。

表2-2　双绞线的电缆等级

序号	分　类	应用范围	线规	说　明
1	TIA/EIA 第1类	在计算机局域网中不使用，主要用于模拟语音	22AWG 24AWG	应用于模拟语音、数字语音系统
2	TIA/EIA 第2类	4Mbit/s令牌环网	22AWG 24AWG	不再使用
3	TIA/EIA 第3类	4Mbit/s令牌环网 10Mbit/s以太网	24AWG	仅在电话系统中有一定应用
4	TIA/EIA 第4类	10Mbit/s以太网 16Mbit/s令牌环网	24AWG	较少使用
5	TIA/EIA 第5类	100Mbit/s快速以太网	24AWG	应用于电话、保安、自动控制等网络
6	TIA/EIA 超5类	100Mbit/s快速以太网	24AWG	主流产品
7	TIA/EIA 第6类	1000Mbit/s千兆位以太网	23AWG	主流产品

2.1.3　非屏蔽双绞线与屏蔽双绞线

根据双绞线中是否具有金属屏蔽层，可以分为非屏蔽双绞线与屏蔽双绞线两大类。

1. 非屏蔽双绞线（UTP）

非屏蔽双绞线没有金属屏蔽层，它在绝缘套管中封装了一对或一对以上双绞线，每对双绞线按一定密度绞在一起，提高了系统本身抗电子噪声和电磁干扰的能力，但它不能防止周围的电子干扰。

UTP的结构简单、重量轻、容易弯曲、安装容易、占用空间少，UTP的结构如图2-1所示。但由于不像其他电缆具有较强的中心导线或屏蔽层，UTP导线相对较细（22~24AWG），在电缆弯曲的情况下，很难避免线对的分开或打褶，导致性能降低，因此在安装时必须注意细节。在北美及我国计算机网络布线中，如没有特殊要求，会优先考虑UTP，UTP也用于电话布线等其他网络布线中。

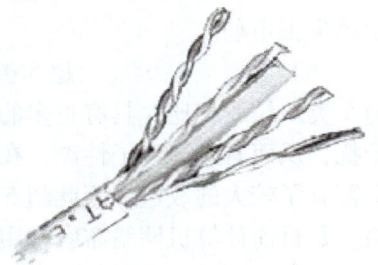

图2-1　UTP的结构

2. 屏蔽双绞线（STP）

随着电气设备和电子设备的大量应用，通信线路会受到越来越多的电磁干扰，这些干扰可能存在于自动力电缆、发动机，或者大功率无线电和雷达信号之类的各种信号源中。这些干扰一方面会在通信线路中形成噪声，从而降低传输性能；另一方面，通信线路中的信号能量辐射也会对邻近的电子设备和电缆产生电磁干扰。在双绞线中增加屏蔽层就是为了提高电缆的物理性能和电气性能，电缆屏蔽层由金属箔、金属丝或金属网几种材料构成，STP 的结构如图 2-2 所示。

屏蔽双绞线主要有以下几种类型：

（1）金属箔屏蔽双绞线（ScTP）　只有单一的金属箔屏蔽，用来保护所有的线对，由于没有额外的屏蔽层，ScTP 的价格比较低廉，而且重量较轻，直径较小，更容易接地。

（2）100ΩSTP　STP 具有单独包于屏蔽层中的线对，所有线对再被包裹到另一个屏蔽层中。100ΩSTP 主要用于以太网中，像 UTP 一样具有 100Ω 的特性阻抗。

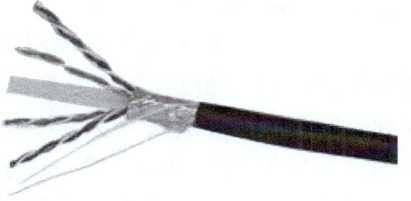

图 2-2　STP 的结构

（3）150ΩSTP　由 IBM 公司引入，与令牌环网体系结构有关，特性阻抗为 150Ω，它的屏蔽层需要两端接地，电缆的重量较重，成本较高。

由于各种原因，欧洲的布线系统更多得采用屏蔽双绞线。在我国绝大部分系统中，除了在电磁辐射严重，或者对传输质量要求较高的特殊场合下使用屏蔽双绞线外，一般都采用非屏蔽双绞线。使用屏蔽双绞线的注意事项如下：

1）屏蔽双绞线的屏蔽层必须正确接地。

2）安装屏蔽双绞线时必须小心，以免弯曲电缆而使屏蔽层打褶或切断，如果屏蔽层被破坏，将增加线对受到的干扰。

3）由于屏蔽层的存在，屏蔽双绞线的价格高于非屏蔽双绞线。

4）屏蔽双绞线的柔软性差，比较难以安装。

5）对每根电缆进行接地都需要时间，此外接线板、网络设备等也需要接地，增加了人工成本。

2.1.4　双绞线连接器件

在第 1 章中已经介绍了双绞线最常见的连接器件：RJ45 连接器，这里继续介绍双绞线信息插座和双绞线配线架。

1. 双绞线信息插座

双绞线信息插座的外形类似于电源插座，和电源插座一样也是固定于墙壁或地面，其作用是为计算机等终端设备提供一个网络接口。通过双绞线跳线即可将计算机通过信息插座连接到综合布线系统，从而接入主网络。

双绞线信息插座通常由信息模块、面板和底盒 3 部分组成。信息模块是双绞线信息插座的核心，双绞线与信息插座的连接实际上是与信息模块的连接。信息模块所遵循的标准，决定着双绞线信息插座所适用的信息传输通道。面板和底盒的不同，决定着双绞线信息插座所适用的安装环境。

（1）信息模块　双绞线信息插座中的信息模块通过水平干线与楼层配线架相连，通过工作区跳线与应用综合布线系统的设备相连，信息模块的类型必须与水平干线和工作区跳线的线缆类型一致。信息模块是根据国际标准 ISO/IEC 11801、TIA/EIA-568B 设计制造的，常用的一般为 RJ45 模块，其结构是 8 线式插座模型，使用双绞线连接，信息模块的外观如图 2-3 所示。

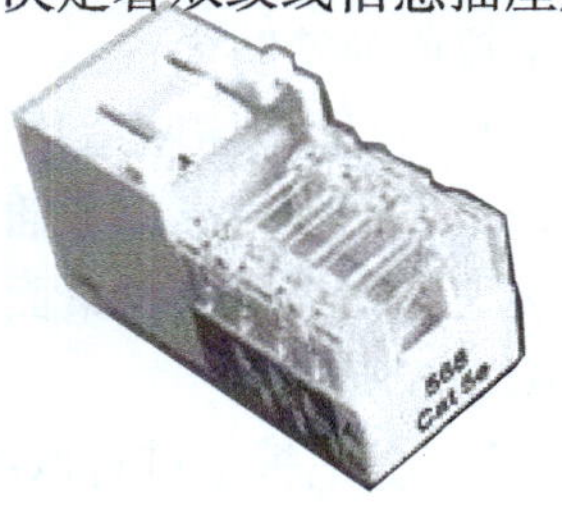

图 2-3　信息模块的外观

RJ45 信息模块的类型是与双绞线的类型相对应的，比如根据其对应的双绞线电缆的等级，RJ45 信息模块可以分为 3 类 RJ45 信息模块、4 类 RJ45 信息模块、5 类 RJ45 信息模块和超 5 类 RJ45 信息模块等。

（2）面板　双绞线信息插座面板用于在信息出口位置安装固定信息模块。插座面板的外形尺寸一般有 K86 和 MK120 两个系列。K86 系列（英式）为 86mm×86mm 正方形规格，MK120 系列（美式）为 120mm×75mm 长方形规格。常见的有单口、双口型号，也有三口或四口的型号。面板一般为平面插口，也有设计成斜口插口的，墙面双绞线信息插座面板的外观如图 2-4 所示。

图 2-4　墙面双绞线信息插座面板的外观

面板分为固定式面板和模块化面板。固定式面板的信息模块与面板合为一体，无法去掉某个信息模块，或更换为其他类型的信息模块。模块化面板使用预留了多个插空位置的通用面板，面板和信息模块可以分开购买。虽然固定式面板价格便宜，便于安装，但由于其结构位置不能改变，所以目前计算机局域网中主要使用模块化面板。需要注意的是，由于存在结构上的差异，不同厂商的面板和信息模块可能不配套，除非有配套安装产品说明，否则面板和信息模块应选择同一厂商的产品。

（3）底盒　底盒一般是塑料材质，底盒的外观如图 2-5 所示。底盒有单底盒和双底盒两种，一个底盒安装一个面板，且底盒的大小必须与面板制式相匹配。接线底盒有明装和暗装两种，明盒安装在墙面上或预埋在墙体内。接线底盒内有供固定面板用的螺孔，随面板配有将面板固定在接线底盒上的螺钉。底盒都预留了穿线孔，有的底盒穿线孔是通的，有的底盒在多个方向上预留有穿线位，安装时凿穿与线管对接的穿线位即可。

图 2-5　底盒的外观

双绞线信息插座根据其所采用信息模块的类型不同以及面板和底盒的结构不同有很多种分类方法。在综合布线系统中，通常是根据安装位置的不同，把双绞线信息插座分成墙面型、桌面型和地面型等几种类型。

1）墙面型插座多为内嵌式插座，安装于墙壁内或护臂板中，主要用于与主体建筑同时完成的综合布线工程，是最常用的双绞线信息插座。为了防止灰尘，目前使用的大部分墙面型插座都带有扣式防尘盖或弹簧防尘盖。

2）桌面型插座适用于主体建筑完成后进行的综合布线工程。桌面型插座有多种类型，一般可以直接固定在桌面上，桌面型双绞线信息插座的外观如图 2-6 所示。

图 2-6　桌面型双绞线信息插座的外观

3）在地板上进行双绞线信息插座安装时，需要选用专门的地面型插座，地面型双绞线信息插座的外观如图 2-7 所示。地面型插座多为铜制。铜制地面型插座有旋盖式、翻扣式和弹启式 3 种，铜面又分为方、圆两款，其中弹启式地面插座应用最为广泛。弹启式地面插座通常采用铜合金或铝合金材料制成，可以安装于建筑物内任意位置的地板平面上，适用于大理石、木地板、地毯、架空地板等各种地面。不使用插座时，插座的圆盖与地面相平，不影响通行和清扫，而且在闭合的面盖上行走时，面板不会轻易弹出。地面型插座的防渗漏结构可以保证水滴等在插座表面上的液体不会渗入。

图 2-7　地面型双绞线信息插座的外观

2. 双绞线配线架

双绞线配线架用于终接线缆，为双绞线或光缆与其他设备（如交换机、集线器等）的连接提供接口。在双绞线配线架上可进行互联或交接操作，使综合布线系统变得更加易于管理。

(1) 双绞线配线架的作用　双绞线配线架在小型计算机网络中是不需要使用的。例如，如果在一间办公室内部建立一个网络，可以根据每台计算机与交换机的距离，使用双绞线直接把计算机和交换机连接起来就可以了。在这种网络中，如果计算机需要在房间中移动位置，只需要更换一根双绞线就可以了。

但是在综合布线系统中，网络一般要覆盖一座或几座楼宇。在综合布线过程中，一层楼上的所有终端都需要通过线缆连接到管理间的分交换机上，这些线缆的数量很多，如果都直接接入交换机，则很难分辨出交换机接口与各终端之间的关系，也就很难在管理间对终端进行管理。而且线缆中经常有一些是暂时不使用的，如果将这些不使用的线缆接入交换机的端口，将会浪费很多的网络资源。另外，综合布线系统能够支持各种不同的终端，而不同的终端需要连接不同的网络设备。例如，如果终端为计算机，则需要接入计算机局域网交换机；如果终端为电话，则需要连接语音主干线，因此综合布线系统需要为用户提供灵活的连接方式。综上所述，为了便于管理，节约网络资源，在综合布线系统中必须使用双绞线配线架。

在综合布线系统中，使用双绞线连接双绞线信息插座与管理间的双绞线配线架，在双绞线配线架连接的位置，需要为每一组连入双绞线配线架的线缆在相应的标签上做上标记。如果与双绞线配线架相连的某房间的双绞线信息插座上连接了计算机或其他终端，管理员可以使用跳线将双绞线配线架上该双绞线信息插座对应的接口接入交换机或相应的其他网络设备。当计算机终端从一个房间移到另一个房间时，管理员只要将跳线从双绞线配线架上原来的接口取下，插到新的房间对应的接口上就可以了。

(2) 双绞线配线架的分类　根据双绞线配线架在综合布线系统中所在的位置，双绞线配线架可以分为建筑群配线架（CD）、建筑物配线架（BD）和楼层配线架（FD）。建筑群配线架是端接建筑群干线电缆、光缆的连接装置。建筑物配线架是端接建筑物干线电缆、干线光缆并可连接建筑群干线电缆、干线光缆的连接装置。楼层配线架是水平电缆、水平光缆与其他综合布线子系统或设备相连的装置。

目前常见的双绞线配线架有 110 配线架、RJ45 网络配线架等几种。

1) 110 配线架。110 型连接管理系统由 AT&T 公司（美国电话电报公司）于 1988 年首先推出，该系统后来称为工业标准的蓝本。110 配线架是 110 型连接管理系统的核心部分，采用阻燃、注模塑料。110 配线架有 25 对、50 对、100 对、300 对等多种规格，它的套件还应包括 4 对连接块或 5 对连接块、空白标签和标签夹、基座，110 配线架的外观如图 2-8 所示。110 配线架系统使用方便的插拔式快接式跳接，可以简单地进行回路的重新排列，为管理交叉连接系统提供了方便。110 配线架主要应用于电话配线，也可应用于语音、数据的综合配线。

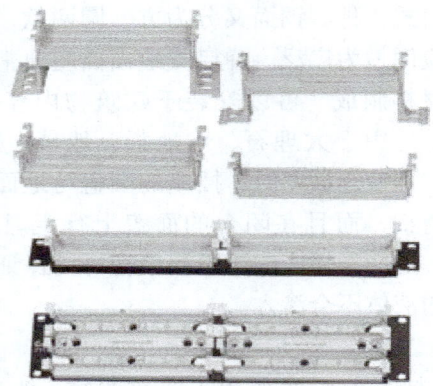

图 2-8　110 配线架的外观

2）RJ45 网络配线架。RJ45 网络配线架用途主要是用于在局端对前端信息点进行管理的模块化的设备。前端的信息点线缆（超 5 类或者 6 类双绞线）进入设备间后首先进入配线架，将线打在配线架的模块上，然后用跳线（RJ45 接口）连接配线架与交换机。网络配线架的外观如图 2-9 所示，RJ45 网络配线架主要应用于数据网络组网的配线。

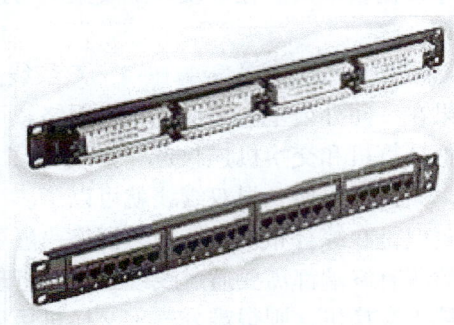

总体来说，双绞线配线架是用来管理的设备，比如说如果没有双绞线配线架，前端的信息点直接接入到交换机上，那么如果线缆一旦出现问题，就面临要重新布线。此外，管理上也比较混乱，

图 2-9　网络配线架的外观

多次插拔可能引起交换机端口的损坏。双绞线配线架的存在就解决了这个问题，可以通过更换跳线来实现较好的管理。

2.1.5　大对数全塑电缆

计算机网络布线使用的双绞线多为 4 线对电缆，而在实际应用中，还有线对数量较多的其他结构的双绞线，称为大对数全塑电缆。大对数全塑电缆一般由多个束线对组成，通常以 25 对线为基本单位，形成 100 对、600 对甚至 1200 对以上的线对结构，从外观上看，是直径很大的单根线缆。大对数全塑电缆通常用于综合布线系统的主干线路布线中，如垂直干线子系统、建筑群子系统等。而实际使用的大对数全塑电缆芯线、绝缘层、缆芯包带层和护套均采用高分子材料，故又称为全塑电缆。

大对数全塑电缆的结构由缆芯、屏蔽层、电缆护套及外护层 3 部分组成，大对数全塑电缆的外观如图 2-10 所示。

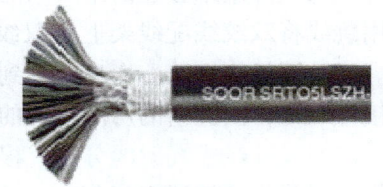

图 2-10　大对数全塑电缆的外观

1. 大对数全塑电缆缆芯结构

缆芯主要由导电芯线（导线）、芯线绝缘、缆芯扎带及包带层组成。

芯线扭绞成对后，再将若干对按一定规律绞合（即绞缆）成为缆芯。常用的缆芯有对绞式缆芯和星绞式缆芯，对绞式缆芯是两根不同颜色的绝缘芯线绞合成一线对，星绞式缆芯是用4根绝缘芯线分别排列在正方形的对角线上，按一定的扭矩绞合成一线组，目前，我国的市话用户电缆多采用对绞式缆芯。

对绞式电缆的缆芯结构，主要有同心式和单位式两种。

（1）同心式缆芯　同心式缆芯也称为层绞式缆芯，中心层一般为1~3对，然后每层大约增加6个线对，绞绕若干层，同层相邻线对扭矩不同，同心式缆芯的外观如图2-11所示。为减少邻层线对间的串音、使线束绞绕得较为紧凑、电缆便于弯曲及芯线接续时分线方便，邻层的层绞方向相反。同心式缆芯结构稳定，但在层数较多时寻找线号不便，所以用于对数较少的全塑电缆（800对以下）。

图2-11　同心式缆芯的外观

（2）单位式缆芯　单位式缆芯是把若干个线对采用编组方法分成单位束，然后再将若干个单位束分层绞合而成单位式缆芯，对于大对数室内通信电缆在接续、配线和安装电话时都较方便，单位式缆芯的外观如图2-12所示。目前常用的全色谱系单位式电缆，一般以25个线对为基本单元，基本单元内每个线对有不同颜色，安装人员可以通过线对颜色区分一个单元内的各线对。

为了保证成品电缆具有完好的标称对数，100对及以上的全色谱单位式电缆或80对以上的全色谱同心式电缆中设置备用线对，其数量均为标称线对的1%，最多不超过6对，备用线对作为一个预备单元或单独置线于缆芯的间隙中。

2. 大对数全塑电缆的屏蔽层

与一般4对双绞线类似，大对数全塑电缆的屏蔽层也是为了减少电缆线对受外界电磁场的干扰，金属屏蔽层一般包覆在电缆缆芯的外层（护套的里面），将缆芯与外界隔离。

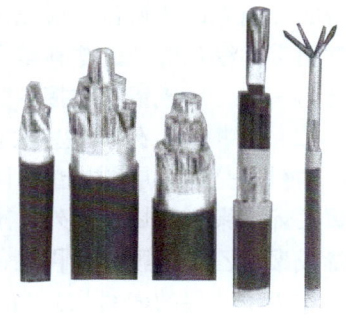

图2-12　单位式缆芯的外观

金属屏蔽层有绕包和纵包两种结构。绕包是用金属带以缆芯为轴，在缆芯外层重叠包绕1~2层，并纵向放置一根直径为0.3~0.5mm的软铜线，作为屏蔽层接地的连接线；纵包是用金属带沿电缆轴线方向卷成管状，包在缆芯的外层。纵包屏蔽层有扎纹和不扎纹两种形式，屏蔽层重叠带宽一般不小于6mm。

根据使用场合与使用要求的不同，常用的屏蔽带类型有以下几种：裸铝带、双面涂塑铝带、铜带、铜包不锈钢带、高强度改性铜带、裸铝、裸钢双层金属带、双面涂塑铝等。

屏蔽层减少外电磁场对电缆芯线的干扰和影响，提供工作地线以增强电缆阻水、防潮的功能。

3. 大对数全塑电缆的护套及外护层

（1）护套　护套包在屏蔽层的外面，其材料主要采用高分子聚合物——塑料。护套的种类有单层护套、双层护套、粘接护套等。

单层护套是由低密度聚乙烯树脂加炭黑及其他助剂（称黑色聚乙烯护套）或普通聚氯乙烯塑料（称聚氯乙烯护套）挤制而成的。这类护套的特点是加工方便、质轻柔软、容易接续等。

双层护套主要有两种：聚乙烯-聚氯乙烯双层护套和聚乙烯-黑色聚乙烯双层护套。双层护套的挤制，是先在屏蔽层（或缆芯包层）外挤包一层内护套，然后再挤包一层外护套。其中聚乙烯-聚氯乙烯双层护套，是由聚乙烯、聚氯乙烯两种材料制成，由于它们各具特点，相互取长补短，从而使护套性能更加完善。至于聚乙烯-黑色聚乙烯双层护套，则能提高电缆的机械强度和防潮效果。

单层护套、双层护套均由单纯的高分子聚合物塑料构成，所以又称为普通塑料护套。普通塑料护套的缺陷是具有一定透潮性。原因是高分子聚合物的分子比水分子大，当这类护套电缆在湿度较大的环境中使用，就会因护套内外存在水汽浓度差，使得水分子从浓度较高的一侧透过高分子聚合物向浓度较低的一侧跃迁，形成扩散。这种扩散不同于护套缺陷所造成的漏水现象。塑料护套透潮会造成电缆芯线绝缘电阻下降，衰减系数增加，甚至造成芯线短路，严重影响通信质量，因此普通塑料护套电缆应避免在潮湿环境下使用。

通常把电缆金属屏蔽层与塑料护套粘接在一起，称为电缆粘接护套，粘接护套有铝-聚乙烯护套和聚乙烯-铝聚乙烯护套两种。这类护套的机械强度高，芯线对屏蔽层的耐压强度高，防潮效果也较好，用途较广泛。

粘接护套的挤包过程是采用化学处理方法或直接粘接的方法，先在屏蔽铝带的两面粘附一层塑膜，制成双面涂塑铝带，再将双面涂塑铝带重叠纵包在缆芯包带的外面，然后在涂塑铝带的外面立即热挤包一层黑色聚乙烯护套，利用护套挤制过程的热量及热加热源，将双面涂塑铝带的纵包缝处的塑料熔合，并把双面涂塑铝带表面的聚合物薄膜层与黑色聚乙烯护套融合为一体，形成铝塑粘接护套。

（2）**外护层**　外护层主要包括内衬层、铠装层和外被层。

内衬层是铠装层的衬垫，防止塑料护套因直接受铠装层的强大压力而受损。内衬层在黑色聚乙烯或聚氯乙烯护套外，重叠绕包三层聚乙烯或聚氯乙烯薄膜带；也可以先绕包两层聚乙烯或聚氯乙烯薄膜带，再绕包两层浸渍皱纹纸袋，然后再绕包两层聚乙烯或聚氯乙烯薄膜带，作为铠装层的内衬层。当电缆塑料护套较厚，具有一定的机械强度时，也可不加内衬层，在电缆外套外直接绕包铠装层。

铠装层有两大类：钢带铠装层、钢丝铠装层。

钢带铠装层是在塑料护套或内衬层外纵包一层钢带，在纵包过程中浇注防腐混合物，或者绕包两层防腐钢带并浇注防腐混合物。

钢丝铠装层是在塑料护套或内衬层外缠细圆镀锌钢丝或粗圆镀锌钢丝铠装层，并浇注防腐混合物。钢丝铠装电缆一般敷设在水下，有单钢丝和双钢丝之分，轻型单钢丝通常用于静止水域和有岩石的沟里，粗型单钢丝用于水流不急和不受船锚伤害的水域。双钢丝通常用于流速较大、岩底河床和有可能带锚航行的水域，为防止钢丝受摩擦损伤，可对钢丝挤制一层氯丁橡胶。双钢丝的绞向是相反的，而双钢带的绞向则相同。

为了保护铠装层，在金属铠装层外面还要加一层外被层。其主要作用是增强电缆的屏蔽、防雷、防腐蚀性能和抗压及抗拉机械强度，加强保护缆芯。

4. 大对数全塑电缆色谱与规格

目前大对数全塑电缆的色谱普遍采用全色谱系，即电缆中的任何一对芯线，都可以通过各级单位的扎带颜色以及线对的颜色来识别，换句话说，给出线号就可以找出线对，拿出线对就可以说出线号。

(1) 同心式缆芯　全色谱同心式缆芯是由若干个规定色谱的线对按同心方式分层绞合而成。全色谱同心式缆芯每层的第一对线为橙白，最后一对线为绿黑，其余偶数对为红灰，奇数线对为蓝/棕，重复循环排列构成。

全色谱同心式缆芯每层均扎特定的扎带，其中中心及偶数层为蓝色，奇数层为橙色，全色谱同心式缆芯的色谱见表2-3。

表2-3　全色谱同心式缆芯的色谱

1	2	3	4	5	奇数对	偶数对	最末线对
橙白	红灰	蓝棕	红灰	蓝棕	红灰	蓝棕	绿黑

(2) 单位式缆芯　全色谱单位式缆芯是由10种不同色谱的缆线两两组合扭绞成25种不同色标的线对，每对线的颜色为a色/b色。

领式色（a色）的排列顺序为白、红、黑、黄、紫。

循环色（b色）的排列顺序为蓝、橙、绿、棕、灰。

每25对线组成了一个基本单位芯线色谱，25对线基本单位的对绞线色谱见表2-4。

表2-4　25对线基本单位的对绞线色谱

线对序号	1	2	3	4	5	6	7	8	9	10	11	12	13
a色	白	白	白	白	白	红	红	红	红	红	黑	黑	黑
b色	蓝	橙	绿	棕	灰	蓝	橙	绿	棕	灰	蓝	橙	绿
线对序号	14	15	16	17	18	19	20	21	22	23	24	25	
a色	黑	黑	黄	黄	黄	黄	黄	紫	紫	紫	紫	紫	
b色	棕	灰	蓝	橙	绿	棕	灰	蓝	橙	绿	棕	灰	

若干个基本单位采用扎带包扎，组成更大规模的大对数全塑电缆，扎带采用非吸湿性有颜色材料，使用扎带色区分各基本单位。

10个及10个以下基本单位采用单色谱扎带，依次为白、红、黑、黄、紫、蓝、橙、绿、棕、灰。

11个以上基本单位采用双色谱扎带，扎带双色组合类似于单位线对色标组合，每个扎带的颜色分为a色和b色。a色的排列顺序为白、红、黑、黄、紫；b色的排列顺序为蓝、橙、绿、棕、灰，但扎带色一般只有24种，双色谱扎带见表2-5。

表2-5　双色谱扎带

扎带序号	1	2	3	4	5	6	7	8	9	10	11	12
色谱	白蓝	白橙	白绿	白棕	白灰	红蓝	红橙	红绿	红棕	红灰	黑蓝	黑橙
扎带序号	13	14	15	16	17	18	19	20	21	22	23	24
色谱	黑绿	黑棕	黑灰	黄蓝	黄橙	黄绿	黄棕	黄灰	紫蓝	紫橙	紫绿	紫棕

一般100对以上的电缆增加1%的备用线对，备用线对线序及色谱见表2-6，备用线对的位置应放在缆芯外层，单成一束。

表 2-6 备用线对线序及色谱

1	2	3	4	5	6	7	8	9	10
白红	白黑	白黄	白紫	红黑	红黄	红紫	黑黄	黑紫	黄紫

5. 大对数全塑电缆的型号及表示方法

大对数全塑电缆的型号一般由 7 部分组成,大对数全塑电缆的型号编排见表 2-7。

表 2-7 大对数全塑电缆的型号编排

1	2	3	4	5	6	7
类型型号	导体型号	绝缘层型号	内护层型号	派生型号	外护层型号	传输频率

(1) 类型型号 电缆的类型型号见表 2-8。

表 2-8 电缆的类型型号

类型型号	含义	类型型号	含义
H	室内电话电缆	HU	矿用电话电缆
HE	长途通信电缆	HD	铁道电气化通信电缆
HO	干线同轴电缆	HJ	局用电话电缆
HP	配线电话电缆	HH	海底电缆
NH	同轴射频电缆	SE	对称射频电缆
HB	通信线及广播线	HR	电话软线

(2) 导体型号 电缆的导体型号见表 2-9。

表 2-9 电缆的导体型号

导体型号	含义	导体型号	含义
T	铜（可省略不计入）	L	铝
G	钢（铁）	GL	铝包钢
HL	铝合金	HT	铜合金
J	钢铜线芯、绞合线芯		

(3) 绝缘层型号 电缆的绝缘层型号见表 2-10。

表 2-10 电缆的绝缘层型号

绝缘层型号	含义	绝缘层型号	含义
Z	纸（可省略不计入）	Y	聚乙烯
V	聚氯乙烯	YP	泡沫/实心皮聚乙烯
YF	泡沫聚乙烯	B	聚苯乙烯
F	聚四氟乙烯	M	棉纱
N	尼龙	X	橡胶
S	丝包	Q	漆

(4) 内护层型号 电缆的内护层型号见表 2-11。

表 2-11　电缆的内护层型号

内护层型号	含义	内护层型号	含义
Q	铅包	V	聚氯乙烯
L	铝管	S	钢-铝-聚乙烯
H	普通橡胶	A	铝-聚乙烯
Y	聚乙烯	G	钢管
GW	皱纹钢管	HD	耐寒橡胶
X	纤维	BM	棉纱编织
LW	皱纹铝管	AG	铝塑综合管

（5）**派生型号**　电缆的派生型号包括形状、特征等线缆特性，电缆的派生型号见表 2-12。

表 2-12　电缆的派生型号

派生型号	含义	派生型号	含义
Z	综合通信电缆	P	屏蔽
L	防雷（通信电缆）	B	扁、平行
C	自承式（通信电缆）	G	高频隔离
R	软	T	填充石油膏

（6）**外护层型号**　电缆的外护层型号见表 2-13。

表 2-13　电缆的外护层型号

外护层型号	含义	外护层型号	含义
1	纤维绕包	23	双层防腐钢带绕包铠装聚乙烯外被层
3	单层细圆钢丝铠装	24	双层细圆钢丝铠装二级外护层
5	单层粗圆钢丝铠装	33	单层细钢丝铠装聚乙烯外被层
53	外加一层钢带铠装	2	钢带铠装
120	裸钢带铠装一级外护层	4	双层细圆钢丝铠装
13	单层细圆钢丝铠装一级外护层	6	双层粗圆钢丝铠装
14	双层细圆钢丝铠装一级外护层	12	钢带铠装一级外护层
15	单层粗圆钢丝铠装一级外护层	26	双层粗圆钢丝铠装二级外护层
16	双层粗圆钢丝铠装一级外护层	553	外加二层钢带铠装层
22	钢带铠装二级外护层		专用于 PCM 系统绝缘的类型及代表符号

举例说明如下：

1）HYA 表示铜芯、聚乙烯绝缘、铝-聚乙烯护套室内通信电缆。

2）HYPAC 表示铜芯、泡沫/实心皮聚乙烯绝缘、铝-聚乙烯护套、自承式室内通信电缆。

3）HYPAT23 表示铜芯、泡沫/实心支聚乙烯绝缘、石油膏填充、铝-聚乙烯护套、双层防腐钢带绕包外护聚乙烯外被层室内通信电缆。

4）HYFAT553 表示铜芯、泡沫聚乙烯绝缘、石油膏填充、铝-聚乙烯护套、外加二层钢带铠装层室内通信电缆。

2.2 光纤与光缆

光纤是一种传输光束的细而柔韧的媒质。光缆由一捆光纤组成，与铜缆相比，光缆本身不需要电，虽然在建设初期所需的连接器、工具和人工成本很高，但其不受到电缆干扰的影响，具有更高的数据传输速率和更远的传输距离，并且不用考虑接地问题，对各种环境因素具有更强的抵抗力。这些特点使得光缆在某些应用中更具吸引力，成为目前综合布线系统中常用的传输介质之一。

2.2.1 光纤的基本知识

1. 光纤的结构

通信光纤通常是由两种不同折射率的石英材料拉制而成，是多层同心圆柱体结构。内层为折射率较高的纤芯，包围在纤芯外面的是折射率较低的包层，它们共同组成光的传输媒质。通信用光纤的标称外径（包层外径）为125μm，裸光纤的截面如图2-13所示。

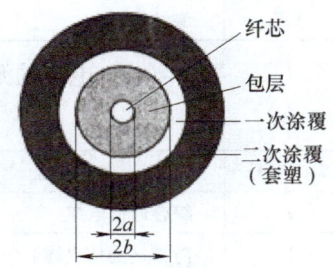

图2-13 裸光纤的截面

纤芯的作用是传输光信号，包层的作用是使光信号封闭在纤芯中传输。多模光纤纤芯的标称直径为50μm或62.5μm，单模光纤的纤芯直径为5~10μm，标称模场直径为9~10μm。

包层材料通常为均匀材料，纤芯折射率 n 可以是均匀的，也可以是随半径 r 变化的函数 $n(r)$。为了实现光信号的传输，要求纤芯的折射率比包层的折射率稍大，这是光纤结构的关键。

实际使用的裸光纤，它的强度较差，尤其是柔软性很差，为了达到实际使用的要求，在光纤制造过程中，裸光纤在高温出炉后需要进行涂覆，一般为丙烯脂酸、环氧树脂等材料，涂覆后的光纤更坚固，可以用于制造光缆，满足通信传输线的要求。

目前，石英材料是制作光纤的首选材料，这是由于石英玻璃是目前光信号的最佳固体传输介质，具有较好的提纯工艺、制棒技术和良好的传输特性、光学特性及化学稳定性。但是石英玻璃光纤的制造工艺特殊，力学性能差，需要专门的接续设备，制约了其在接入网和局域网中的使用。石英裸光纤的外观如图2-14所示。

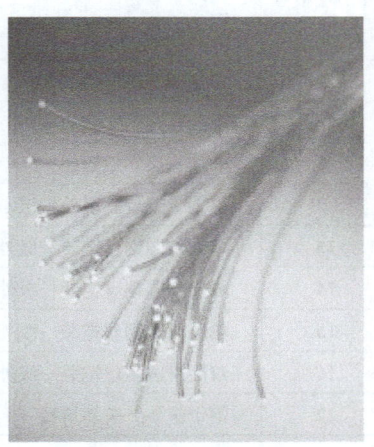

图2-14 石英裸光纤的外观

2. 光纤的分类

光纤主要有两种分类方法，即按传输模式分类和按折射率分类。

(1) 按传输模式分类 按照光纤传输模式的数量，可以将光纤分为多模光纤和单模光纤。在一定的工作波长上，当有多个模式在光纤中传输时，则这种光纤称为多模光纤。按多模光纤截面折射率的分布可分为阶跃型多模光纤和渐变式多模光纤。

单模光纤（Single Mode Fibre，SMF）的纤芯直径很小，在给定的工作波长上只能以单一模式传输，传输频带宽，传输容量大。光信号可以沿着光纤的轴向传播，因此光信号的损耗很小,离散也很小,传播的距离较远。单模光纤规范建议纤芯直径为 8~10μm,包层直径为 125μm。

多模光纤(Multi Mode Fibre,MMF)是在给定的工作波长上,能以多个模式同时传输的光纤。多模光纤的纤芯直径一般为 50~200μm,而包层直径的变化范围为 125~230μm,计算机网络用纤芯直径为 62.5μm、包层为 125μm 的多模光纤,也就是通常所说的 62.5μm 多模光纤。与单模光纤相比,多模光纤的传输性能要差。

(2) 按折射率分类　多模光纤按折射率分类可分为跳变式光纤和渐变式光纤。

跳变式光纤纤芯的折射率和保护层的折射率都是常数,在纤芯和保护层的交界面折射率呈阶梯变化。渐变式光纤纤芯的折射率随着半径的增加而按一定规律减小,到纤芯与保护层交界处减小为保护层的折射率,纤芯折射率的变化近似抛物线,光纤折射率的分布如图 2-15 所示,其中图 2-15a 所示为跳变式光纤折射率,图 2-15b 所示为渐变式光纤折射率。

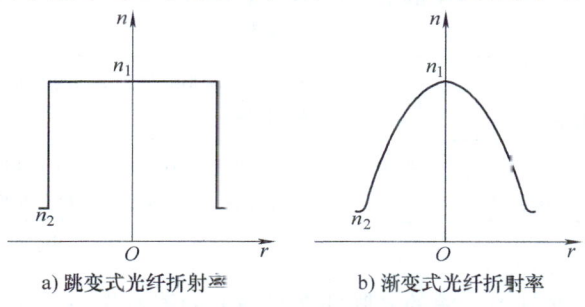

图 2-15　光纤折射率的分布

由于渐变式光纤具有透镜那样的"自焦距"作用,对光脉冲的展宽也就比阶跃型光纤小得多,因此光信号传输距离较长,目前使用的多模光纤均为此类。

2.2.2　光纤的传输特性

耦合进光纤的光脉冲在光纤中传输,会受到光纤自身传输特性(衰减、色散、非线性效应)的影响,随着传输距离的增加,信号存在功率损耗、波形畸变和展宽等效果的累计,严重时造成接收端的判断错误。因此,研究光纤的传输特性可以了解这些问题的原因,采用相应的技术可以满足长距离、高速无误码的传输要求。

1. 衰减

光波在光纤中传输时光功率随着传输距离的增加会减少,称为光纤的衰减,又称损耗。若长度为 L 的光纤发送端功率记为 P_0,接收端功率记为 P_L,则定义光纤的衰减系数 α 的计算公式为

$$\alpha = (P_L - P_0)/L$$

式中,α 的单位为 dB/km;P_L 的单位为 dB;P_0 的单位为 dB;L 的单位为 km。

引起光纤传输损耗的原因很多,主要可以从光纤的材料、结构和成纤后的使用性能两个方面考虑。光纤传输损耗主要包括吸收损耗、散射损耗、弯曲损耗、接续损耗等,光纤损耗的分类见表 2-14。

经过研究表明,常用的石英玻璃在近红外波段存在 3 个低损耗通信波长,分别为 0.8μm、1.3μm、1.55μm。其中,光纤的衰减系数在 1.3μm 波长处约为 0.35dB/km,在 1.55μm 波长处约为 0.2dB/km,故又将 1.55μm 波长称为最低损耗通信波长。

表 2-14 光纤损耗的分类

损耗分类		损耗具体产生原因
光纤本身的损耗	吸收损耗 — 杂质吸收	金属离子吸收 氢氧根离子吸收
	吸收损耗 — 本征吸收	紫外线吸收 红外线吸收
	散射损耗 — 波导结构散射	折射率分布不均匀 光纤纤芯直径分布不均匀 纤芯与包层界面分布不均匀
	散射损耗 — 固有散射	瑞利散射 拉曼散射 布里渊散射
应用损耗	弯曲损耗 — 宏弯损耗	敷设和安装光缆时,光纤的弯曲半径小于容许的弯曲半径所产生的损耗
	弯曲损耗 — 微弯损耗	光纤轴向产生微米级弯曲引起的损耗
	接续损耗	纤芯直径、折射率、同心度分布失配

2. 色散

色散是指光纤对于在其中传输的光脉冲在时域上的展宽作用,这种展宽作用会带来信号畸变,失去原来的形状,同时造成前后发出的脉冲相互叠加,在接收端造成判断错误,导致通信系统的误码增加,限制了系统的传输速率、中继性能和误码性能。

光纤的色散主要由模式色散、材料色散、波导色散和偏振色散组成,光纤色散的分类见表 2-15。

表 2-15 光纤色散的分类

色散分类		色散产生原因
多模光纤的主要色散	模式色散	由于传播模式的不同而引起的传播速度的不同,进而发生波形的展宽
单模光纤的主要色散	材料色散	光纤材料的折射率随所传输光的波长变化而引起的
	波导色散	又称结构色散,与光纤的几何结构、纤芯尺寸、几何形状、相对折射率等因素有关
	偏振色散	由于光纤结构和材料上的不对称性,或者是光纤受到的外力挤压、应力等造成光纤失去对称结构

由于多模光纤的模式色散比较严重,限制了多模光纤的传输带宽。目前多模跳变式光纤已不再使用,而另一种多模渐变式光纤,通过设计纤芯的折射率分布,可以减小模式色散,带宽比多模跳变式光纤高 1~2 个数量级,因此目前所使用的多模光纤一般均为多模渐变式光纤。

而对于单模光纤,因为它的纤芯直径细,仅有唯一传播模式,故不存在模式色散,总色散较小,因而具有较高的带宽。单模光纤存在的主要色散为较小的材料色散、波导色散和偏振色散,而其中材料色散和波导色散均与波长有关,又称色度色散。一般而言,$1.3\mu m$ 通信波长的光纤色散要小于 1.55μm 通信波长的光纤色散,故又称 1.3μm 通信波长为零色散通信波长。

但是在一定的波长范围内,单模光纤的波导色散与材料色散相反为负值,通常采用复杂的折射率分布形状和改变剖面结构参数的方法获得适量的负波导色散来抵消石英玻璃的正色散,可以达到移动零色散波长点的位置,即使光纤的总色散在所希望的波长上实现零色散,通常是 1.55μm。正是通过这种方法,才制造出色散位移光纤、非零色散位移光纤等其他在 1.55μm 通信波长处同时具有低损耗和低色散的光纤。

2.2.3 光纤的类型

光通信技术的迅猛发展和广泛应用,有力地促进了光纤制造技术的快速发展,出现了很多不同类型的光纤,具有不同的性能,适应不同的应用目标。

国际电信联盟远程通信标准化组织(ITU-T)对光纤有一系列的建议,根据 ITU-T G 系列建议编号计划,光纤的编号为 G.650~G.659,均表示单模光纤的分类号。由于只有非常有限的 10 个号码,因此,在每种分类中还使用 A、B、C、D 等子类,规范细分的光纤子类。ITU-T 已经制定和不断修订的光纤标准如下。

而根据国际电工委员会(IEC)标准,按光纤所用材料、折射率分布、零色散波长等因素,将光纤分 3 大类:A 类为多模光纤,B 类为单模光纤,C 类为弯曲损耗不敏感光纤。

IEC 对多模光纤的分类见表 2-16,ITU-T 和 IEC 对单模光纤的分类见表 2-17。

表 2-16 IEC 对多模光纤的分类

类别	材料	类型
A1	玻璃芯/玻璃包层	渐变折射率光纤
A2	玻璃芯/玻璃包层	阶跃折射率光纤
A3	玻璃芯/塑料包层	阶跃折射率光纤
A4	塑料光纤	塑料光纤

表 2-17 ITU-T 和 IEC 对单模光纤的分类

光纤名称	ITU-T 标准	IEC 标准
常规单模光纤	G.652A、G.652B	B1.1
波长扩展的常规光纤	G.652C、G.652D	B1.3
截止波长位移单模光纤	G.654	B1.2
色散位移光纤	G.653	B2
非零色散位移单模光纤	G.655	B4
带宽光传输非零色散单模光纤	G.656	B5
弯曲损耗不敏感光纤	G.657	C1、C2、C3、C4

1. A1 型渐变式多模光纤

IEC 将 A1 型渐变式多模光纤按照纤芯/包层尺寸进一步分为 4 种,即 A1a、A1b、A1c、A1d。A1 型渐变式多模光纤的特性参数见表 2-18,但是 ITU-T 只定义了 50μm/125μm 的多模光纤 G.651.1,而并未定义其他类型多模光纤的型号。

2. G.652型常规单模光纤

G.652型常规单模光纤也称非色散位移光纤,于1983年开始商用。其零色散波长在1310nm处,且衰减较小,约为0.36dB/km;在波长为1550nm处衰减最小,约为0.25dB/km,但有较大的正色散,大约为18ps/(μm·km)。工作波长既可选用1310nm,也可选用1550nm。这种光纤是使用最为广泛的光纤,它在世界各地敷设数量已高达7000万km之多,绝大多数光纤通信系统都采用G.652型光纤,这些系统包括1310nm和1550nm窗口的高速数字系统。2.5Gbit/s以下一般是衰减限制系统,而10Gbit/s及其以上的为色散限制系统。G.652型光纤工作波长在1550nm时的大色散阻碍了其在高速远距离通信中的应用。

表2-18 A1型渐变式多模光纤的特性参数

	纤芯直径/μm	包层直径/μm	数值孔径系数
A1a	50	125	0.2
A1b	62.5	125	0.275
A1c	85	125	0.275
A1d	100	140	0.316

3. G.653型色散位移单模光纤

G.653型色散位移单模光纤是在G.652型单模光纤的基础上,通过改变光纤的结构参数、折射率分布形状来加大波导色散,从而将最小零色散点从1310nm移到1550nm,实现1550nm处最低衰减和零色散波长一致。这种光纤适合于长距离高速光纤通信系统。

4. G.654型截止波长位移单模光纤

G.654型截止波长位移单模光纤是1550nm最低衰减单模光纤,达到0.18dB/km。这种光纤采用纯石英玻璃作为纤芯和掺氟的凹陷包层来减少光纤损耗,主要应用于长距离通信中,价格较贵。

5. G.655型非零色散位移单模光纤

G.655型非零色散位移单模光纤是专门为新一代光放大密集波分复用传输系统设计和制造的新型光纤,属于色散位移光纤,但是在1550nm处色散不是零值,用以平衡四波混频等非线性效应,使其能用于高速率(10Gbit/s)、大容量、密集波分复用的长距离光纤通信系统中。

6. G.656型带宽光传输非零色散单模光纤

G.656型带宽光传输非零色散单模光纤是对G.655型非零色散位移单模光纤进一步改进的光纤,使色散变化维持在一个更小的范围内,支持40Gbit/s大容量传输系统的应用。

7. G.657型弯曲不敏感单模光纤

随着接入网中的光纤化实施,由于接入网络的安装环境狭窄,施工困难,需要弯曲性能良好的光纤光缆,因此,ITU-T研制了弯曲不敏感单模光纤。G.657型光纤是在G.652型光纤的基础上开发的一个光纤品种,这类光纤具有优异的耐弯曲特性,其弯曲半径可达到常规单模光纤的1/4~1/2。

8. A4型塑料光纤

塑料光纤发明于20世纪60年代,曾广泛用于传感器、照明和装饰等方面,但在电信领域直到含氟塑料的应用和渐变折射率的开发,才使得塑料光纤得到了更广泛的应用。

塑料光纤按剖面结构的折射率可分为两种：阶跃折射率多模塑料光纤和渐变折射率塑料光纤。塑料光纤是一种多模光纤，可用于 FTTD 接入方案中（即光纤到办公桌）。采用全氟化聚合物制造的光纤，传输速率可达 3Gbit/s，可用于短距离光通信中。在目前正在推进的光纤到户时代，这类光纤将得到更多应用。

2.2.4 光纤连接器件

光纤连接器件主要有连接器、耦合器、终端盒、信息插座、配线设备等。

1. 光纤连接器

光纤连接器用来把光纤连接到接线板或有源设备上。目前有很多种光纤连接器，在安装时必须确保连接器的正确匹配。按照不同的分类方法，光纤连接器可以分为不同的种类，如按所支持的光纤类型的不同，可分为单模光纤连接器和多模光纤连接器；按连接器的插针端面，可分为 FC 型、PC 型（UPC）、APC 型等光纤连接器。在综合布线系统中，应用最多的光纤连接器是以 2.5mm 陶瓷插针为主的 FC 型、ST 型、SC 型。

要组成全双工的光纤传输系统，至少需要两根光纤，一根光纤用于发送，另一根用于接收。光纤连接器根据光纤连接的方式可分为两种：单连接器在装配时只连接一根光纤；双连接器在装配时要连接两根光纤。

（1）ST 型光纤连接器　ST 型光纤连接器最早由 AT&T 公司开发，是 Straight Tip（直通式）的缩写。ST 型光纤连接器有一个直通和卡口式锁定机构，连接头使用一个坚固的金属卡销式耦合环和一个发散形式的凹弯使适配器的柱头可以方便地固定，这种连接与同轴电缆的连接类似。ST 型光纤连接器的外观如图 2-16 所示。由于 ST 型光纤连接器相对容易端接，所以目前仍在广泛使用，但其固定和拆卸都需要更多的空间。

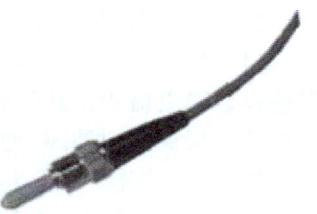

图 2-16　ST 型光纤连接器的外观

（2）SC 型光纤连接器　SC 型光纤连接器是连接 GBIC 光纤模块的连接器，由日本 NTT 公司开发，外形呈矩形，插针的断面多采用 PC 和 APC 型研磨方式，SC 型光纤连接器的外观如图 2-17 所示。SC 型光纤连接器为插拔销型连接器，与耦合器相接时，通过压力固定，这样只需要轻微的压力就可以插入或拔出 SC 型光纤连接器，不需要旋转。

图 2-17　SC 型光纤连接器的外观

SC 型光纤连接器既可以端接 50μm/125μm 和 62.5μm/125μm 的多模光纤光缆，也可以端接单模光纤光缆。工业布线标准推荐用棕色连接器端接多模光纤光缆，用蓝色连接器端接单模光纤光缆。

（3）FC 型光纤连接器　FC 型光纤连接器采用金属套，紧固方式为螺钉扣。最早的 FC 型光纤连接器采用陶瓷插针，对接端面采用平面接触方式（FC），此类连接器结构非常简单，操作方便，制作容易，但光纤端面对微尘较为敏感，且容易产生菲涅耳反射，提高回波损耗性能较为困难。现在的 FC 型光纤连接器虽然外部结构没有变化，但陶瓷插针的对接端面采用球面接触方式（PC），使得插入损耗和回波损耗性能有了较大幅度的提高，FC 型光纤连接器的外观如图 2-18 所示。

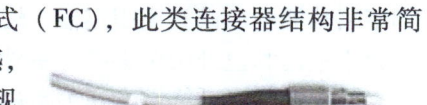

图 2-18　FC 型光纤连接器的外观

（4）MU 型光纤连接器　MU 型光纤连接器是以目前使用最多的 SC 型连接器为基础的，由 NTT 公司研制开发出来的小型光纤连接器。该连接器采用直插式连接方式，其体积约为 SC 型连接器的 2/5，采用 1.25mm 直径的套管和自保持机构，能实现高密度安装，MU 型光纤连接器的外观如图 2-19 所示。

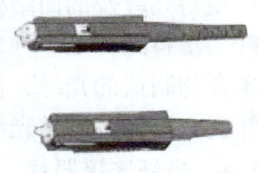

图 2-19　MU 型光纤连接器的外观

2. 光纤耦合器

光纤耦合器又称分歧器、连接器、适配器、法兰盘，是用于实现光信号分路/合路，或用于延长光纤链路的元件。光纤耦合器可分标准耦合器（属于波导式，双分支，单位为 1×2，即将光信号分成两个功率）、直连式耦合器（连接两条相同或不同类型光纤接口的光纤，以延长光纤链路）、星形/树形耦合器以及波长多工器（WDM）。光纤耦合器制作方式则有烧结式、微光学式、光波导式（Wave Guide）3 种，而以烧结式方法生产占多数（约有 90%）。

按照耦合光纤的不同有如下分类：

（1）SC 型光纤耦合器　应用于 SC 型光纤接口，它与 RJ45 接口看上去很相似，不过 SC 型接口显得更扁些，其明显区别还是里面的触片，如果是 8 条细的铜触片，则是 RJ45 接口，如果是一根铜柱则是 SC 型光纤接口，常用于终端连接。

（2）FC 型光纤耦合器　应用于 FC 型光纤接口，外部加强方式是采用金属套，紧固方式为螺钉扣，一般在 ODF 配线架上采用。

（3）ST 型光纤耦合器　应用于 ST 型光纤接口，常用于光纤配线架，外壳呈圆形，紧固方式为螺钉扣，常用于光纤配线架。

3. 光纤终端盒

光纤终端盒是光缆终端的接续设备，通常安装在 19in 机架上，可以容纳数量比较多的光缆端头，可通过光纤跳线接入光交换机，光纤终端盒的外观如图 2-20 所示。光纤终端盒主要有如下用途：

1）为了方便把光纤汇集到一起，便于管理和使用。

2）当光缆与光纤设备互联时，需要将光缆剥开露出光纤，再将光纤与尾纤熔接，而光纤熔接点处非常脆弱，易被折断，因此需要将熔接点装入光纤终端盒，以减少外力的作用。

图 2-20　光纤终端盒的外观

3）可用于充当室内光缆接续盒。在光缆布线中存在着连接两根光缆的问题，在连接两根光缆时，同样可以采用将光缆剥开露出光纤，然后进行熔接的方法；同样需要对光纤熔接点进行保护，防止外界环境的影响，这时就需要用到光缆接续盒。光缆接续盒具备光缆固定和熔接功能，内设光缆固定器、熔接器和过线夹。光纤终端盒分为室内和室外两个类型，室外终端盒可以防水，而在实际工作中可将光纤终端盒作为室内光缆接续盒使用。

4. 光纤信息插座

光纤信息插座的作用和基本结构与使用 RJ45 信息模块的双绞线信息插座一致，是光缆布线在工作区的信息出口，用于光纤到桌面的连接，光纤信息插座的外观如图 2-21 所

图 2-21　光纤信息插座的外观

示。为了满足不同场合应用的要求，光纤信息插座有多种类型。如果水平干线为多模光纤，则光纤信息插座中应选用多模光纤模块；如果水平干线为单模光纤，则应选用单模光纤模块。另外，不同的光缆连接器使用的信息插座类型也不相同，如 ST 型信息插座、SC 型信息插座。

5. 光纤配线架

光纤配线架又称 ODF 配线架，是专为光纤通信机房设计的光纤配线设备，ODF 配线架的外观如图 2-22 所示。该设备配置灵活、安装使用简单、容易维护、便于管理，是光纤通信光缆网络终端，或中继点实现排纤、跳纤光缆熔接及接入必不可少的设备。

ODF 配线架的主要特点是：

（1）标准单元结构尺寸　宽度为 19in，既可装入配线架机柜，也可改做壁挂安装。

图 2-22　ODF 配线架的外观

（2）工艺精良　结构件采用加厚镀锌钝化处理冷轧钢板和表面喷涂工艺，光纤分配盘采用掺杂阻燃材料的塑料材质，轻便灵活，又结实耐用。大径盘绕环设计使尾纤和跳纤的曲率半径每处都保持在 40mm 以上。

（3）结构灵活　既可单独装配成光纤配线架，也可与数字配线单元、音频配线单元同装在一个机柜/架内构成综合配线架。具有光缆引入、固定和保护功能，光缆终端与尾纤熔接功能，调线功能和跳纤存储，光缆纤芯、尾纤的存储和保护功能等。

（4）抽屉式结构　抽屉式结构使操作时可抽出，完毕后放回。

ODF 配线架是光缆布线系统中一个重要的配套设备，主要用于光缆终端的光纤熔接、光纤连接器安装、光路的调接、多余尾纤的存储及光缆的保护等，它对于光纤通信网络安全运行和灵活使用有着重要的作用。

2.2.5　光缆的结构和型号

经过涂覆后的光纤虽然具有一定的抗张强度，但还是比较脆弱，经不起弯曲、扭曲和侧压力的作用，因而只能用于机房中做跳线。为了能够使光纤用于复杂环境条件下的通信，又便于敷设施工，需要给光纤提供一定的保护结构，这种保护结构就称为光缆。

1. 光缆的结构

光缆一般由缆芯、加强元件、填充物和护层等几部分组成，另外根据需要还有防水、缓冲、绝缘金属导线等构建。

（1）缆芯结构　缆芯的作用是妥善安置光纤，使光纤在一定外力下仍能保持优良的传输性能。套塑后的光纤芯线以不同的形式组合在一起构成缆芯。当前缆芯的基本结构主要有层绞式、骨架式、束管式和带状式 4 种。我国当前用得最多的为层绞式和束管式，而带状式缆芯由于可以容放较多的光纤，因此也得到越来越多的应用。

层绞式缆芯类似于传统的电缆结构，目前应用最为广泛。随着光纤数的增多，出现单元式绞合，即一个松套管就是一个单元，其内可以有多根光纤。生产时先集合成单元，挤制松套管，再将松套管扭绞在中心加强件周围，用包带方法固定，然后绞合护层成缆，层绞式缆芯的结构如图 2-23 所示。目前松套一管多纤式的结构得到了大量的使用。

束管式缆芯结构近年来得到较快的发展。它相当于把松套管扩大为整个缆芯，成为一管腔，将光纤集中存放于其中，束管式缆芯的结构如图 2-24 所示。管内填充有油膏，改善了光纤在光缆内受压、受拉、受弯曲时的受力状态，每根光纤都有很大的活动空间。相应的加强元件由缆芯中央移到缆芯外部的护层中，所以缆芯可以做得较细，同时将抗拉功能与护套功能结合起来，达到一材两用的设计目的。光纤束中的光纤采用有色谱标志的一次涂覆光纤，松放或多根光纤为一束并采用有颜色的扎带捆扎成束。一个加强中心管内可放置许多个这样的

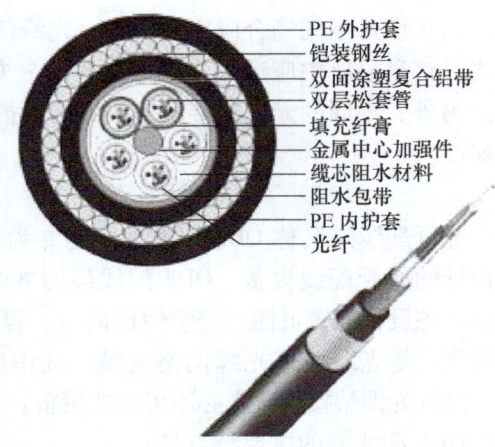

图 2-23　层绞式缆芯的结构

纤束，总的光纤数可达近百根。这种缆芯把光学的、环境的优点结合在一个新的小型尺寸中，并且大大地减少了安装时间。这种缆芯结构具有体积小、质量轻、制造容易、成本低的优点。中心束管式结构中的光纤位于光缆的中心，对光纤的保护相对是最好的。

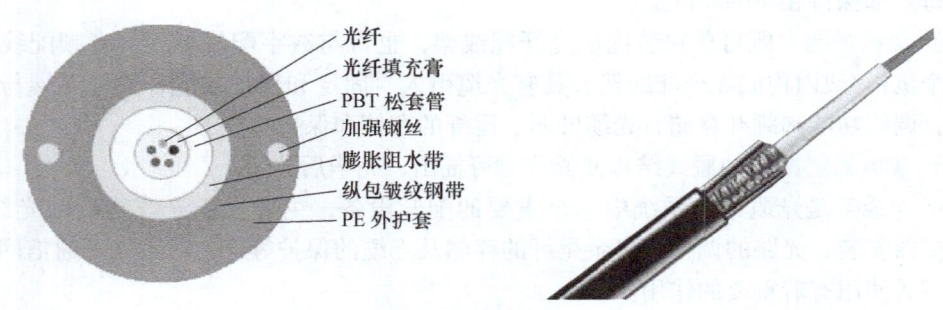

图 2-24　束管式缆芯的结构

骨架式缆芯的光纤置放于塑料骨架的槽中，槽的横截面可以是 V 形、U 形或其他合理的形状，槽纵向呈螺旋形或正弦形，骨架式缆芯的结构如图 2-25 所示。早期一个空槽只可以放置一根光纤，可以是一次涂覆光纤也可以是紧套光纤。目前的趋势是放置一次涂覆光纤，且一个槽可放置 5~10 根光纤，为了识别纤序，要用色谱标志。也有放置光纤带的，即在一个槽内放置若干光纤带从而构成大容量的光缆。槽的数目可根据光纤数设计，一条光缆可容纳数十根到上千根纤。如果是放置一次涂覆光纤，槽内应填充油膏以保护光纤，这时槽的作用类似于松套管。这种结构简单，对光纤保护较好，耐压、抗弯性能较好，节省了松套管材料和相应的工序。但也对放置光纤入槽工艺提出了更高的要求，因为仅经过一次涂覆的光纤在成缆过程中稍一受力就容易损伤，影响成品合格率。

带状式缆芯是先将经过一次涂覆的光纤放入塑料带内做成光纤带，然后将几层光纤带放在一起构

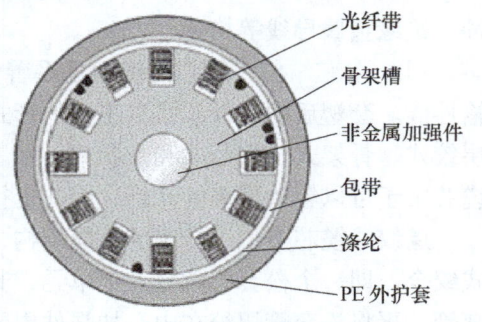

图 2-25　骨架式缆芯的结构

成光缆芯，带状式缆芯的结构如图 2-26 所示。它的优点是可容纳大量的光纤（一般在 100 芯以上），满足用户接入光缆的需要；同时每个单元的接续可以一次完成，以适应大量光纤接续、安装的需要。实际上，光纤带如果集中放在一个松套管内，并将其放在光缆中心，贴近外护层，即为带状中心束管式。如果在多个松套中放置光纤带，再将这些松套管与中央加强件扭绞在一起，即为带状层绞式。当然，也可以将光纤带放置在塑料骨架的槽中，就为带状 SZ 骨架光缆。

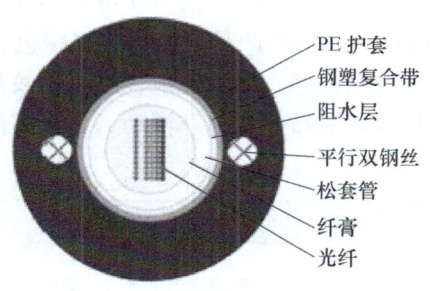

图 2-26　带状式缆芯的结构

在实际应用中，当使用光纤数要求不是很多时，可直接使用缆芯基本结构单元作为缆芯构成光缆；当使用光纤数要求很多时，可用多个上述的缆芯基本结构单位来构成所需的光缆。

（2）加强元件　加强元件用来增强光缆的抗拉强度，提高光缆的力学性能。光缆与电缆结构上最大的不同点在于：由于光纤对任何拉伸、压缩、侧压等的承受能力很差，因而必须为光缆设置加强元件。光缆加强元件的配置方式一般分为"中心加强元件"方式和"外周加强元件"方式。在机械特性方面，光缆中的加强元件应具备高杨式模量、屈服应力大、单位长度的重量轻等要求。这样光缆中的加强元件一般多采用镀锌钢丝、钢丝绳、不锈钢丝和带有紧套聚乙烯垫层的镀锌钢丝绳。为了防止强电和雷击的影响，也可采用纺轮长丝或玻璃增强塑料。

加强元件一般位于光缆的中心，因而也称为中心加强元件。加强元件外面通常要挤包或绕包一层塑料，以保证与光纤接触的表面光滑并具有一定的弹性。中心加强元件可以是单根高强度钢线，也可以是多股钢绞线，后者粗一些，但柔韧性好一些，便于施工。非金属材料加强芯材料的抗雷电及强电影响性能优越，抗拉强度比高强度钢丝差一些，因此要达到同样拉力强度，加强芯截面积就要大一点。

（3）护层结构　光缆护层是由护套和外护层构成的多层组合体。护层的作用是进一步保护光纤，使光纤能适应于各种能够敷设的场合（如架空、管道、直埋、室内等）。对于采用外周加强元件的光缆结构，护层还需提供足够的拉抗、抗压、抗弯等机械特性方面的能力。除此之外，护层必须提供防潮、防水性能，因为水和潮气进入光缆会产生很多问题，甚至使通信中断。

在结构上，光缆的护层结构与电缆的护层基本一致，光缆的护层也是由护套和外护层构成的多层组合体。不同的护层结构适用于不同的敷设方式。护层需提供足够的抗拉、抗压、抗弯曲等机械特性方面的能力；除此之外，护层必须防潮、防水。

目前，光缆的护层材料主要有聚乙烯（PE）、铝-聚乙烯（PAP）、双面涂塑皱纹钢带（PSP）等，光缆护层材料的规格见表 2-19。架空、管道光缆使用 PAP 护套比例较大，直埋光缆用 PSP 比例较大。

PAP 护层的铝箔厚度为 0.15~0.2mm，双面涂覆聚乙烯，涂覆厚度为 0.03~0.05mm。包带时 PAP 带纵向热熔搭接，搭接宽度一般为 4~6m 或 PAP 带宽的 20%。PAP 护层除了具有良好的防潮、防水性能外，也有一定的机械强度。它的制作工艺简单，费用不高，在架空、管道光缆中应用较广。

PSP 护层是在一层 0.15mm 厚的钢带两面涂覆乙丙烯酸共聚物而构成的（涂覆厚度 0.06mm）。PSP 产品标志色为暗绿色，轧纹后，PSP 带纵向搭接在一起。PSP 护层的主要性能是防潮性好，力学性能优越，扎纹后提高了光缆抗侧压能力和韧性，容易弯曲，并可以防止光缆弯曲布放时缆芯滑动，并有好的防腐蚀性能和防雷性能。

表 2-19 光缆护层材料的规格

护层名称	护层材料	一般规格
内护层	双面涂塑铝带（PAP）	铝带厚：0.15~0.2mm 涂塑层厚度：0.03~0.05mm
	双面涂塑皱纹钢带（PSP）	钢带厚：0.15~0.2mm（无搭接） 0.3~0.4mm（搭接）
	聚乙烯（PE）	厚度：1.0~1.5mm
钢带铠装	镀锌钢丝	钢丝直径：2.0mm
	镀锌钢线	钢线直径：4.0mm
外护套	聚乙烯（PE）	厚度：1.5~2.3mm
防蚁层	尼龙	厚度：0.7mm

多数光缆的外护套均为聚乙烯（PE）、聚氯乙烯（PVC）等材料。在室内应用时，根据阻燃要求，应使用低烟无卤外护套材料，美国和加拿大则通过燃烧测试对室内光缆的燃烧和产生烟雾等性能进行材料要求测试。

（4）填充物 为了提高光缆的防潮性能，在光缆缆芯的空隙中注满填充物（油膏）以有效防止潮气进入光缆。用于填充的复合物应在 60℃下不从光缆中流出，在光缆允许的最低工作温度下不使光缆的低温弯曲特性恶化。

综上所述，整个光缆的结构都是为了保护光纤不受外力的损坏，不使光纤的传输特性恶化，保证光缆有足够的使用寿命等，因而光缆设有多重护层。一般直埋光缆从外到内有 PE 外护套、金属护套、PE 内护套、防水填充物、光纤松套管、油膏、光纤。当塑料外套被破坏后，即使金属护层被腐蚀，里面还有 PE 内护套以及防水性格较好的混合填充料。即使天长日久 PE 被透过，或防水填充料由于渗水受物理、化学作用而失去防水性能，对光纤来说还有最后两道防线：油膏（有防水性能）和高分子塑料管（也有较好的防水性能）。

2. 光缆的型号

光缆型号参数的编制方法如下：

（1）分类型号 光缆的分类型号见表 2-20。

表 2-20 光缆的分类型号

分类型号	含 义	分类型号	含 义
GY	通信用室（野）外光缆	GS	通信用设备内光缆
GM	通信用移动式光缆	GH	通信用海底光缆
GJ	通信用室（局）内光缆	GT	通信用特殊光缆

(2) 加强构件型号　光缆的加强构件型号见表2-21。

表2-21　光缆的加强构件型号

加强构件型号	含　义
无	金属加强构件
F	非金属加强构件
G	金属重型加强构件

(3) 光缆结构型号　光缆结构型号见表2-22。

表2-22　光缆结构型号

光缆结构型号	含　义	光缆结构型号	含　义
无	层绞式结构	Z	阻燃
S	光纤松套被覆结构	J	光纤紧套被覆结构
D	光纤带结构	X	缆中心管（被覆）结构
G	骨架槽结构	B	扁平结构
T	油膏填充式结构	C	自承式结构

(4) 护套型号　光缆的护套型号见表2-23。

表2-23　光缆的护套型号

护套型号	含　义	护套型号	含　义
Y	聚乙烯	V	聚氯乙烯
F	氟塑料	U	聚氨酯
E	聚酯弹性体	A	铝带-聚乙烯粘接护套
S	钢带-聚乙烯粘接护套	W	夹带钢丝的钢带-聚乙烯粘接护套
L	铝	G	钢
Q	铅		

(5) 外护层型号　光缆结构的外护层型号见表2-24。

表2-24　光缆结构的外护层型号

第一组代号	铠装层	第二组代号	外被层或外套
0	无铠装	1	纤维外护套
2	双钢带	2	聚氯乙烯护套
3	细圆钢丝	3	聚乙烯护套
4	粗圆钢丝	4	聚乙烯护套加敷尼龙护套
5	皱纹钢带	5	聚乙烯管
6	双层圆钢丝		
33	双细圆钢丝		

2.3 同轴电缆

2.3.1 同轴电缆概述

同轴电缆（Coaxial Cable）以硬铜线为芯，外包一层绝缘材料。这层绝缘材料用密织的网状导体环绕，网外又覆盖一层保护性材料，同轴电缆的外观如图2-27所示。

局域网中常用到的同轴电缆有两种，一种是50Ω电缆，用于数字传输，由于多用于基带传输，又称为基带同轴电缆；另一种是75Ω电缆，用于模拟传输，又称为宽带同轴电缆。这种区别是历史原因造成的，而不是由于技术原因或厂家造成的。

基带同轴电缆（50Ω电缆）分为粗缆和细缆两种，粗缆传输性能优于细缆。在传输速率为10Mbit/s时，粗缆网段传输距离可达500~1000m，细缆传输距离为200~300m。

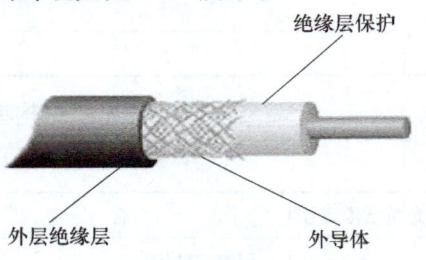

图2-27 同轴电缆的外观

通常把数字信号的方波所固有的频带称为基带，所以这种电缆称为基带同轴电缆。基带同轴电缆一般用于直接传输数字信号，不进行信号调制，信号可在电缆上双向传输，其抗干扰能力较好，具有高带宽和极好的噪声抑制特性。同轴电缆的带宽取决于电缆长度。1km的电缆可以达到1~2Gbit/s的数据传输速率。还可以使用更长的电缆，但是传输率要降低或使用中间放大器。目前，同轴电缆大量被光纤取代，但仍广泛应用于有线、无线电视和某些局域网。

宽带同轴电缆（75Ω电缆）又称CATV电缆，主要用于传输模拟电视信号。由于其频段较宽，故能将语音、图像、图形、数据同时在一条电缆上传送。宽带同轴电缆在无中继器的情况下传输距离最长可达10km，一般在有中继器的情况下传输距离为20km。其抗干扰能力强，可完全避开电磁干扰。要把计算机产生的数字信号变成模拟信号在CATV电缆传输，就要求在发送端和接收端加入调制解调器。对于带宽为400MHz的CATV电缆，其传输速率为100~150Mbit/s。

对于宽带同轴电缆的应用，可以有双缆系统和单缆系统两种系统。双缆系统有两条并排敷设的完全相同的电缆。系统通过电缆1发送数据，通过电缆2接收数据。单缆系统是在每根电缆上为上下行通信分配不同的频段。在子分段系统中，5~30MHz频段主要用于内向通信，40~300MHz频段用于外向通信。在中分系统中，内向通信频段是5~116MHz，而外向通信频段为168~300MHz。这一选择是由历史的原因造成的。

从技术上讲，宽带同轴电缆在发送数字数据上比基带（即单一信道）同轴电缆差，但它的优点是已被广泛安装，主要用于CATV有线电视系统中。

2.3.2 同轴电缆特性参数

1. 主要电气参数

（1）同轴电缆的特性阻抗　同轴电缆的平均特性阻抗为（50±2）Ω，沿单根同轴电缆阻抗的周期性变化为正弦波，中心平均值为±3Ω，其长度小于2m。

（2）同轴电缆的衰减　一般指500m长的电缆段的衰减。当用10MHz的正弦波进行测量时，它的值不超过8.5dB（17dB/km）；而用5MHz的正弦波进行测量时，它的值不超过6.0dB（12dB/km）。

（3）**同轴电缆的传播速度** 需要的最低传播速度为 $0.77c$（c 为光速）。

（4）**同轴电缆直流回路电阻** 电缆的中心导体的电阻与屏蔽层的电阻之和不超过 $10\mathrm{m}\Omega/\mathrm{m}$（在 20℃ 下测量）。

2. 物理参数

同轴电缆是由中心导体、绝缘材料层、网状织物构成的屏蔽层以及外部隔离材料层组成。同轴电缆具有足够的可柔性，能支持 254mm（10in）的弯曲半径。中心导体是直径为 (2.17 ± 0.013) mm 的实心铜线，绝缘材料必须满足同轴电缆电气参数。屏蔽层是由满足传输阻抗和 ECM 规范说明的金属带或薄片组成，屏蔽层的内径为 6.15mm，外径为 8.28mm。外部隔离材料一般选用聚氯乙烯（如 PVC）或类似材料。

目前，使用同轴电缆组成的网络多用于楼宇控制、工业自动化，在通常的数据网络中已经很少使用。

课后练习题

1. 填空题

（1）按传输模式分类，光纤可以分为 _____ 和 _____ 两类。

（2）双绞线电缆共分 _____ 个等级，其中在 100Mbit/s 快速以太网中应用的是 _____。

（3）按照绝缘层外部是否有金属屏蔽层，双绞线可以分为 _____ 和 _____ 两大类。

（4）超 5 类双绞线的传输频率为 _____，而 6 类双绞线支持的带宽为 _____。

（5）线缆传输的衰减量会随着 _____ 和 _____ 的增加而增大？

（6）信息插座根据安装位置的不同，可以分为 _____、_____ 和 _____。

（7）常用的电缆配线架可分为 _____ 和 _____ 两种。

（8）光缆的缆芯结构主要有 _____、_____、_____ 和 _____ 4 种。

（9）同轴电缆根据电阻值可以分为 _____ 和 _____ 两种。

2. 选择题

（1）光纤是数据传输中最有效的一种传输介质，它有（ ）的优点。

A. 频带较宽　　　　B. 电磁绝缘性能好　　C. 衰减较小　　　　D. 无中继段长

（2）双绞线的串扰强度与（ ）有直接关系。

A. 信号频率　　　　B. 环境温度　　　　　C. 阻抗不匹配　　　D. 连接点

（3）双绞线对由两条具有绝缘保护层的铜芯线按一定密度互相缠绕在一起组成，缠绕的目的是（ ）。

A. 提高传输速度　　　　　　　　　　　B. 降低成本

C. 降低信号干扰的程度　　　　　　　　D. 提高电缆的物理强度

（4）回波损耗测量反映的是电缆的（ ）性能。

A. 连通性　　　　　B. 抗干扰特性　　　　C. 物理长度　　　　D. 阻抗一致性

（5）（ ）光纤连接器在网络工程中最为常用。其中心是一个陶瓷套管，外壳呈圆形，紧固方式为卡扣式。

A. ST 型　　　　　B. SC 型　　　　　C. FC 型　　　　　D. LC 型

（6）下列参数中，（　　）是测试值越小越好的参数。

A. 衰减　　　　　B. 近端串扰　　　　C. 远端串扰　　　　D. 衰减串扰比

（7）定义光纤布线系统部件和传输性能指标的标准是（　　）。

A. ANSI/TIA/EIA-568B.1　　　　　　B. ANSI/TIA/EIA-568B.2

C. ANSI/TIA/EIA-568B.3　　　　　　D. ANSI/TIA/EIA-568A

（8）能体现综合布线系统信噪比的参数是（　　）。

A. 接线图　　　　B. 近端串扰　　　　C. 衰减　　　　　D. 衰减串扰比

（9）对于双绞线标准、对应速率和应用，错误的描述是（　　）。

A. 3 类双绞线支持 16Mbit/s 信息传输，适合语音应用

B. 超 5 类双绞线支持 1000Mbit/s 信息传输，适合语音、数据和视频应用

C. 超 5 类双绞线支持 100Mbit/s 信息传输，适合语音、数据和视频应用

D. 6 类双绞线支持 1000Mbit/s 信息传输，适合语音、数据和视频应用

（10）下列有关串扰故障的描述，错误的是（　　）。

A. 将原来的线对分别拆开重新组成新的线对，会产生串扰

B. 出现串扰故障时端与端的连通性不正常

C. 用一般的万用表或简单电缆测试仪检测不出串扰故障

D. 串扰故障需要使用专门的电缆认证测试仪才能检测出来

3. 简答题

（1）试比较双绞线和光缆的优缺点。

（2）解释何为近端串扰（NEXT），何为衰减串扰比（ACR）。

（3）双绞线电缆有哪几类？各有什么优缺点？

（4）光纤连接件器作用是什么？它有哪些类型？

（5）试论述配线架在综合布线系统中的作用。

（6）简述同芯式大对数全塑电缆缆芯和单位式大对数全塑电缆缆芯的色谱编排规则。

（7）光纤的损耗主要分为哪几种？简述各种损耗产生的原因。

第3章 认识综合布线工程使用的布线器材和布线工具

3.1 综合布线中使用的布线器材

传输介质和连接器件组成了综合布线系统的主体——通信链路，但通信链路需要有管槽、桥架、机柜等来支撑和保护，扎带、膨胀管和木螺钉等小部件在综合布线工程中也同样不可缺少，这些材料被称为布线器材。

3.1.1 线管

在综合布线中，水平子系统、垂直子系统和建筑群子系统的施工材料除线缆材料外，最重要的就是管槽系统了。管槽系统是干线布线的基础，对线缆起到支撑和保护的作用，主要包括线管、线槽、桥架和相应的附件，有明敷和暗敷两种敷设方式。

线管的管材品种很多，在综合布线系统中主要使用钢管和塑料管两种，此外部分产品也会采用混凝土管和高密度乙烯材料制成的双臂波纹管材。

1. 钢管

钢管按照制造方法不同可分为无缝钢管和焊接钢管两大类。无缝钢管只在综合布线系统的特殊段落（如管路引入室内需承受极大压力时）才采用，因此使用量极少。在综合布线系统中常用的钢管为焊接钢管，一般是由钢板卷焊制成。按卷焊制作方法不同，又可分为对边焊接、叠边焊接和螺旋焊接3种，后两种焊接钢管的内径都在150mm以上，不在室内使用，在室内布线中主要使用对边焊接钢管，焊接钢管的外观如图3-1所示。

图3-1 焊接钢管的外观

对边焊接钢管按壁厚的不同分为普通钢管（水压实验压力为2.5MPa）、厚壁钢管（水压实验压力为3MPa）和薄壁钢管（水压实验压力为2MPa）3种。普通钢管和厚壁钢管同时简称为厚管或水管，薄壁钢管简称为薄管或电管。也可按有无螺纹分为带螺纹和不带螺纹两种钢管，按表面处理分为镀锌或不镀锌两种钢管。

在综合布线系统中，厚壁钢管和薄壁钢管均有使用。由于厚壁钢管的机械强度较高，主要用于在综合布线系统中的主干上升管路、房屋底层或受压力较大的地段，有时也作为保护管用于室内线缆，是使用最为普遍的线管。薄壁钢管由于管壁较薄，承受压力不能过大，常用室内吊顶的暗敷管路，以减轻管路重量。

钢管的规格以外径（mm）为单位，综合布线工程施工常用的钢管有D16、D20、D25、D32、D40、D50、D63、D110等规格。由于钢管内穿线难度较大，所以在选择钢管时要注意选择管径大一点的钢管，一般管内填充物应占30%左右，以便于穿线。

钢管具有机械强度高，密封性能好，抗弯、抗压和抗拉能力强等特点，尤其是有屏蔽电磁干扰的作用。钢管管材可根据现场需要任意截锯拗弯，以适合不同的管线路由结构，安装施工方便。但是钢管存在管材重，价格高，且易锈蚀等缺点。所以随着塑料管在机械强度、密封性、阻燃防火性能的提高，目前在综合布线系统中电磁干扰较小的场合，钢管已经被塑料管代替。

2. 塑料管

塑料管是由树脂、稳定剂、润滑剂及添加剂配置挤塑成形的。

按使用的材料将塑料管分为聚氯乙烯管（PVC 管）、聚乙烯管（PE 管）和聚丙乙烯管（PP 管）3 种。如果加以细分，又分为以高、低密度聚乙烯为主要材料的高、低密度聚乙烯管（HDPE 管和 LDPE 管）和以软质或硬质聚氯乙烯为主要材料的软、硬聚氯乙烯管（PVC-U 管）。

按管材结构划分，塑料管可分为双壁波纹管（内壁光滑，外壁波纹）、复合发泡管（内外壁光滑，中间含有发泡层）、实壁管（内外壁均光滑）、单壁波纹管（内外壁均成凹凸状）。

按塑料壁成型外观划分，又可分为硬直管、硬弯管和可绕管等。

（1）PVC-U 管　PVC-U 管是综合布线工程中使用最多的一种塑料管，管长通常为 4m、5.5m 或 6m。PVC-U 管具有较好的耐酸碱性和耐腐蚀性，抗压强度较高，具有优异的电气绝缘性能，适用于各种条件下的电缆保护套管配管工程，PVC-U 管的外观如图 3-2 所示。PVC-U 管以外径（mm）为单位，有 D16、D20、D25、D32、D40、D45、D63、D25、D110 等多种规格，与其安装配套的有接头、螺圈、弯头、弯管弹簧、开口管卡等多种附件。

由于 PVC-U 管具有难燃性能，对综合布线系统的防火极为有利，所以在室内的综合布线系统（水平子系统、干线子系统）中通常采用的均为 PVC-U 管，且是内外壁光滑的实壁塑料管。

（2）HDPE 双壁波纹管　HDPE 双壁波纹管结构先进，除了具有普通塑料管的耐腐蚀性好、绝缘性好、内壁光滑和使用寿命长等优点外，还具有如下一些独特的技术特性：

1）刚性大，耐压强度高于同等规格的普通塑料管。

2）质量轻，是同规格普通塑料管的 1/2，方便施工。

3）密封好，在地下水位高的地方使用具有较好的隔水作用。

4）价格低，工程造价要比普通塑料管降低 1/3。

HDPE 双壁波纹管的外观如图 3-3 所示，HDPE 双壁波纹管多作为地下通信电缆管道，用于室外建筑群子系统。

图 3-2　PVC-U 管的外观

图 3-3　HDPE 双壁波纹管的外观

（3）HDPE 硅芯管　采用高密度聚乙烯和硅胶混合物经复合挤出而成，是一种内壁采用润滑剂的复合光缆套管，HDPE 硅芯管的外观如图 3-4 所示。HDPE 硅芯管可作为直埋光缆套管，主要优点是摩擦系数小，施工方便，可采用气吹法布放光缆，敷管快速，一次性穿缆长度 500～2000m，沿线接头、人孔、手孔可相应减少。因此使用 HDPE 硅芯管敷设光缆的施工成本要比使用 PVC 管、双臂波纹管低 40% 左右。HDPE 硅芯管常作为地下通信电缆管道，用于室外建筑群子系统。

（4）**聚乙烯子管**　聚乙烯子管按材料密度可分为 LDPE 和 HDPE 两种类型，具有口径小、管材质软、柔韧性能好、可小角度弯曲使用、敷设安装灵活方便等特点，用于对光缆、电缆的直接保护，聚乙烯子管的外观如图 3-5 所示。

图 3-4　HDPE 硅芯管的外观

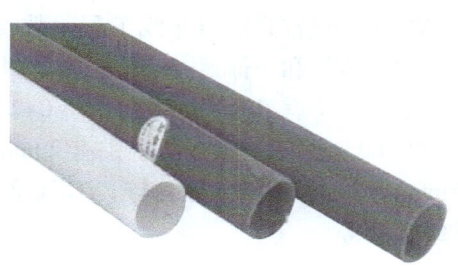

图 3-5　聚乙烯子管的外观

3. 混凝土管

根据所用材料和制造方式的不同，混凝土管可分为干打管和湿打管两种。湿打管因其制造成本高、养护时间长等缺点而不常采用，目前较多采用的是干打管（又称砂浆管），混凝土管的外观如图 3-6 所示。混凝土管具有价格低廉、可就地取材、原料较充裕、隔热性能好等优点，但也存在不少缺点，如机械强度差、密闭性能低、防水和防渗性能不理想、管材本身较重不利于运输

图 3-6　混凝土管的外观

和施工、管孔内壁不光滑等。因此，在综合布线系统选用管材时，不宜采用混凝土管，而应尽量采用塑料管和钢管等管材。

4. 管材选用

综合布线系统中线管的选用主要是管材和管径的选用，管材的选用应根据其所在场合的具体条件和要求来考虑，线管的特点见表 3-1。

表 3-1　线管的特点

管材名称	特　点	使用场合
厚壁钢管	有一定机械强度、耐压力和耐腐蚀性差，有屏蔽性能	适用电磁干扰大的场合，不适用有腐蚀或承受压力大的场合
薄壁钢管	机械强度较高，耐压力高，耐腐蚀性好，有屏蔽性能	适用于承受压力大或电磁干扰大的场合，不适用于有腐蚀的场合
PVC-U 管	易弯曲，加工方便，绝缘性好，耐腐蚀性高，抗压力差，屏蔽性能差	在有腐蚀或需绝缘隔离的场合使用，不可用于承受压力大或电磁干扰大的场合

3.1.2　线槽

在综合布线工程中，线槽也是一种经常使用的布线器材。线槽又名走线槽、配线槽、行线槽（因地方而异），是用来将电源线、数据线等线材规范整理，固定在墙上或者顶棚上的

布线材料。一般有塑料材质和金属材质两种，可以起到不同的作用。

金属线槽由槽底和槽盖组成，每根槽一般长度为2m，槽与槽连接时需使用相应尺寸的铁板和螺钉固定，金属线槽的外观如图3-7所示。在综合布线系统中一般使用的金属槽有50mm×100mm、100mm×100mm、100mm×200mm、100mm×300mm、200mm×400mm等多种规格。

PVC塑料线槽是综合布线工程明敷管路时广泛使用的一种材料，它是一种带盖板封闭式的线槽，盖板和槽体通过卡槽合紧，塑料线槽的外观如图3-8所示。塑料槽的品种规格很多，从型号上讲有PVC-20系列、PVC-25系列、PVC-25F系列、PVC-30系列、PVC-40系列、PVC-60系列等。从规格上讲有20mm×12mm、25mm×12.5mm、25mm×25mm、30mm×15mm、40mm×20mm等。与PVC线槽配套的附件有阳角、阴角、直转角、平三通、直转角、终端头等。

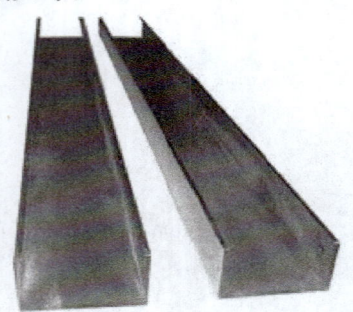

图3-7　金属线槽的外观

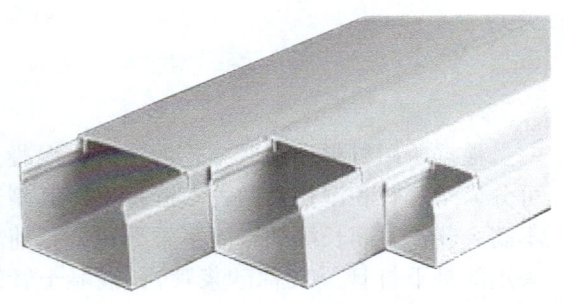

图3-8　塑料线槽的外观

3.1.3　桥架

在综合布线工程中，由于线缆桥架具有结构简单、造价低、施工方便、配线灵活、安全可靠、安装标准、整齐美观、防尘防火、能延长线缆使用寿命、方便扩充、维护检修方便等特点，所以广泛应用于建筑物内主干管线的安装施工。

1. 桥架的类型和组成

桥架由多种外形和结构的零部件、连接件、附件和支、吊架等组成。因此，其类型、品种和规格极为复杂，而且目前国内尚无统一的产品标准，所以各个生产厂家的产品型号和系列有些区别，但基本上是大同小异。在选用时，应根据工程实际使用需要，结合生产厂家的具体产品来考虑。

按照桥架的制造材料分类，桥架可以分为金属材料和非金属材料两类。它们主要用于支撑和安放建筑内的各种线缆，是具有连续性的刚性组装结构。

（1）金属材料桥架　根据桥架本身的形状和组成结构分类，目前国内产品有4种类型：槽式桥架、托盘式桥架、梯式桥架、组合式托盘桥架。

槽式桥架的底板无孔洞眼，它是由底板和侧边构成或由整块钢板弯制成的槽形部件，因此有时称它为实底型电缆槽道。槽式桥架如配有盖时，就成为一种全封闭的金属壳体，具有抑制外部电磁干扰，防止外界有害液体、气体和粉尘侵蚀的作用，槽式桥架的外观如图3-9所示。它适用于需要屏蔽电磁干扰，或者防止外界各种气体或液体等侵入的场合。

托盘式桥架是由带孔洞眼的底板和无孔洞眼的侧边所构成的槽形部件，或采用由整块钢板冲出底板的孔眼后，按规格弯制成槽形的部件，托盘式桥架的外观如图3-10所示。它适用于敷设环境无电磁干扰，不需屏蔽的地段，或环境干燥、清洁、无灰、无烟等不被污染的要求不高的一般场合。

梯式桥架是一种敞开式结构，它由两个侧边与若干个横档组装构成的梯式部件，与通信机架中常用的电缆走线架的形状和结构类似，梯式桥架的外观如图3-11所示。因为它的外面没有遮挡物，是敞开式部件，在使用上有所限制，适用于环境干燥、清洁、无外界影响的一般场合，不得用于有防火要求的区段，或易受到外界机械损害的场所，更不得在有腐蚀性液体、气体或有燃烧粉尘的场合使用。

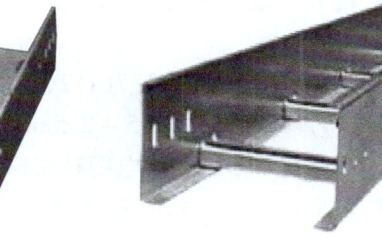

图3-9　槽式桥架的外观　　　　图3-10　托盘式桥架的外观　　　　图3-11　梯式桥架的外观

组合式托盘桥架是一种适用于工程现场，可任意组合的由若干个有孔零部件采用配套的螺栓或插接方式连接组装成为托盘的桥架，组合式桥架的外观如图3-12所示。组合式托盘桥架具有组装规格多种多样、灵活性大、能适应各种需要等特点。因此，它一般用于电缆条数多、敷设线缆的截面积较大、承受负载重的场合。组合式托盘桥架通常是单层安装，比多层的普通托盘桥架的安装施工简便，有利于检修线缆。组合式托盘桥架在一般建筑中很少采用，只有在特大型或重要的大型智能建筑物中设有设备层或技术夹层，且敷设的线缆较多时才采用。

（2）非金属材料桥架　桥架采用的非金属材料有塑料和复合玻璃钢等。塑料桥架的形状和结构与金属材料桥架基本相同，目前国内外生产的塑料桥架的规格、尺寸均较小，一般只在工作区布线中采用，且都为明敷方式，复合玻璃钢桥架的外观如图3-13所示。

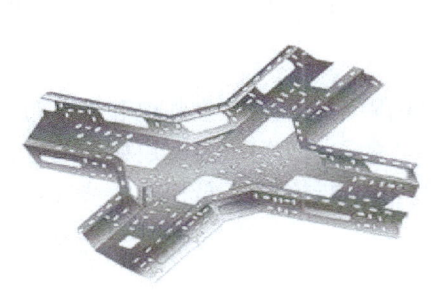

图3-12　组合式桥架的外观　　　　　　　　图3-13　复合玻璃钢桥架的外观

复合玻璃钢桥架采用不燃烧的复合玻璃钢为材料，它的类型也可以分为槽式、托盘式、梯式和组合式4种，这4种类型的桥架均有盖板，因此都适用于灰尘较多的环境和其他需要密封或遮盖的场所。复合玻璃钢桥架耐腐蚀，不会燃烧，有一定的机械强度，重量轻，运输和加工简便，工程造价低于金属材料桥架；其缺点是机械强度较差，不耐冲击，支撑吊装点较密，附件和连接件较多，在环境较恶劣时槽道有可能老化、变形等。由于综合布线系统的线缆多为非载流线路,不会自身引起火灾,所以难燃型复合玻璃钢制成的桥架可以在建筑物内的吊顶中敷设。

2. 桥架的安装范围

桥架的安装可以因地制宜,可以水平或垂直敷设;可以采用转角、"T"字形或"十"字形分支;可以调宽、调高或变径;可以安装成悬吊式、直立式、侧壁式、单边、双边和多层等形式。大型多层桥架吊装或立装时,应尽量采用工字钢立柱两侧对称敷设,避免偏载过大,造成安全隐患。其主要安装方式分为管道上架空敷设;楼板和梁下吊装;室内外墙壁、柱壁、露天立柱和支墩、隧道、电缆沟壁上侧装。

3. 桥架尺寸

电缆桥架的高和宽之比一般为1:2,也有一些型号不符合此比例,各类型的桥架标准长度为2m。桥架板厚度标准为1.5~2.5mm,实际中还有厚度为0.8mm、1.0mm、1.2mm的产品,桥架的型号见表3-2。从电缆桥架载荷情况考虑,桥架越大,装载的电缆就越多,因此要求桥架的截面积越大,桥架板越厚。

表 3-2 桥架的型号

型　　号	规格/(mm×mm)	板厚/m	
	宽(b)×高(h)	槽体	护罩
槽式电缆桥架	50×25~150×75	1.5	1.5
	200×100~400×200	2.0	2.0
托盘式电缆桥架	500×200~800×200	2.5	2.0
梯式电缆桥架	梯边2.5	梯横2.0	护罩2.0

在订购桥架时,应根据在桥架中敷设线缆的种类和数量来计算桥架的大小。

1)电缆桥架宽度 $b = S/\alpha h$,S 为电缆的总面积,α 为填充率(取40%左右),h 为桥架的净高。

2)电缆的总面积 $S = \sum_{i=1}^{N} n_i \pi (d_i/2)$,其中 d_i 为各电缆的直径,n_i 为相应电缆的面积。

4. 线缆敷设

在综合布线工程中,受空间场地和投资等条件的限制,经常存在强电和弱电布线需要敷设在同一管线内的情况。为减少强电系统对弱电系统的干扰,可采用多层桥架的方式进行敷设,从上向下分别是计算机线缆、屏蔽控制线缆、一般控制线缆、低压动力线缆、高压动力线缆分层排列。

3.1.4 机柜

机柜一般是冷轧钢板或合金制作的用来存放计算机和相关控制设备的物件,可以提供对存放设备的保护,屏蔽电磁干扰,有序、整齐地排列设备,方便以后维护设备。

大多数工程级设备的面板宽度都采用19in,安装孔距为465mm,因此,机柜只要能满足多数19in设备的安装,则该机柜就是标准机柜。1in=25.4mm,故19in=482.6mm。19in标准机柜外形有宽度、高度、深度3个常规指标。机柜的物理宽度通常有600mm和800mm两种。机柜的高度一般为0.7~2.4m,需要根据柜内设备的多少和统一格调而确定,通常厂商可以定制特殊的高度，常见的成品 19in 标准机柜高度为 1.6m、1.8m 和 2m。机柜的深度一般为 600~1000mm，根据柜内设备的尺寸而定。通常厂商也可以定制特殊深度的产品，常见的成品 19in 标准机柜深度为 600mm、700mm、800mm、900mm。19in 标准机柜的结构比较简单，主要包括基本框架、内部支撑系统、布线系统、通风系统。

19in 标准机柜内设备安装所占高度用一个特殊单位"U"表示，1U = 44.45mm。U 是指机柜的内部有效使用空间，使用 19in 标准机柜的标准设备的面板一般都是按 n 个 U 的规格制造。对于一些非标准设备，大多可以通过附加适配挡板装入 19in 机箱并固定。42U 机柜为常见的标准机柜，除 42U 标准机柜外，47U 机柜、37U 机柜、32U 机柜、20U 机柜、12U 机柜、6U 机柜也是有些机柜厂家的常备货。

机柜一般分为服务器机柜、网络机柜、控制台机柜等。

1. 服务器机柜

服务器机柜是为安装服务器、显示器、UPS 等 19in 标准设备及非 19in 标准的设备专用的机柜，服务器机柜的外观如图 3-14 所示，在机柜的深度、高度、承重等方面均有要求。高度有 2.0m、1.8m、1.6m、1.4m、1.2m、1m 等各种高度；常用宽度有 600mm、750mm、800mm 三种；常用深度有 600mm、800mm、900mm、960mm、1000mm 五种。各厂家也可根据客户的需要订做。

2. 网络机柜

网络机柜主要是布线工程上用的，存放路由器、交换机、显示器、配线架等东西，工程上用得比较多，网络机柜的外观如图 3-15 所示。一般情况下，服务器机柜的深度小于等于 800mm，而网络机柜的深度大于等于 800mm。

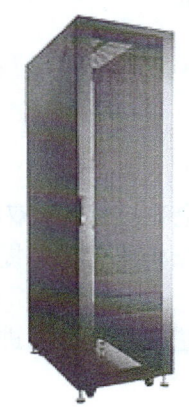

图 3-14 服务器机柜的外观

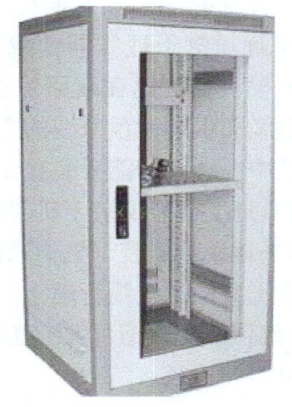

图 3-15 网络机柜的外观

3.1.5 线缆整理材料

当大量的线缆在管路中敷设，或进入机柜端接到配线架上后，如果不对线缆进行整理，可能会出现一些问题。首先线缆本身有一定的重量，大量的线缆会给连接器施加较大的压力，有些链接点会因为受力时间长而造成接触不良。其次，数量众多的线缆很难区分、管理，也很不美观。所以，通常会采用扎带和理线器对管路和机柜中的线缆进行整理。

主要使用的整理材料为扎带和理线器。

1. 扎带

扎带分为尼龙扎带和金属扎带，尼龙扎带的外观如图3-16所示，金属扎带的外观如图3-17所示。布线工程中通常使用尼龙扎带进行线缆捆扎，尼龙扎带具有耐酸、耐腐蚀、绝缘性好、不易老化等特点，其使用方法为将带身穿过带孔径轻轻一拉，即可牢牢扣住。

在综合布线系统中，扎带有多种使用方式，例如使用不同颜色的扎带，可以区分线路；使用带有标签的扎带，可以加标记；使用带有卡头的扎带，可以将线缆固定在面板。扎带使用时可用专用工具进行固定，也可用线扣将扎带和线缆进行固定，线扣分为粘贴型和非粘贴型两种。

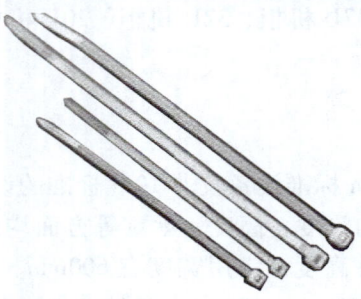

图3-16 尼龙扎带的外观

图3-17 金属扎带的外观

2. 理线器

理线器是为机柜中的电缆提供平行进入配线架RJ45模块的通路，使电缆在压入模块之前不再多次直角转弯，理线器的外观如图3-18所示。理线器减少了自身的信号辐射损耗，减少对周围电缆的辐射干扰。由于理线器使双绞线有规律地、平行地进入模块，因此在线路扩充时，将不会因改变一根电缆而引起大量电缆的变动，使整体性能得到保证。

图3-18 理线器的外观

在机柜中，理线器能安装在3种位置：

1）垂直理线器可安装于机架的上、下两端或中部，完成电缆的前、后双向垂直管理。

2）水平理线器安装于机柜或机柜的前面，与机架式配线架搭配使用，提供配线架或设备跳线的水平方向的线缆管理。

3）机架顶部理线槽可安装在机架顶部，线缆走机柜顶部进入机柜，为进出的线缆提供一个安全可靠的路径。

3.1.6 其他布线器材

1. 线缆保护产品

硬质套管在线缆转弯、穿墙、裸露等特殊位置不能提供保护，此时需要软质的线缆保护产品，主要有螺旋套管、蛇皮套管、放蜡管和金属边护套等。蛇皮套管的外观如图3-19所示，螺旋套管的外观如图3-20所示。

2. 钢钉线卡

钢钉线卡用于固定明敷的线缆，安装时用塑料卡卡住线缆，用锤子将水泥钢钉钉入建筑物墙壁即可，钢钉线卡的外观如图3-21所示。

  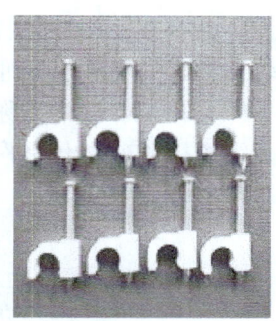

图 3-19　蛇皮套管的外观　　　图 3-20　螺旋套管的外观　　　图 3-21　钢钉线卡的外观

3. 钉子

常用的钉子包括水泥钉、木螺钉、塑料膨胀管、钢制膨胀螺栓。

水泥钉又称为特种钢钉，有很高的强度和良好的韧性，可由人工用榔头或锤子等工具直接钉入低标号的混凝土、矿渣砌体、砖墙、砂浆层和薄钢板等，从而把需要固定的构件固定上去，水泥钉的外观如图 3-22 所示。水泥钉可分为 T 型和 ST 型。其中，T 型为光杆型，可用于混凝土、砖墙；ST 型杆部有拉丝，仅用于薄钢板。

塑料膨胀管与木螺钉配合使用。在综合布线工程中，塑料膨胀管主要用于信息插座面板底盒和挂墙式设备的安装以及 PVC 线槽、钢管和 PVC 管明敷时的固定。但在空心楼板、空心砖墙上不宜使用塑料膨胀管，应采用预埋螺栓、木砖或凿空等方式。在采购塑料膨胀管时，应配套购买相同数量的木螺钉。木螺钉的外观如图 3-23 所示，塑料膨胀管的外观如图 3-24 所示。

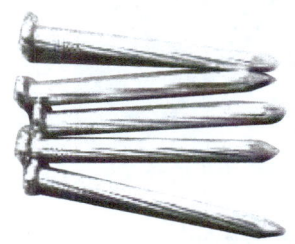 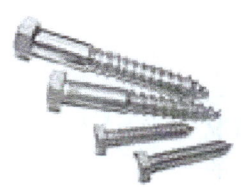 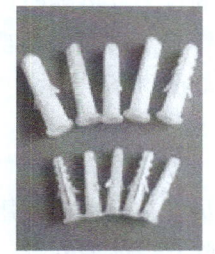

图 3-22　水泥钉的外观　　　图 3-23　木螺钉的外观　　　图 3-24　塑料膨胀管的外观

钢制膨胀螺栓简称膨胀螺栓，由金属胀管、锥形螺栓、平垫圈、弹簧垫、螺母 5 部分组成。膨胀螺栓主要用于承重较大的桥架和挂墙式机柜的安装，用螺栓口径和长度来划分不同的规格。

3.2　认识综合布线中使用的工具

3.2.1　布线工具

布线工具包括线缆敷设工具和线缆端接工具。

1. 线缆敷设工具

线缆在建筑物竖井或室内外管道中敷设时，需要借助于一些工具完成，主要有穿线器、滑车、牵引机。

（1）穿线器　穿线器应用于线缆的牵引，当在建筑物室内外的管道中布线时，如果管道较长、弯头较多且空间紧张，应使用穿线器牵引线缆，穿线器的外观如图 3-25 所示。

（2）滑车　通常又称卷轴，从上而下垂放线缆时，为了保护线缆，需要使用滑车，以保障线缆从滑车拉出后平滑地向下放线，滑车的外观如图 3-26 所示。

图 3-25　穿线器的外观

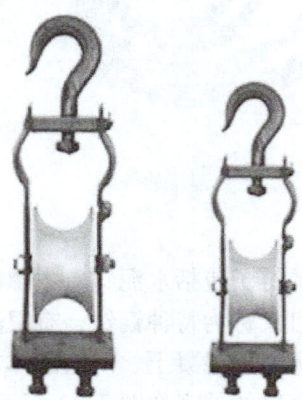

图 3-26　滑车的外观

（3）牵引机　当主干布线采用由下往上敷设时，需要用牵引机向上牵引线缆。牵引机有手摇式牵引机和电动牵引机两种。电动牵引机根据线缆情况，通过控制牵引绳的松紧而随意调整牵引力和速度，牵引力的拉力计可随时读出拉力值，并有重负荷警报及过载保护功能，电动牵引机的外观如图 3-27 所示。

2. 线缆端接工具

（1）剥线钳与压线工具　一般情况下技术人员往往会直接使用压线工具上的刀片来剥除双绞线的外套，他们凭借经验来控制切割的深度，这就会有隐患，一不小心就可能伤及导线的绝缘层。由于双绞线的表面是不规则的，而且线径存在差别，所以使用剥线钳剥去双绞线的外护套更加安全、可靠。剥线钳使用高度可靠的刀片或利用弹簧张力来控制合适的切割深度，保证切割时不会伤及导线的绝缘层。

图 3-27　电动牵引机的外观

压线工具用来压接 8 位的 RJ45 连接器和 4 位的 RJ11 连接器，可同时提供切线和剥线的功能，其设计可保证模具齿和连接器的角点精确地对齐。一般而言，剥线钳与压线工具通常合成在一个工具上，有 RJ45 或 RJ11 单用的，也有双用的，剥线钳/压线工具的外观如图 3-28 所示。

（2）打线工具　打线工具用于将双绞线压接到信息模块和配线架上，信息模块和配线架是采用绝缘置换连接器 IDC 与双绞线连接的。IDC 实际上是带 V 形豁口的小刀片，当把导线压入豁口时，刀片割开导线的绝缘层，与其中的铜线接触。打线工具由手柄和刀具组成，它是两端式的，一端具有打接和裁线功能，可剪掉多余的线头，另一端不具有裁线功能，在打线工具的一面会有清晰的"CUT"字样，使用户能够识别正确的打线方向，打线工具的外观如图 3-29 所示。

3. 光缆端接工具

（1）光纤剥线钳　用于剥除光纤敷设层和外护层。光纤剥线钳的种类很多，最常见的为双口光纤剥线钳，它具有双开口、多功能的特点，钳刃上的 V 形口用于精确地剥离敷设层和缓冲层，第二开口用于剥离长为 3mm 的尾纤外护层，光纤剥线钳的外观如图 3-30 所示。

图 3-28　剥线钳/压线工具的外观

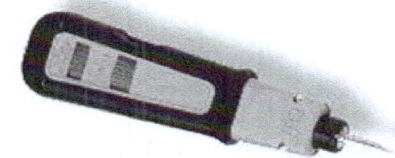
图 3-29　打线工具的外观

图 3-30　光纤剥线钳的外观

（2）光纤剪刀　主要功能是用来修剪凯芙拉线，凯芙拉线是一种韧性很高的线，用于光纤加固。光纤剪刀是一种防滑锯齿剪刀，复位弹簧可以提高剪切速度，只能用来修剪光纤的凯芙拉线，不能修剪光纤内芯玻璃层及作为剥皮之用，光纤剪刀的外观如图 3-31 所示。

（3）光纤连接器压线钳　用于压接 FC 型、SC 型、ST 型等光纤连接器，光纤连接器压线钳的外观如图 3-32 所示。

（4）光纤接续子　又称光纤冷接子，用于尾纤接续、不同类型光缆转接、室内外永久或临时接续和光缆应急恢复，光纤接续子的外观如图 3-33 所示。

图 3-31　光纤剪刀的外观

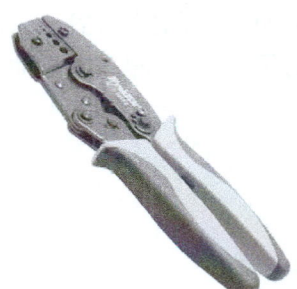
图 3-32　光纤连接器压线钳的外观

图 3-33　光纤接续子的外观

（5）光纤切割工具　用于光纤的切割，包括通用光纤切割刀和光纤切割笔。其中，通用光纤切割刀用于光纤的精密切割，光纤切割笔用于光纤的简易切割。光纤切割刀的外观如图 3-34 所示，光纤切割笔的外观如图 3-35 所示。

（6）光纤熔接机　光纤熔接机采用对芯标准系统进行快速、全自动熔接，光纤熔接机的外观如图 3-36 所示，它配有双摄像头和 5in 高清晰度彩色显示器，能进行 X、Y 轴同步观察。深凹式防风盖在 15m/s 的强风下能进行接续工作，可以自动检测放电强度，放电稳定、可靠，能够进行自动光纤类型识别，自动校准熔接位置，自动选择最佳熔接程序，自动推算接续损耗。其必备及可选件包括主机、AC 转换器、AC 电源线、监视器罩、电极棒、便携箱、精密光纤切割刀、涂覆层剥皮钳等。

图 3-34　光纤切割刀的外观

图 3-35　光纤切割笔的外观

图 3-36　光纤熔接机的外观

3.2.2　管槽安装施工工具

管槽安装施工工具主要包括电工工具、五金工具、电动工具等类别。

1. 电工工具

电工工具一般存于专用的电工工具箱内，是综合布线施工中必备的，一般包括钢丝钳、尖嘴钳、斜口钳、剥线钳、一字螺钉旋具、十字螺钉旋具、测电笔、电工胶带、活扳手、固定扳手、卷尺、铁锤、錾子、斜口凿、钢锉、钢锯、电工皮带、工作手套等，电工工具箱的外观如图 3-37 所示。工具箱中还应常备水泥钉、木螺钉、自攻螺钉、塑料膨胀管等小材料。

2. 五金工具

五金工具主要包括线槽钳、台虎钳、管子台虎钳、管子切割机、管子钳、弯管器等。

（1）**线槽钳**　线槽钳是 PVC 线槽的专用剪刀，剪出的端口整齐、美观。线槽钳的外观如图 3-38 所示。

（2）**台虎钳**　台虎钳是在对中小件进行割据、凿削、锉削时使用的常用夹持工具之一。顺时针摇动台虎钳手柄，钳口就会将钢管等工件夹紧；逆时针摇动手柄，会松开工件。台虎钳的外观如图 3-39 所示。

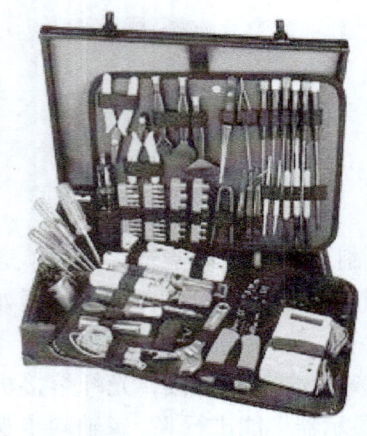
图 3-37　电工工具箱的外观

图 3-38　线槽钳的外观

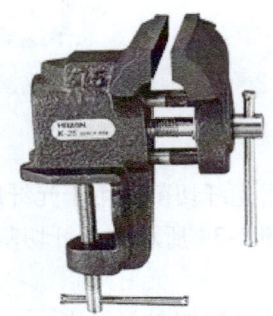
图 3-39　台虎钳的外观

(3) 管子台虎钳　　管子台虎钳又名龙门钳，是在切割钢管、PVC 管等管形材料时使用的夹持工具。管子台虎钳的钳座通常固定在三脚铁板工作台上，扳开钳扣，将龙门架向右扳，便可把管子放在钳口中；再将龙门架扶正，钳扣即自动落下扣牢；旋转手柄，可把管子牢牢夹住。管子台虎钳的外观如图 3-40 所示。

(4) 管子切割机　　在钢管布线施工中，要大量地切割钢管和电线管，这时就要使用管子切割机，管子切割机的外观如图 3-41 所示。管子切割机又称为管子切割刀，切割钢管时，先将钢管固定在管子台虎钳上，再把管子切割机的刀片调节到刚好卡在要切割的部位，操作者立于三脚板工作台的右前方，用手操作管子切割机手柄，按顺时针方向旋割。在快要割断时，需要用手扶住待断端，以免断管落地砸伤脚趾。

(5) 管子钳　　又称管钳，可以用它来装卸钢管上的管箍、锁紧螺母、管子活接头、防暴活接头等，管子钳的外观如图 3-42 所示。

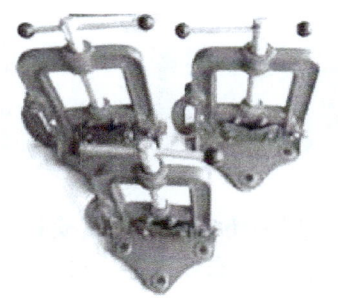
图 3-40　管子台虎钳的外观

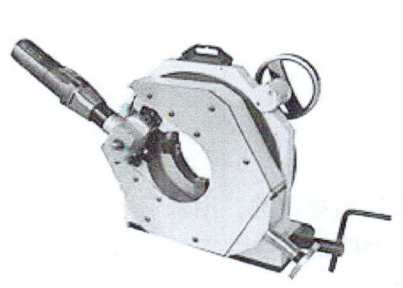
图 3-41　管子切割机的外观

图 3-42　管子钳的外观

(6) 弯管器　　在综合布线工程中，如果使用钢管进行线缆安装，要解决钢管的弯曲问题，可以采用一种带有刻度标记的手动弯管器，弯管器的外观如图 3-43 所示，这种弯管器经济、可靠，调整曲率形状极为方便、准确。先将管子需要弯曲的部位的前段放在弯管器内，焊缝放在弯曲方向背面或侧面，以防管子弯扁，然后用脚踩住管子，手板弯管器进行弯曲，逐步移动弯管器，便可得到所需要的弯度。

3．电动工具

电动工具包括手电钻、曲线锯、角磨机等。

(1) 手电钻　　手电钻适用于在金属型材、木材、塑料上钻孔，是布线系统安装中经常用到的工具，手电钻的外观如图 3-44 所示。手电钻由电动机、电源开关、电缆、钻孔头等组成。

图 3-43　弯管器的外观

图 3-44　手电钻的外观

(2) 曲线锯　曲线锯主要用于锯削直线和特殊的曲线切口，能锯削木材、PVC 和金属等材料，曲线锯的外观如图 3-45 所示。

(3) 角磨机　角磨机可以用于磨平金属槽管切割后留下的切割口，用以保护线缆，角磨机的外观如图 3-46 所示。

图 3-45　曲线锯的外观　　　　　　　　　　图 3-46　角磨机的外观

3.3　个人安全设备

个人安全设备是指在工作现场穿着的、用来保护工作人员免受相关伤害的衣物及装备。当正确使用的时候，可以大幅度降低一般性工地伤害事故发生的可能性。布线安装人员应该正确地穿戴合身的个人安全设备。

1. 工作服

工作服是一种非常重要的保护装备，除了可以让布线安装人员在工作时行动自如，还应该具有保暖作用。太松或太过肥大的工作服可能会卷进工具或机器的裸露部分，容易造成危险。在使用通信电路或在接近电路的地方工作时，不要佩戴珠宝和首饰。

2. 安全帽

在以下区域工作时，应该始终佩戴安全帽：

1）该区域可能会有落下的物体或飞行的物体。
2）该区域可能会有电击的危险。
3）该区域会有碰头或者割破头的危险。

应佩戴大小合适、完好无损的安全帽。太大的安全帽可能会滑动，并且会阻挡视线，还有可能会从头上掉下来。佩戴安全帽之前，一定要先对它进行检查。

3. 眼睛保护设备

在工地工作时，应该始终佩戴眼睛保护设备。眼睛保护装备包括安全眼镜、护目镜、面罩等。眼睛保护装备可以防止眼睛不会受到与工作相关的各种危险的危害，包括：

1）在工作中运用钻孔机或者扩孔机在混凝土上钻孔。
2）在工作中使用或者靠近电池或电解溶液。
3）在工作中运用吊车或者其他工具吊起坚硬或锋利的原材料。
4）在工作中会碰到光纤碎片。
5）在工作中可能会用到与眼睛同样高度的设备或者终端工具的一些其他情况。

4. 听力保护装置

如果工作现场的噪声很大，或者当工作现场需要使用某些特定的设备时，需要使用听力保护装置，恰当的听力保护装置包括耳塞和耳罩。绝对不要使用纸或棉花来代替耳塞，纸或棉花不可能提供足够的听力保护。

5. 呼吸道保护装置

在含有有害灰尘、气体、化学蒸气或者其他污染物质的工作现场工作时，需要进行呼吸保护，常用的呼吸道保护装置有防毒面具和一次性口罩。

6. 手套

在工作中，如果使用锋利的工具或原材料，可能存在溅出的化学药品和极高温度等情况，必须戴上保护性手套，使手不会受到伤害。

7. 背部支撑带

在运送笨重的物体时，背部支撑带可以提供对背部下部的支撑，背部支撑带的外观如图3-47所示。另外，在运送笨重的工具和设备的时候，每个工作人员要学习并使用适当的运送技术，以避免运送中的伤害事故。

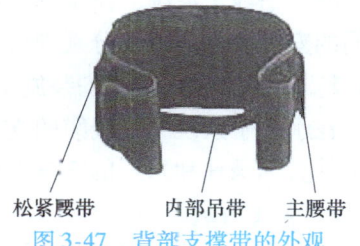

图 3-47　背部支撑带的外观

课后练习题

1. 填空题

（1）10U 的机柜高度为_____。

（2）综合布线系统中使用的管道，根据其材料可以分为_____、_____、_____和_____ 4 种。

（3）金属桥架根据形状和结构，可以分为_____、_____、_____和_____ 4 种。

2. 选择题

（1）（　　）为封闭式结构，适用于无顶棚且电磁干扰比较严重的布线环境，但对系统扩充、修改和维护比较困难。

A. 梯级式桥架　　　B. 槽式桥架　　　C. 托盘式桥架　　　D. 组合式桥架

（2）以下（　　）用于实现 PVC 管的弯管操作。

A. 老虎钳　　　B. 弯管弹簧　　　C. 钢锯　　　D. 穿线器

3. 简答题

（1）综合布线系统设备中的机柜有什么作用？

（2）选用布线用线管、线槽和桥架时，应该考虑哪些问题？

（3）电缆端接施工所使用的工具主要有哪些？

（4）光缆端接施工所使用的工具主要有哪些？

（5）管道安装施工所使用的工具主要有哪些？

第4章 掌握综合布线工程基本施工技术

4.1 管槽系统的安装

在智能建筑的综合布线系统中,所有缆线均需在明敷或暗敷的管路或槽道中敷设,这种明敷或暗敷的管路或槽道系统称为管槽系统,它为缆线敷设创造了必要的基础条件。在水平子系统、干线子系统、建筑群子系统中均需要进行管槽的安装,但在3个子系统中存在完全不同的安装要求,以下分别进行介绍。

4.1.1 水平布线的管槽安装施工

在水平子系统中,线缆的支撑保护方式是最多的。在安装、敷设线缆时,必须根据施工现场的实际条件和采用的支撑保护方式等综合考虑。

1. 管道暗敷方式

管道暗敷方式一般与建筑同时施工建成,它是水平子系统中广泛采用的支撑保护方式之一,管道暗敷方式的外观如图4-1所示。

在施工安装暗敷管道时,必须符合以下要求:

1)管道暗敷方式宜采用对缝钢管或具有阻燃性能的聚氯乙烯(PVC)管,由于这些暗敷管路外面都需有一层砂浆保护层,因此墙内预埋管路的路径不宜过大。根据我国建筑结构的情况,一般要求预埋在墙壁内的暗管内径不宜超过50mm,在楼板中的预埋暗管内径应为15~25mm。暗敷于干燥场所(含混凝土或水泥砂浆层内)的钢管,可采用壁厚为1.6~2.5mm的薄壁钢管。

图4-1 管道暗敷方式的外观

2)管道暗敷方式应尽量采用直线管道,直线管道超过30m再需延长距离时,应设置暗线箱等装置,以利于牵引敷设电缆。如必须采用弯曲管道,要求每隔15m设置暗线箱等装置,暗线箱的安装如图4-2所示。

3)暗敷管路如必须转弯,其转弯角度应大于90°。每根暗敷管路在整个路由上转弯的次数不得多于两次。暗敷管路的弯曲处不应有折皱、凹穴和裂缝,更不应出现"S"形弯或"U"形弯。通常暗敷管路在转弯时的曲率半径不应小于该管路外径的6倍,如暗敷管路的外径大于50mm,曲率半径不应小于管路外径的10倍。上述要求都是为了穿放敷设线缆时,减少牵引线缆的拉力和对线缆外护套的磨损。

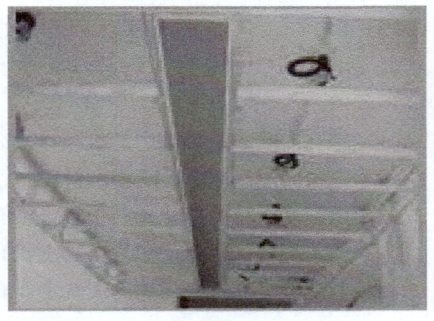

图4-2 暗线箱的安装

4)暗敷管路的内部不应有铁屑等异物存在,以防堵塞,必须保持畅通。要求管口光滑无飞边,为了保护线缆,管口应锉平,并假设护口圈或绝缘套管管端伸出的长度为25~50mm,要求在管路中放牵引线或拉绳,以便牵引线缆。在管路的两端应设有标志,其内容有序号、长度等,以利于线缆的施工。

5) 暗敷管路如采用钢管，其管材接续的连接应符合下列要求：

① 套管套接的管段套丝长度不应小于套管接头长度的 1/2，在套管接头的两端应焊接跨接地线，以利于连成电气通路。薄壁钢管的连接必须采用螺扣连接。

② 套管焊接适用于暗敷管路，套管长度为连接管外径的 1.5～3 倍，两根连接管的对口应处于套管的中心，坡口应焊接严密、牢固、可靠。

6) 暗敷管路采用硬质塑料管，其管材的连接为承插法。在接续处两端，塑料管应紧插到接口中心处，并用接头套管内涂胶合剂粘接。要求接续必须牢固、坚实、密封、可靠。

7) 暗敷管路以金属管材为主时，如在管路中间设有过渡箱体，应采用金属板材制成的箱体，以利于连成电气通路，不得混杂采用塑料材料等绝缘壳体连接。如确实难以避免，应采取接地补偿措施。

8) 暗敷管路进入信息插座、出线盒等接续设备时，应符合下列要求：

① 暗敷管路采用钢管时，可采用焊妾固定，管口露出盒内部分应小于 5mm。

② 明敷管路采用钢管时，应用锁紧螺母或护套帽固定，露出的锁紧螺母螺扣为 2～4 扣。

③ 硬质塑料管应采用入盒接头紧固。

2. 管道明敷方式

管道明敷方式的外观如图 4-3 所示，在智能建筑内应尽量不用或较少采用，但在有些场合或短距离的线路段使用较多。

在采用管道明敷方式时，需注意以下几点：

1) 管道明敷方式采用的管材，应根据敷设场合的环境条件选用不同材质和规格，一般有如下要求：

① 在潮湿场所或埋设于建筑物底层地面内的钢管，均应采用管壁厚度大于 2.5mm 的厚壁钢管；在干燥场所（含在混凝土或水泥砂浆层内）的钢管，可采用管壁厚度为 1.6～2.5mm 的薄壁钢管。

图 4-3　管道明敷方式的外观

② 如钢管埋设在土层内，应按设计要求进行防腐处理。使用镀锌钢管时，应检查其镀锌层是否完整，镀锌层剥落或有锈蚀的地方应刷防腐漆或采用其他防腐措施。

2) 管道明敷方式应排列整齐，且要求固定点或支承点的间距均匀。由于管路采用的管材不同，其间距也有区别。

① 采用钢管时，其管卡、吊装件（如吊架）与终端、转弯中点和过线盒等设备边缘的距离应为 150～500mm，钢管中间支承件的最大间距规定见表 4-1。

② 采用硬质塑料管时，其管卡与终端、转弯中点和过线盒等设备边缘的距离应为 100～300mm。硬质塑料管中间支承件的最大间距规定见表 4-2。

3) 管道明敷方式不论采用钢管还是塑料管或其他管材，与其他室内管线同侧敷设时，其最小净距应符合有关规定。

表 4-1 钢管中间支承件的最大间距规定

钢管敷设方式	钢管名称	钢管直径/mm			
		15~20	25~32	40~50	50 以上
		最大允许间距/mm			
吊架、支架敷设或延墙管卡敷设	厚壁钢管	1.5	2.0	2.5	3.5
	薄壁钢管	1.0	1.5	2.0	

表 4-2 硬质塑料管中间支承件的最大间距规定

硬质塑料管敷设方式	硬质塑料管直径/mm		
	15~20	25~40	50 及以上
	中间支承件最大间距/mm		
水平	0.8	1.2	1.5
垂直	1.0	1.5	2.0

3. 预埋金属线槽

建筑物内综合布线系统有时采用预埋金属线槽支撑保护方式，这种暗敷方式适用于大空间且间隔变化多的场所，一般预埋于现浇混凝土地面、现浇楼板中或楼板垫层内，预埋金属线槽方式的外观如图 4-4 所示。

通常，预埋金属线槽可以预先定制，根据客观环境条件可有不同的规格尺寸，在地板下可以采取一层或两层设置的布置方式。预埋金属线槽的具体要求有以下几点：

1) 在线缆敷设路由上，金属线槽埋设时不应少于两根，但不应超过 3 根，以便灵活调度使用和适应变化需要。预埋线槽一般宜按单层设置，金属线槽的总宽度不宜超过 300mm，截面高度不宜超过 25mm，超过时会影响建筑的结构布局。

图 4-4 预埋金属线槽方式的外观

2) 金属线槽的直线埋设长度超过 6m，线槽在敷设路由上交叉或转弯时，为了便于施工时敷设线缆及今后检查、维护，应设置分线盒。

3) 金属线槽和分线盒预埋在地板下或楼板中，有可能影响人员生活和走动等，因此除要求分线盒的盒盖应能方便开启以便使用外，其盒盖表面应与地面齐平，不得凸起高出地面，盒盖和其周围应采取防水和防潮措施，并有一定的抗压功能。预埋金属线槽的截面利用率，即线槽中线缆占有的截面积不应超过 40%。

4) 预埋金属线槽与墙壁暗嵌式配线接续设备（如通信引出端）的连接应采用金属套管连接法。

4. 明敷线槽和桥架

明敷线槽和桥架的支撑保护方式适用于正常环境的室内场所，但在金属线槽有严重腐蚀的场所不应采用，桥架的外观如图 4-5 所示，在敷设时必须注意以下要求：

1) 为了保证槽道（桥架）的稳定，必须在其有关部位加以支承或悬挂加固。当槽道（桥架）在水平敷设时，支承加固的间距，直线段的间距不大于 3m，一般为 1.5~2.0m；垂直敷设时，应在建筑的结构上加固，其间距一般宜小于 2m，间距大小视槽道（桥架）的规格尺寸和敷设线缆的多少来决定。槽道垂直敷设时，在屋内距地面 1.8m 以下部分应加金属盖板保护，以免线缆受损。

2）金属线槽（桥架）因本身重量较重，为了使它牢固、可靠，在槽道（桥架）的接头处、转弯处、离槽道两端的 0.5m（水平敷设）或 0.3m（垂直敷设）处以及中间每隔 2m 等地方，应设置支承构建或悬吊架，以保证槽道（桥架）安装稳固。

图 4-5 桥架的外观

3）明敷的塑料线槽一般规格较小，通常采用粘结剂粘贴或螺钉固定，要求螺钉固定的间距一般为 1m。

4）为了适应不同类型的线缆在同一个金属线槽中的敷设需要，可采用同槽分室敷设方式，即用金属板隔开形成不同的空间，在这些空间分别敷设不同类型线缆。此外，金属线槽的接地装置和槽道本身的电气连接等都应符合设计标准的规定。

5）金属线槽在水平敷设时，应整齐、平直；沿墙垂直明敷时，应排列整齐、横平竖直、紧贴墙体。

6）金属线槽内有线缆引出管时，引出管材可采用金属管、塑料管或金属软管，金属线槽至通信引出端间的线缆宜采用金属软管敷设。

7）金属线槽应有良好的接地系统，并应符合设计要求。槽道间应采用螺栓固定法连接，在槽道的连接处应焊接跨接线。如槽道与通信设备的金属箱（盒）体连接，应采用焊接法或铆固法，使接触电阻降到最小值，有利于保护。

4.1.2 建筑物内干线子系统布线的管槽安装施工

综合布线系统的主干线缆应选用带门的封闭型专用通道敷设，以保证通信线路安全运行和有利于维护管理，因此，在大型建筑中都采用电缆竖井或上升房等作为主干线缆敷设通道，并兼作管理间。由于高层建筑的结构体系和平面布置不同，所以综合布线干线子系统部分的建筑结构类型有所区别，基本上有电缆孔、电缆竖井和上升房 3 种类型。干线子系统的建筑结构类型见表 4-3。

表 4-3 干线子系统的建筑结构类型

类型名称	容纳线缆条数	装设接续设备	特　　点	适用场合
电缆孔	1～4	在电缆孔附近设置配线接续设备，以便就近与楼层管路连通	不受建筑面积和建筑结构限制，不占用房间面积，工程造价低，技术要求不高；施工和维护不便，配线设备无专用房间，有不安全因素，适应变化能力差，影响内部环境美观	信息业务量较小，今后发展较为固定的中、小型建筑
电缆竖井	5～8	在电缆竖井内或附近装设配线接续设备，以便连接楼层管路。专用竖井或合用竖井有所不同，在竖井内可用管路或槽道等装置	能适应今后变化，灵活性较大，便于施工和维护，占用房屋面积和受建筑结构限制因素较少；竖井内各个系统的管理应有统一安排。电缆竖井造价较高，需占用一定建筑面积	今后发展较为固定，变化不大的大、中型建筑

（续）

类型名称	容纳线缆条数	装设接续设备	特　点	适用场合
上升房	8条以上	在上升房中装设配线接续设备，可以明装或暗装，各层上升房与各个楼层管路连接	能适应今后变化，灵活性大，便于施工和维护，能保证通信设备安全运行；占用建筑面积较多，受到建筑结构的限制较多，工程造价和技术要求高	信息业务总类和数量较多、今后发展较大的大型建筑

1. 电缆孔的装设

电缆孔的装设位置一般选择在综合布线系统线缆较集中的地方，电缆孔的装设如图4-6所示。电缆孔宜在较隐蔽角落的公用部位（如走廊、楼梯间或电梯厅等附近），在各个楼层的同一地点设置，不得在办公室或客房等房间内设置，更不宜过于邻近垃圾道、燃气管、热力管和排水管以及易爆、易燃的场所，以免造成危害和干扰等后患。

电缆孔是综合布线系统的建筑物垂直干线子系统线缆的专用设施，既要与各个楼层配线架（或楼层配线接续设备）互相配合连接，又要与各楼层管路相互衔接。

2. 电缆竖井的装设

在特大型或重要的高层智能建筑中，一般均有设备安装和公共活动的核心区域，在区域内布置有电梯厅、楼梯间、电气设备间、厕所和热水间等，在这些公用房间中需设置各种管线。为此，在核心区域中常设有各种竖井，它们是从地下底层到建筑顶部楼层，形成一个自

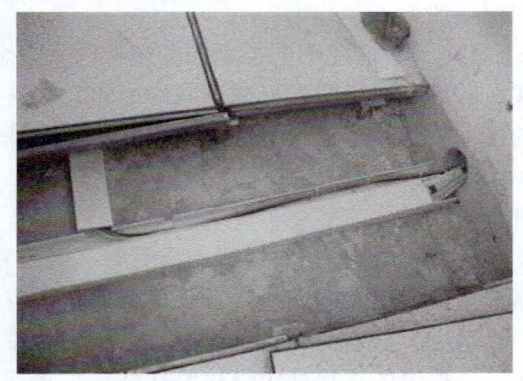

图4-6　电缆孔的装设

上而下的深井，称为电缆竖井，电缆竖井的装设如图4-7所示。

综合布线系统的主干线路在竖井中一般有以下几种安装方式：

1）将上升的主干电缆或光缆直接固定在竖井的墙上，适用于电缆或光缆条数很少的综合布线系统。

2）在竖井内墙壁上设置电缆孔，这种方式适用于中型的综合布线系统。

3）在竖井墙上装设走线架，上升电缆或光缆在走线架上绑扎固定，适用于较大的综合布线系统。在有些要求较高的智能建筑的竖井中，需安装特制的封闭式槽道，以保证线缆安全。

3. 上升房内设计安装

在大、中型高层建筑中，可以利用公用部分的空余地方，划出只有 $3 \sim 8m^2$ 的小房间作为上升房，在上升房的一侧墙壁和地板处预留槽洞，作为上升主干线缆的通道，专供综合布线系统的垂直干线子系统的线缆安装使用，上升房的外观如图4-8所示。在上升房内布置综合布线系统的主干线缆和配线接续设备需要注意以下几点：

1）上升房内应根据房间面积大小、安装电缆或光缆的条数、配线接续设备装设位置和楼层管路的连接、电缆走线架或槽道的安装位置等因素进行合理布置。

2）上升房为综合布线系统的专用房间，不允许无关的管线和设备在房内安装，避免对通信线缆造成危害和干扰，保证线缆和设备安全运行。上升房内应设有220V交流电源设施（包括照明灯具和电源插座），其照度应不低于20lx。为了便于维护、检修，可以利用电源插座采取局部照明，以提高照度。

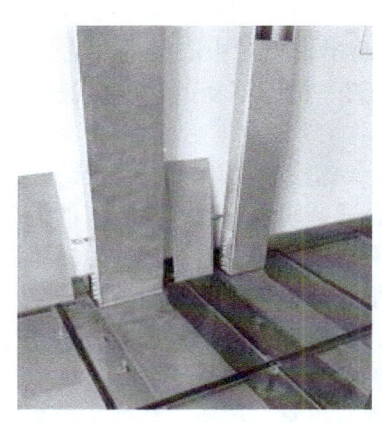

图4-7　电缆竖井的装设

图4-8　上升房的外观

3）上升房是建筑中一个上下直通的整体单元结构，为了防止火灾发生时沿通信线缆延燃，应按国家防火标准的要求，采取切实有效的隔离防火措施。

4.1.3　建筑群地下通信管道施工

在建筑群子系统中，采用地下通信管道是最主要的建筑方式，它是城市市区街坊或智能化小区内的共用管线设施之一，也是整个城市地下通信管道系统的一个组成部分，建筑群地下通信管道的外观如图4-9所示。其建筑标准和技术要求与市区的地下通信管道完全一样，只是管道长度较短，管孔数量较少，工程范围不大。

建筑群地下通信管道施工步骤包括基础工程施工、敷设管道、安装建筑人孔、安装建筑手孔。

1. 基础工程施工

在敷设管道之前，基础工程包括挖掘管道沟槽和人孔坑，是一项劳动强度很大的施工项目，在设计和施工中都必须充分注意土方工程量的多少。此外，在施工过程中还应注意土质、地下水位和附近其他地下管线状况，以便确定挖掘施工方法和采取相应的保护措施。

图4-9　建筑群地下通信管道的外观

（1）地基的平整和加固　沟底的地基是承受其上全部荷重（其中包括路面车辆、行人、堆积物、管顶到路面的覆土、电缆管道、基础和电缆等所有重量）的地层，因此地基的结构必须坚实、稳定，否则会影响电缆管道的施工质量。地基分为天然地基和人工地基两种。天然地基必须是土壤坚实、稳定，地下水位在管道沟槽底以下，土壤承载能力大于或等于全部荷重的两倍，因此，只有岩石类或坚硬的老黏土层可作为天然地基。一般的地层都需进行人工加固才能符合建筑管道的要求，经过人工加固的地基称为人工地基。目前，地基人工加固的方法很多，经济适用的方法有铺垫碎石加固和铺垫砂石加固两种。

(2) 浇筑混凝土基础 目前，混凝土管管道、硬聚氯乙烯塑料管（除钢管外）单孔管材的电缆管道均采用混凝土基础，一般均在现场浇筑。

1）支设和固定基础模板。在管道沟槽底部，先按设计规定测定基础中心线，钉好固定标桩，以中心线为基准支设和钉固基础两边的模板，两半模板对中心线的左右偏差不大于1cm，高程偏差不大于1cm，支设和钉固的模板必须平直、稳固不动。基础模板的宽度和厚度的负偏差不应大于1cm。

2）现场浇筑混凝土。基础所用混凝土的配料及水灰比应按设计规定进行试配，经证明合格后再进行正式搅拌。要求搅拌的混凝土必须均匀合适，颜色一致，搅拌好的混凝土要在初凝时间内（约45min）浇灌，否则容易产生离析现象，影响混凝土的质量。浇灌混凝土基础时，应边浇边灌边振捣密实，要求混凝土基础表面平整、不起皮，无断裂等现象产生。在浇筑过程中要注意不要中断时间太长，必须连续作业，以保证混凝土基础的质量。

3）养护和拆除模板。混凝土基础初凝后，应加强养护管理，一般应覆盖草帘，并洒水养护。基础模板拆除后，基础表面和两边侧面均不允许有蜂窝、掉边、断裂等现象。如有这些现象，应及时修补。

2. 敷设管道

敷设管道前，必须根据设计文件对所选用管材进行检验，只有符合技术要求的才能在工程中使用，并按施工图要求的管群组合断面排列敷设管道。

(1) 敷设钢管 钢管一般采用对缝焊接钢管，严禁不同管径的钢管连接使用。钢管接续方法一般采取管箍套接法。敷设钢管管道一般不需对地基加工，可直接敷设，管材间回填细土夯实。钢管接续的具体质量要求有以下几点：

1）钢管套接前，要求其管口套丝，加工成圆锥形的外螺纹。螺纹必须清楚、完整、光滑，不应有飞边和乱丝的现象。

2）钢管在接续前，应将钢管管口内侧锉平成坡边或磨圆，保证光滑、无刺。在管材的外螺纹上缠绕麻丝或石棉线，并涂抹白铅油。

3）两根钢管分别旋入管箍的长度应大于管箍长度的1/3。管箍拧紧后，不要把管口螺纹全部旋入，应露出1~2扣。钢管的对接缝应一律置于管身的上方。

(2) 敷设单孔双壁波纹塑料管（HDPE） 单孔双壁波纹塑料管的特点是重量轻、便于运输和施工、管道接续少、易弯曲加工、躲让障碍物简便、无污染、阻燃、密闭性能和绝缘性能均好、使用寿命长等。所以，目前在智能小区内使用较多。其施工方法简单，主要注意以下几点：

1）沟槽的地基土壤结构必须结实、稳定，否则会影响管道工程质量，难以保证今后通信的安全可靠。因此，当地基土壤松软且不稳定时，必须将沟槽底部平整夯实，还应在上面进行人工加固，再在其上浇筑混凝土基础。

2）当由多根单孔双壁波纹塑料管组成管群时，其断面组合排列应遵照设计规定。在敷设管道时，应先将所需的多根单孔双壁波纹塑料管捆扎成设计要求的管群断面，捆扎带用直径为4mm的钢筋预先支撑，一般以1~2m为捆扎间距，同时将多根单孔双壁波纹塑料管采用特制的短塑料套管和配套的弹性密封胶圈连接。

3）弹性密封胶圈的规格尺寸及物理力学性能应符合标准。各根管子的接续处都应互相错开。管群应按设计要求的位置放平、放稳，管群管孔端在人孔或手孔墙壁上的引出处放妥，其管控端应用水泥砂浆抹成喇叭口，以利于牵引线缆。

4）将管群放在沟槽中，在其周围填灌水泥砂浆，尤其应在捆扎带处形成钢筋混凝土的整体，增加管群的牢固程度。

3. 安装建筑人孔

建筑人孔的外观如图4-10所示，由于智能小区内的道路一般不会有极重的重载车辆通行，所以地下通信电缆管道上所用人孔以混合结构的建筑方式为主。人孔基础为素混凝土，人孔四壁为水泥砂浆砌砖形成墙体，人孔基础和人孔四壁均为现场浇灌和砌筑。

建筑人孔的施工步骤包括浇灌人孔基础、砌筑人孔四壁墙体、现场组装人孔上覆、人孔口圈安装和回填土等步骤。

图4-10　建筑人孔的外观

（1）浇灌人孔基础　现场浇灌人孔基础之前，必须对人孔坑底进行平整，对天然地基夯实压平，并采取碎石加固措施。碎石铺垫厚度为20cm，夯实到设计规定的高度，人工加固的地基面积应比浇灌的素混凝土基础四周各宽出30～40cm。

根据设计规定和施工要求使用人孔规格尺寸，认真校核人孔基础的形状、尺寸、方向和地基高程等项目，确定完全正确无误后，使用钉子固定人孔基础模板。人孔基础一般采用C10或C15素混凝土，其配比均应符合设计规定。浇灌时要不断捣固，使混凝土密实，不得出现跑模、漏浆等现象。

（2）砌筑人孔四壁墙体　砖砌人孔为现场人工操作制成，又是地下永久性建筑，在施工中必须严格执行操作规程和施工质量标准，应注意以下几点：

1）砖砌人孔墙体的四壁必须与人孔基础保持垂直，允许偏差范围在±1cm以内。砌体顶部四角应水平一致，墙体顶部的高程允许偏差范围在±2cm以内。人孔四壁砌体的形状和尺寸应符合施工图样的要求。

2）人孔四壁与基础部分应结合严密，做到不漏水、不渗水。墙体和基础的结合部内外侧应使用1:2.5的水泥砂浆抹八字角，要求严密贴实，表面光滑。

3）砌筑人孔墙体的水泥砂浆强度应不低于M7.5或M10，不得使用掺有白灰的混合砂浆或水泥失效的砂浆，确保墙体砌筑质量。砌筑的墙体表面应平整、美观，不得出现竖向通缝。砂浆缝宽度要求尽量均匀一致，一般为1～1.5cm。砖缝砂浆必须饱满严实，不得出现跑漏和空洞现象。

4）管道进入人孔四壁的窗门位置应符合设计规定。管道四周与墙体应抹筑成圆弧形的喇叭口，不得松动或留有空隙。人孔内喇叭口的外表应整齐光滑、匀称，其抹面层应与人孔四壁墙体抹面层接合成整体。

（3）现场组装人孔上覆　智能小区内的地下通信管道一般管孔数量不多，大都采用小号人孔。为加快施工进度，人孔上覆一般采取预制构件在现场组装拼成，在现场组装人孔上覆时，需注意以下要求：

1）预制件的形状、尺寸以及组成件的数量等必须符合设计规定。

2）在施工过程中要求组织严密，在确保人员安全操作的前提下才能施工。组装过程应按人孔上覆分块的组装顺序吊装，并以人孔基础中心为准进行定位。吊装构建必须轻吊轻放。预制件在对准位置后要平稳轻放，预制件之间的缝隙应尽量缩小，互相对准定位，形成整体。

3）人孔上覆定位组装后，其拼缝必须用 1∶2.5 的水泥砂浆堵抹，主要堵抹的部位包括上覆预制件之间搭接缝的内外侧和上覆预制件与人孔四壁墙体间的内外侧。

（4）人孔口圈安装和回填土　人孔口圈安装必须注意其与人孔上覆配套，其承载能力必须等于或大于人孔上覆的承载能力。管道和人孔的回填土应在管道工程施工基本完成后进行，一般宜再养护 24h 以上，并经隐蔽工程检验合格。

4. 安装建筑手孔

建筑手孔内部规格尺寸较小，且是浅埋（最深仅 1.1m），建筑手孔的外观如图 4-11 所示。手孔内部空间很小，施工和维护人员难以在其内部操作主要工艺，一般是在地面将线缆接封完工后，再放入其中。手孔结构基本是砖砌结构，通常为 240mm 厚的四壁砖墙，如因现场断面的限制，也可改为 180mm 或 115mm 砖墙，其结构更为单薄。

进入手孔的管道，其最底层的管孔与手孔的基础之间的最小距离不应小于 180mm。手孔按大

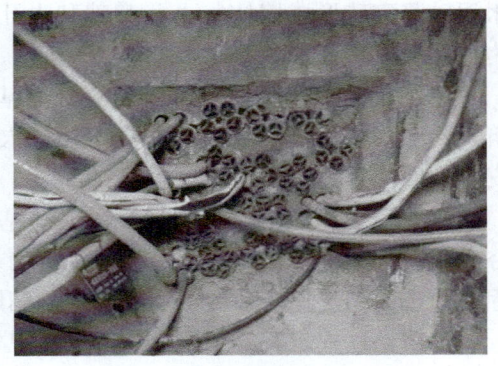

图 4-11　建筑手孔的外观

小规格分为 5 种，即小手孔、一号手孔、二号手孔、三号手孔和四号手孔，各种手孔规格尺寸和使用场合见表 4-4。

表 4-4　各种手孔规格尺寸和使用场合　　　　　　　　　　　　　（单位：mm）

手孔简称	手孔名称	规格尺寸			墙壁厚度	手孔盖	适合场合
		长	宽	高			
SSK	小手孔	500	400	400~700	115、180或240	1 块小手孔外盖	手孔盖配以相应的外盖底座
SK1	一号手孔	840	450	500~1000		1 块手孔外盖	
SK2	二号手孔	950	840	800~1100		2 块手孔外盖	
SK3	三号手孔	1450	840	800~1100		3 块手孔外盖	
SK4	四号手孔	1900	450	800~1100		4 块手孔外盖	

4.2　电缆布线施工

综合布线系统的线缆布线施工由建筑群主干子系统、建筑物主干子系统和水平子系统 3 部分组成。其中建筑群主干子系统为室外布线部分，其安装施工环境条件与本地网络通信线路有相似之处，所以可选用电缆管道、直埋电缆和架空电缆等方式进行施工；而建筑物主干子系统和水平子系统为室内布线部分。

综合布线系统的水平子系统一般采用双绞线电缆作为传输介质，垂直干线子系统则会根据传输距离和用户需求选用双绞线电缆或者光缆作为传输介质。由于双绞线电缆和光缆的结构不同，所以在布线施工中所采用的技术不相同。

本节主要介绍电缆的布放和电缆的处理、建筑物内水平电缆和主干电缆布线施工、工作区信息插座的端接和安装以及机柜和配线设备的安装与端接。

4.2.1 电缆的布放

由于综合布线工程的不同，可采用不同的放线方法，通常采用以下两种方式。

1. 从纸板箱中拉线

一般情况下，电缆线出厂时都包装在各种纸板箱中，纸板箱的外观如图4-12所示，如果纸板箱是常规类型，通常使用下列放线技术能避免缆线的缠绕。

1）撤去有穿孔的撞击块。

2）将电缆线拉出1m长，让塑料插入物固定在应有的位置上。

3）将纸板箱放在地板上，并根据需要放送电缆线。

4）按所要求的长度将电缆线斩断，需留有余量供终接、扎捆及日后维护使用。

5）将电缆线滑回到槽中，留3～5cm在外，并在末端系一个环，以使末端不滑回到槽中。

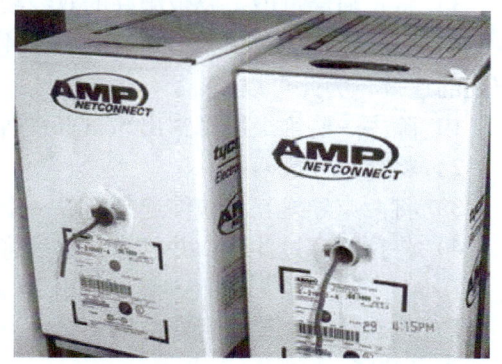

图4-12 纸板箱的外观

2. 从穿线器上布放电缆线

用来布放电缆线的穿线器有多种，在3.2.1节中已经对穿线器做了介绍，穿线器的使用如图4-13所示，从穿线器上布放电缆线的要点包括：

1）打开纸板箱的顶盖，并将一个有孔的顶盖翻下，使此箱盖上的孔与纸板箱侧面的孔对齐，把一段2cm或3cm长的管子从外部插入，穿过穿线器的卷轴，然后穿过对应侧面上的孔，即顶盖翻下来与侧面孔对齐。

2）较重的电缆线需绕在穿线器的轮轴上，不能放在纸箱中。例如，同时布放同一区域内走向相同的多条4对电缆线，可先将电缆线安装在滚筒上，然后从滚筒上将它们拉走。

图4-13 穿线器的使用

线缆布放人员要注意保持平滑和均匀地放线。对于带卷轴包装的电缆，一次拉出的线不能过多，主要是应避免多根电缆缠结环绕。拉线工序结束后，两端留出的冗余电缆要整理并保护好，这时应特别注意不要让现场的污染进入两端电缆的包层，盘线时要顺着原来出厂时的盘绕方向，并在线两端进行临时标注。

4.2.2 电缆的牵引

所谓电缆牵引就是用一条牵引线或一条软钢丝绳将电缆牵引穿过墙壁管道、顶棚或地板管道。牵引所用的方法取决于要完成作业的类型、电缆的质量、布线路由的难度，还与管道中要穿过电缆的数目有关。在已有电缆的拥挤管道中穿线要比空管道难很多，而且对于不同的电缆牵引方法也不相同。但是，不管在哪种场合都应遵守一条规则：使牵引线与电缆的连接点应尽量平滑。

1. 电缆的牵引方法

（1）牵引 4 对双绞线电缆　标准的 4 对双绞线电缆很轻，通常不要求更多的准备，只要将它们用电工胶带与拉绳捆扎在一起就行了。当牵引多条（如 4 条或 5 条）缆线穿放一条路由时，可用如下方法：

1）将多条双绞线电缆聚集成一束，并使它们的末端对齐。

2）用电工胶带紧绕在双绞线电缆束外面，在末端外绕长 5~6cm。

3）将拉绳穿过电工胶带缠好的双绞线电缆，并打好结。

如果在牵引双绞线电缆的过程中，连接点散开，则要收回双绞线电缆和拉绳重新制作更牢固的连接，为此可以：

1）除去一些绝缘层暴露出 5cm 长的裸线。

2）将裸线分成两条。

3）将两束导线互相缠绕起来形成一个环。

4）将拉绳穿过此环，并打结，然后将电工胶带缠到连接点周围，要缠得结实和平滑。

（2）牵引 25 对大对数电缆　牵引 25 对大对数电缆，可用下列方法：

1）将双绞线电缆向后弯曲以便建立一个环，直径为 15~30cm，并使双绞线电缆末端与缆线本身绞紧。

2）用电工胶带紧紧地缠在绞好的双绞线电缆上，以加固此环。

3）用拉绳连接到缆线环上。

4）用电工胶带紧紧地将连接点包扎起来。

在某些重缆线上装有一个牵引眼，在缆线上制作一个环，以使拉绳能固定在它上面。对于没有牵引眼的重缆，可以使用一个芯套或一个分离的缆夹，将夹子分开并将它缠到缆线上，使分离部分的每一半上有一个牵引眼。当吊缆夹已经缠在缆线上时，可同时牵引两个牵引眼，使夹子紧紧地保持在缆线上。

2. 电缆牵引时的最大拉力

最大拉力指电缆导体变形之前，电缆可承受的牵引力极限的上限。超出这一极限值会造成外观损伤，在综合布线系统终检和认证时会发现痕迹。目前，对于高速数据电缆，不能再用几年前对双绞线和同轴电缆的牵引方法来牵引了。拉力过大，电缆变形，会引起电缆传输性能下降。许多安装人员习惯将电缆绕在手上以便抓得更牢，但这种做法对电缆的安装无疑是十分有害的。电缆最大允许拉力如下：

1）1 根 4 对双绞线电缆，拉力为 100N。

2）2 根 4 对双绞线电缆，拉力为 150N。

3）3 根 4 对双绞线电缆，拉力为 200N。

4）n 根 4 对双绞线电缆，拉力为 $(50n + 50)$N。

不管多少根双绞线电缆，最大拉力不能超过 400N，速度不宜超过 15m/min。对安装技术人员来说，这意味着在不使用弹簧平衡的情况下，现场施工时需注意：

1）选择的电缆路由应比较通畅。

2）在阻碍电缆的任何位置安装摩擦力适中的电缆导向，或安排人员在该位置引导电缆。在外部线路管道安装过程中，要采用双向联络，以保证电缆的牵引力与馈送电缆的动力协调一致。由于主干线直径大于建筑物内部各分支使用的电缆直径，所以室外线路牵拉操作经常需要机械绞线车辅助。

3）长距离牵拉要配备足够的人力，保证电缆的重量不影响正常的拉力。

4）当电缆穿过主干管道和电缆槽牵拉时，主干管道、电缆槽与电缆接触的表面摩擦会使拉力急剧增加。在安装光缆时也要注意同样的情况，尽量使光缆的最大拉力比铜缆大得多。

5）各生产厂家产品的最大拉力极限值可能有所不同。如果可能，应向电缆生产厂家咨询，以确定其特定电缆类型的最大拉力。

6）对于牵拉缆线的速度，从理论上讲，线的直径越小，则牵拉的速度越快。但是，有经验的安装者采取慢速而又平稳的牵拉速度，而不是快速牵拉。原因是快速牵拉会造成缆线的缠绕或被绊住。

4.2.3 电缆的处理

1. 电缆表皮剥除

当准备连接电缆时，需剥去一段电缆外皮，露出适当的工作长度。用于插座连接时露出的长度为 25～50mm，用于压接配线架连接时可以再长一点，小心地反向捻散导线，便于在导体槽中与金属贴片连接。

2. 电缆的捆扎与固定

电缆的结构类型在某种程度上决定着电缆捆扎的固定方法，为使布线施工中发生的故障减至最少，通常应采取以下几项措施。

1）电缆的初始路径应沿建筑物的走廊和门厅布置。

2）在存在已有设施的情况下，电缆路径应与设施管理相协调，尤其是与供暖、通风和供冷管道以及消防喷水系统安装者协调电缆路径也是很重要的，因为这些行业设施通常占据顶棚的大部分空间，而且先于顶棚布线系统安装。

3）路由确定之后，沿电缆路径安装电缆支撑系统，这样可以使用电缆牵拉导线或用滑轮保护电缆。所有电缆缚于电缆支撑托架或托钩上并被绑扎成为整齐的线捆，捆扎电缆时应注意牵拉其两端的多余部分。

4）与管道或电缆槽安装类似，应在电缆布线中的转弯、过渡处的两侧加上支撑，这样也有利于符合铜缆和光缆的最小弯曲半径，支撑较粗电缆捆扎时要在拐角处安装附加支撑。

5）在选择垂直干线支撑系统时，电缆可承受的垂直距离是需要考虑的一个重要因素。在垂直干线子系统中，电缆可直接固定在墙上，也可通过每层楼板一点或多点固定，将电缆长期拉伸负荷的影响降到最小。不过，安装在管道中的主干电缆一般不在每层地板支撑，需在拉线盒中或电缆中点位置安装支撑机构。

6）在各种情况下，电缆必须以整齐固定的方式捆扎起来，但不能挤伤或损坏电缆的外皮，也不能使其局部损伤。

7）对于双绞线电缆，通常采用标准尼龙线捆扎。电缆捆扎带所施压力会造成电缆捆的瓶颈效应，因为电缆捆绑过紧会导致电缆的几何形状和局部结构发生变化。如果电缆受外力作用挤压过紧，易形成电缆噪声，增加隐患。

电缆的捆扎效果如图4-14所示。

3. 电缆接续和伸缩余量预留

如果布线时没有考虑足够的电缆接续余量，很可能因为仅仅差一点点而束手无策，故一般来说，应预留一段缆线作为备用，使电缆可以从配线架中拉出，其长度足以灵活地重新终接。备用电缆的长度取决于配线架的尺寸和信息插座的配置情况。

图4-14 电缆的捆扎效果

通常的电缆或线槽、线轨等都可能受热胀冷缩等因素的影响而产生一定形变，这种形变产生的应力往往大得出乎意料，可能使原先做好的电缆接续点拉伸开裂或挤压变形，所以在布线施工中应该对电缆做适当余量预留。比如，光缆在直埋、架空布线以及墙体内直埋时，应注意保留一定的余缆并盘结成O形卷圈。冗余缆线的预留，一方面可用于未来的扩展，更重要的是可用来应急使用，如果出现故障，则可通过在配线架上的跳线启用这些缆线，否则只有将维护和使用分开进行。

4.2.4 信息插座模块的安装及端接

1. 信息插座模块的安装

信息插座有地面型、墙面型和桌面型3种，安装的基本要求如下：

1）地面型和墙面型的需要安装底座，信息插座底座安装的基本要求是平稳。缆线连接固定在接线盒体内的装置上，底盒均埋在地面或墙面下，其盒盖面与地面或墙面平齐，可以开启，要求有严密防水、防尘和抗压能力。在不使用时，插座面板与地面或墙面齐平，不得影响人们日常行动。

2）安装在墙面上的信息插座，其位置宜高出地面300mm左右，如房间地面采用活动地板时，应以地板来计算高度。

3）信息插座的具体数量和装设位置以及规格型号应根据设计中的规定来配备和确定。

4）信息插座底座的固定方法应以现场施工的具体条件来定，可用扩张螺钉、射钉或一般螺钉等方法安装，安装必须牢固可靠，不应有松动现象。

5）信息插座应有明显的标志，可以采用颜色、图形和文字符号来表示所接终端设备的类型，以便使用时区别，不混淆。

6）在新建的智能楼宇建筑中，信息插座宜与暗敷管道系统配合，信息插座盒体采用暗装方式，在墙壁上预留洞孔，将盒体埋设在墙内，综合布线施工时，只需加装接线模块和插座面板。而在已建成的智能化楼宇建筑中，信息插座的安装方式可根据具体环境条件下采取明装或暗装方式。

墙面信息插座的安装方式如图4-15所示。

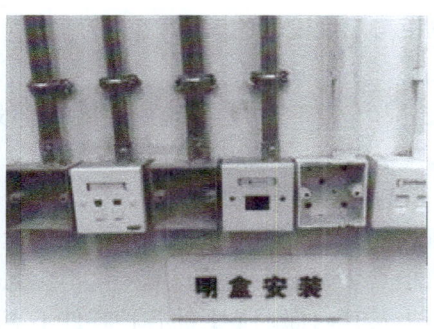

a) 暗盒　　　　　　　　　　b) 明盒

图 4-15　墙面信息插座的安装方式

2. 信息插座模块的端接

端接要求如下：

1）缆线终端的施工操作方法均按标准规定办理（包括剥除外护套长度、缆线扭绞状态都应符合技术要求）。

2）缆线终端的连接方法应采用卡接方式，施工中不宜用力过猛，以免造成接续模块受损。连接顺序应按缆线的统一色标排列，在模块中连接后的多余线头必须清理干净，以免留有后患。

3）缆线终端连接后，应对缆线和配线接续设备等进行全程测试，以保证系统正常运行。

4）线对屏蔽和电缆护套屏蔽层在和模块的屏蔽罩进行连接时，应保证360°的接触，而且接触长度不应小于10mm，以保证屏蔽层的导通性能。电缆终接以后应将电缆进行整理，并核对接线是否正确。

5）对通信引出端内部连接件进行检查，做好固定线的连接，以保证电气连接的完整牢靠。如连接不当，有可能增加链路衰减和近端串扰。

6）在终端连接时，应按缆线统一色标、线对组合和排列顺序施工连接（符合 GB/T 50312—2016 规定）。

7）如采用屏蔽电缆时，要求电缆屏蔽层与连接部件终端处的屏蔽罩有稳妥可靠的接触，必须形成360°圆周的接触界面，它们之间的接触长度不宜小于10mm。

8）各种缆线（包括跳线）和接插件必须接触良好、连接正确、标志清楚。跳线选用的类型和品种均应符合系统设计要求。

9）双绞线线对卡接在配线模块的端子时，首先应符合色标的要求，并尽量保护线对的对绞状态，对于 5 类电缆的线对非扭绞状态应不大于 13mm。

10）对绞线的连接，A 类和 B 类的连接方式都可以使用，但在同一个综合布线工程中，两者不应混合使用。

11）跳线的分类。跳线可以分为以下几种：

① 两端为 110 插口（4 对或 5 对）电缆跳线。

② 两端为 RJ45 插头电缆跳线。

③ 一端为 RJ45，一端为 110 插头电缆跳线。

信息插座端接的具体操作步骤可参见 6.3 节中的介绍。

4.2.5 机柜与配线设备的安装

1. 机柜安装的基本要求

目前,国内外综合布线系统所使用的配线设备的外形尺寸基本相同,都采用通用的 19in 标准机柜,实现设备的统一布置和安装施工。

机柜安装的基本要求如下:

1)机柜的安装位置、设备排列布置和设备朝向应符合设计要求。

2)机柜安装完工后,垂直偏差度不应大于 3mm。

3)机柜及其内部设备上的各种零件不应脱落或碰坏,外表面漆如有损坏或脱落,应予以补漆。各种标志应统一、完整、清晰、醒目。

4)机柜及其内部设备必须安装牢固可靠,各种螺钉必须拧紧,无松动、缺少、损坏或锈蚀等缺陷,机柜更不应有摇晃现象。

5)为便于施工和维护人员操作,机柜前应预留长为 1500mm 的空间,其背面距离墙面应大于 800mm。

6)机柜的接地装置应符合相关规定的要求,并保持良好的电气连接。

7)如采用墙上型机柜,要求墙壁必须坚固牢靠,能承受机柜重量,柜底距地面宜为 300~800mm,或视具体情况而定。

8)在新建建筑中,布线系统应采用暗线敷设方式,所使用的配线设备也可采用暗敷方式,埋装在墙体内。在建筑施工时,应根据综合布线系统要求,在规定位置处预留墙洞,并先将设备箱体埋在墙内,布线系统工程施工时再安装内部连接硬件和面板。

2. 配线架在机柜中的安装要求

在楼层配线间和设备间内,模块式快速配线架和网络交换机一般安装在 19in 的标准机柜内,配线架在机柜中的安装如图 4-16 所示。为了使安装在机柜内的模块式快速配线架和网络交换机美观大方且方便管理,必须对机柜内设备的安装进行规划,具体遵循以下原则:

图 4-16 配线架在机柜中的安装

1)一般可将模块式快速配线架安装在机柜下部,交换机安装在其上方。

2)每个模块式快速配线架之间安装有一个理线器,每个交换机之间也要安装理线器。

3)正面的跳线从配线架中出来后要全部放入理线器,然后从机柜侧面绕到上部的交换机间的理线器中,再接插进入交换机端口。

3. 配线架的安装与端接

目前常见的双绞线配线架有 110 配线架和 RJ45 网络配线架等类型。其中,RJ45 网络配线架主要应用于楼层管理间和设备间内的数据网络布线系统的管理,110 配线架主要应用于楼层管理间和设备间内的语音网络布线系统的管理。

各厂家配线架的结构和安装方法基本相同,在端接配线架电缆之前,应把电缆按编号进行整理,然后捆扎整齐并用塑料带缠绕电缆直至进入机柜或机架,固定在机柜或机架的后立柱上或其他固定位置,要求电缆进入机柜或机架后整齐美观,并留有一定余量。

配线架的安装和端接的具体步骤可参见 6.3 节中的介绍。

4.3 光缆布线施工

光缆与电缆同是通信线路的传输介质，其施工方法虽基本相似，但因光纤是石英玻璃制成的，故光缆施工比电缆施工的难度要大。难度包括光缆的敷设难度与光纤连接的难度。由于光缆与电缆所用材质和传输信号原理、方式有根本区别，对于安装施工的要求自然也会有所差异。

4.3.1 光缆施工的安全防范

由于光纤传输和材料结构方面的特性，在施工过程中，如果操作不当，光源可能会伤害到人的眼睛，切割留下的光纤纤维碎屑会伤害人的身体，因此在光缆施工过程中要采取有效的安全防范措施。

具体应遵守以下安全规程：

1）光缆施工人员必须经过专业培训，了解光纤传输特性，掌握光纤连接的技巧，遵守操作规程。未经严格训练的人员，不许参加施工，严禁操作已安装好的光传输系统。

2）在光纤使用过程中（正在通过光缆传输信号），技术人员不得检查其端头，只有光纤在未传输信号时方可进行检查。由于大多数光学系统中采用的光是人眼看不见的，所以在操作光传输通道时要格外仔细。

3）折断的光纤碎屑实际上是很细小的玻璃针形光纤，容易划破皮肤和衣服，当它刺入皮肤内时，会感到相当的疼痛，如将碎片吸入人体内，会对人体造成较大的危害。因此，制作光纤终接头或使用裸光纤的技术人员，必须戴眼镜和手套，穿工作服，保护眼镜和手套的外观如图 4-17 所示。可能存在裸光纤的所有工作区内应该坚持反复清扫，确保没有任何裸光纤碎屑。应该用瓶子或其他容器装光纤碎屑，确保这些碎屑不会遗漏，以免对人造成伤害。

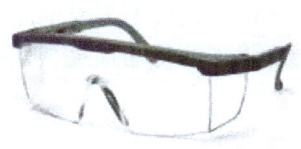

图 4-17 保护眼镜和手套的外观

4）决不允许观看已通电的光源、光纤及其连接器，更不允许用光学仪器观看已通电的光纤传输通道器件，只有在断开所有光源的情况下，才能对光纤传输系统进行维护操作。如果必须在光纤工作时对其进行检查的话，操作人员应佩戴具有红外滤波功能的保护眼镜，否则光纤连接不好或断裂，会使人受到光波辐射。

5）离开工作区之前，所有接触过裸光纤的工作人员必须立即洗手，并对衣服进行检查，拍打衣物，去除可能粘上的光纤碎屑。

4.3.2 光缆敷设

1. 光缆的检验要求

在敷设光缆之前，必须对光缆进行检验，检验要求如下：

1）工程所用的光缆规格、型号、数量应符合设计的规定和合同要求。

2）光缆所附标记、标签内容应齐全和清晰。

3）光缆外护套需完整无损，光缆应有出厂质量检验合格证。

4）光缆开盘后，应先检查光缆外观有无损伤，光缆端头封装是否良好。

5）光纤跳线检验应符合下列规定：具有经过防火处理的光纤保护包皮，两端的活动连接器端面应装配有合适的保护盖帽，每根光纤接插线的光纤类型应有明显的标记，应符合设计要求。

6）光纤衰减常数和光纤长度检验。衰减测试时可先用光时域反射仪进行测试，测试结果若超出标准或与出厂测试数据相差较大，要用光功率计测试，并将两种测试结果进行比较，排除测试误差对实际测试结果的影响。要求对每根光纤进行长度测试，测试结果应与盘标长度一致，如果差别较大，则应从另一端进行测试或做通光检查，以判定是否有断纤现象。

2. 建筑物光缆敷设

建筑物内光缆主要用于干线子系统，敷设光缆有两种选择，即向上牵引和向下垂放。通常向下垂放比向上牵引容易些，因此当准备向下垂放敷设光缆时，应按以下步骤操作：

1）在离建筑顶层设备间的槽孔 1～1.5m 处安放光缆卷轴，使卷筒在转动时能控制光缆。将光缆卷轴安置于平台上，以便保持在所有时间内光缆与卷筒轴心都是垂直的，放置卷轴时要使光缆的末端在其顶部，然后从卷轴顶部牵引光缆。

2）转动光缆卷轴，并将光缆从其顶部牵出。牵引光缆时，要保持不超过最小弯曲半径和最大张力的规定。

3）引导光缆进入槽孔中去敷设好的电缆桥架中。

4）慢慢从光缆卷轴中牵引光缆，直到下一层的施工人员可以接到光缆并引入下一层。在每一层楼均重复以上步骤，当光缆达到最底层时，要使光缆松弛地盘在地上。在弱电间敷设光缆时，为了减少光缆上的负荷，应在一定的间隔上（如 5.5m）用缆带将光缆扣牢在墙壁上。采用这种方法时，光缆不需要中间支持，但要小心地捆扎光缆，不要弄断光纤。为了避免弄断光纤及产生附加的传输损耗，在捆扎光缆时不要碰破光缆的外护套。

3. 光缆的固定

固定光缆的步骤如下：

1）使用塑料扎带由光缆的顶部开始，将干线光缆扣牢在线缆桥架上。

2）由上往下，在每隔 5.5m 处安装扎带，直到干线光缆被牢固地扣好。

3）检查光缆外套有无破损，然后盖上桥架的外盖。

4.3.3 光纤端接配线架

光纤配线主要完成光缆进入设备间后与单芯光纤跳线的连接、单芯光纤跳线到各光通信设备中光路的连接与分配以及光缆分纤配线（便于进行线路调整及调度）。光纤配线产品可完成光缆的固定、光纤缓冲、环绕预留、夹持定位、接地保护、固定接头保护以及光纤的分配、组合、调度工作等。目前常用的光纤光缆配线产品有光纤配线架、光缆交接箱、光缆分线盒等。

（1）**光纤配线架** 光纤配线架是用于外线光缆与光通信设备的连接，并具有外线光缆的固定、光纤缓冲、熔接、接地保护以及光纤的分配、组合、调度等功能的现代通信设备，光纤配线架的外观如图 4-18 所示。

（2）光缆交接箱　光缆交接箱是用于光纤接入网中主干光缆与配线光缆节点处的接口设备，可以实现光纤的熔接、分配以及调度等功能，可采用落地和架空安装方式。

（3）光缆分线盒　光缆分线盒是用于光纤环路终端的配线分线设备，可以提供光纤的熔接、成端、配线及分线功能，光缆分线盒的外观如图4-19所示。

光纤配线设备的使用应符合以下规定：

1）光缆交接设备的型号、规格应符合设计要求。

2）光缆交接设备的编排及标记名称应与设计相符，各类标记名称应统一，标记位置应正确、清晰。

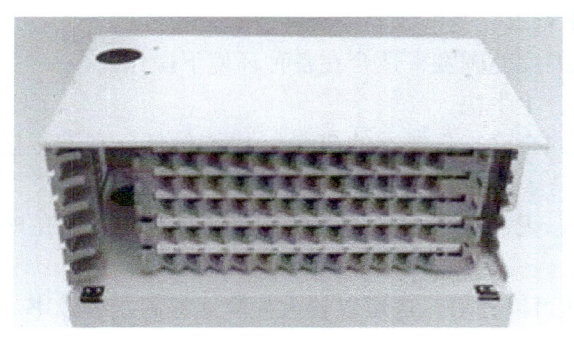

图4-18　光纤配线架的外观

图4-19　光缆分线盒的外观

4.3.4　光纤冷接技术

在光缆的敷设中，经常存在着光纤与光纤的对接，此时可以选择以下两种方式：

（1）采用光纤冷接子　这种方法一般应用在需经常断开的临时节点上，这种方式的对接、拆装方便，具备高机械强度。

（2）光纤熔接　这种方式一般应用在永久性节点上。通过熔接产生光损耗极小，同时具备长久的、与光纤使用寿命相匹配的可靠性的熔接点，使两根光纤融为一体，就像没有节点一样。

光纤冷接技术，也称为机械接续，与电弧放电的熔接方式不同，机械接续是把两根处理好端面的光纤固定在光纤冷接子中，通过外径对准的方式实现光纤纤芯的对接，同时利用光纤冷接子中V形槽内的光纤匹配液填充光纤切割不平整所形成的端面间隙，这一过程完全无源，因此被称为冷接，光纤冷接子的外观如图4-20所示。作为一种低成本的接续方式，光纤冷接技术在综合布线系统施工过程中，有一定的适用性。

1. 光纤冷接的性能

影响光纤接续插入损耗的主要因素是端面的切割质量和纤芯的对准误差。熔接接续和机械接续在纤芯对准方面有很大差别，熔接设备通过纤芯成像实现高精度对准，机械接续则主要取决于光纤外径的不圆度偏差以及纤芯/包层的同心度误差。

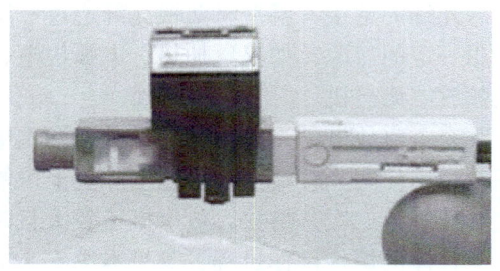

图4-20　光纤冷接子的外观

随着光纤生产技术的不断进步，目前光纤外径的标准差（平均值为 125μm ± 0.3μm）和纤芯/包层同心度误差（平均值为 0.1μm）均远远小于 ITU-T 建议书中规定的最大值（分别为 ±2μm 和 1μm）。此外，一些光纤机械接续产品的 V 形槽对准部件采用的材料具有良好的可延展性，能够在一定程度上弥补光纤外径误差（包括光纤自身尺寸以及光纤表面附着污物所造成的误差）对接续损耗的影响。例如，3M 公司的 Fibrlok Ⅱ 光纤机械接续子的插入损耗平均值仅为 0.07dB，达到了与熔接基本相当的水平，其反射损耗也满足光纤网络传输各类信号的要求。

2. 光纤冷接技术的特点

与熔接接续方式相比，冷接方式具有以下特点：

1）工具简单小巧，无需电源，工作环境温度范围宽，适合在各种环境下操作。

2）操作简单，对操作人员的技能要求低，上手快。

3）购买全套工具的成本约为熔接接续方式全套工具成本的 20%，成本较低，利于冷接工具的普及。

4）冷接速度快，由于前期准备工作简单，无需热缩保护，因此，接续每芯光纤所用时间约为熔接接续的 58%。

此外，一般机械接续子在压接完成后仍然可以开启，这可以较大程度地提高接续效率。

3. 在综合布线系统中的应用

在现网中，光纤冷接主要用于室内光缆（应用于干线子系统和水平子系统）部分，这主要是因为室内光缆一般采用皮线光缆接入到户，芯数均为 1~2 芯，且长度较短，对于损耗的要求相对较低，光纤接续点存在着芯数少且多点分散的特点，并且经常需要在高处、楼道内狭小空间、现场取电不方便等场合施工，局限性较大，采用光纤冷接方式更灵活、高效，不仅能够全面、有效地满足线路抢修要求，更有助于降低施工及维护成本。

目前，冷接技术已十分成熟，并逐渐被人们所熟悉，越来越多的光缆维护人员熟悉掌握了该项技术，并能够在日常维护工作中，独立运用冷接技术，随着 FTTx 光纤到户接入网线路建设量的加大，光纤用户的增加，今后，将需要更多的人员掌握光纤冷接方式，以适应市场、客户的需求。

4.3.5 光纤熔接

光纤熔接技术是用光纤熔接机进行高压放电使待接续光纤端头熔接，合成一段完整的光纤。这种方法接续损耗小（一般要求小于 0.1dB），而且可靠性高，是目前最普遍使用的方法。

1. 熔接过程

光纤的熔接，就是将两根光纤通过一定的方式、方法使其熔接在一起，这个过程通常是采用一定的热源，如钨丝加热、电弧放电、激光。商业应用中一般使用的是高精度的全自动电弧放电熔接机。

在电弧放电的光纤熔接中，共有两次电弧放电。第一次是预热推进，放电电流较小且时间较短，使两光纤端面软化，消除其上可能有的飞边并在电动机的作用下，两光纤会进行一次挤压。第二次是熔接，放电电流较大且时间较长。

具体的熔接操作过程，参见本书 6.5 节。

2. 降低熔接损耗与提高熔接质量

（1）**一条线路上尽量采用同一批次的光纤** 对于同一批次的光纤，其模场直径基本相同，光纤在某点断开后，两端间的模场直径可视为一致，因而在此断开点熔接可使模场直径对光纤熔接损耗的影响降到最低程度。所以要求光缆生产厂家用同一批次的裸纤，按要求的光缆长度连续生产，在每盘上顺序编号并分清 A、B 端，不得跳号。敷设光缆时须按编号沿确定的路由顺序布放，并保证前盘光缆的 B 端要和后一盘光缆的 A 端相连，从而保证接续时能在断开点熔接，并使熔接损耗值达到最小。

（2）**光缆架设按要求进行** 在光缆敷设施工中，严禁光缆打小圈及折、扭曲，3km 的光缆必须 8 人以上施工，4km 必须 10 人以上施工，并配备 6~8 部对讲机；另外"前走后跟，光缆上肩"的放缆方法，能够有效地防止打背扣的发生。牵引力不超过光缆允许的 80%，瞬间最大牵引力不超过 100%，牵引力应加在光缆的加强件上。敷设光缆应严格按光缆施工要求，从而最低限度地降低光缆施工中光纤受损伤的几率，避免光纤芯受损伤导致的熔接损耗增大。

（3）**挑选经验丰富训练有素的光纤接续人员进行接续** 现在熔接大多是熔接机自动熔接，但接续人员的水平直接影响接续损耗的大小。接续人员应严格按照光纤熔接工艺流程图进行接续，并且熔接过程中应一边熔接一边用 OTDR 测试熔接点的接续损耗，不符合要求的应重新熔接。对熔接损耗值较大的点，反复熔接次数以 3~4 次为宜，多根光纤熔接损耗都较大时，可剪除一段光缆重新开缆熔接。

（4）**接续光缆应在整洁的环境中进行** 严禁在多尘及潮湿的环境中露天操作，光缆接续部位及工具、材料应保持清洁，不得让光纤接头受潮，准备切割的光纤必须清洁，不得有污物，切割后光纤不得在空气中暴露时间过长尤其是在多尘潮湿的环境中。

（5）**选用精度高的光纤端面切割器来制备光纤端面** 光纤端面的好坏直接影响到熔接损耗大小，切割的光纤应为平整的镜面，无飞边，无缺损。光纤端面的轴线倾角应小于 1°，高精度的光纤端面切割器不但提高光纤切割的成功率，也可以提高光纤端面的质量。这对 OTDR 测试不着的熔接点（即 OTDR 测试盲点）和光纤维护及抢修尤为重要。

（6）**正确使用熔接机** 熔接机的功能就是把两根光纤熔接到一起，所以正确使用熔接机也是降低光纤接续损耗的重要措施。根据光纤类型正确合理地设置熔接参数、预放电电流、预放电时间及主放电电流、主放电时间等，并且在使用中和使用后及时去除熔接机中的灰尘，特别是夹具、各镜面和 V 形槽内的粉尘和光纤碎末的去除。每次使用前应使熔接机在熔接环境中放置至少 15min，特别是在放置与使用环境差别较大的地方（如冬天的室内与室外），根据当时的气压、温度、湿度等环境情况，重新设置熔接机的放电电压、放电位置以及使 V 形槽驱动器复位等调整。

对已敷设的光缆，可用插损法进行衰减测试，即用一个功率计和一个光源来测量两个功率的差值。第一个是从光源注入到光缆的能量，第二个是从光缆段的另一端射出的能量。测量时为确定光纤的注入功率，必须对光源和光功率计进行校准。校准后的结果可为所有被测光缆的光功率损耗测试提供一个基点，两个功率的差值就是每个光纤链路的损耗。

课后练习题

1. 填空题

(1) 暗敷管路如必须转弯时,其转弯角度应_____,暗敷管路曲率半径不应小于该管路外径的_____倍。

(2) 在敷设管道时,应尽量减少弯头,每根管的弯头不应超过_____个。

(3) 牵引 n 根 4 对双绞线电缆,最大允许牵引力为_____N。

(4) 暗敷钢管管路进入信息插座、出线盒等接续设备时,管口露出盒内部分应小于_____mm,应用_____固定。

(5) 采用预埋金属线槽方式施工时,金属线槽的总宽度不宜超过_____mm,截面高度不宜超过_____mm。

2. 选择题

(1) 光纤配线架具有的基本功能有(   )。
A. 固定功能   B. 熔接功能   C. 调配功能   D. 存储功能

(2) 明敷的塑料线槽,其螺钉固定的间距一般为(   )。
A. 1m   B. 2m   C. 3m   D. 4m

(3) 光纤熔接的损耗值一般小于(   )。
A. 0.1dB   B. 0.5dB   C. 1dB   D. 0.01dB

3. 简答题

(1) 简述双绞线电缆端接的一般要求。

(2) 简述在建筑群地下通信管道施工的主要步骤。

(3) 手孔按规格大小分可为哪几种规格?简述每种规格的尺寸大小。

(4) 简述光纤的冷接技术和熔接技术各自的优缺点以及各自的应用领域。

(5) 简述牵引 4 对双绞线和牵引 25 对大对数电缆的操作步骤。

(6) 光缆施工必须遵循哪些必要的安全规程?

第 5 章 掌握综合布线工程测试

5.1 测试工具

5.1.1 电缆测试设备

电缆测试设备通常被称为现场测试仪,综合布线工程中可以使用的电缆测试设备主要有音频生成器与音频放大器、万用表、连通性线缆测试仪、电缆分析仪等。

1. 音频生成器与音频放大器

音频生成器与音频放大器是语音布线和测试人员经常用到的设备,主要用来识别和定位通信电缆,每个电缆技术人员的工具箱里都应该备有这类设备。

音频生成器与音频放大器是一起工作的两个设备。音频生成器与电缆线对相连,产生一个功率较低但比较清晰的音频信号在电缆上传输。放大器把音频信号放大,这样就可以识别与音频生成器相连的确切电缆线对。音频生成器和音频放大器的外观如图 5-1 所示。

音频生成器可以通过把一个标准插头插到插座里,或者用鳄鱼夹夹住线对来与电缆线对相连。音频生成器与电缆线对连接以后,电缆线就被激活。音频放大器的一端有一个金属探针,金属探针可以与多线对干线电缆的线对或者冲压模块的夹子连接。放大器上的探针使得这种设备可以快速地移动,金属末端可以与冲压模块的前端相连,以探测音频信号。

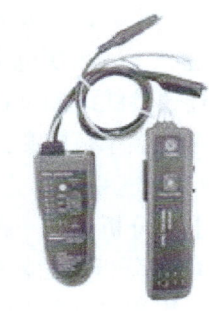

图 5-1 音频生成器和音频放大器的外观

2. 万用表

万用表是一个能够进行多种电量测试的多功能设备,电压表可以测试电路的电压,电阻表可以测试电路的阻抗,微安表可以测试电路的电流。

万用表有一个选择按钮,通过它可以选择要进行的测试。万用表有两个测试探针与被测试电路相连,探针插接正确后,便可以进行测量。万用表的外观如图 5-2 所示。

综合布线工程中可以使用万用表中的电阻表判断出通信电缆中存在的基本故障,可以通过电阻表测试通信电缆阻抗,判断水平布线或干线布线的电缆是否端接正确,是否存在短路或开路情况。测试电缆线对时,如果电缆线对表现出极低的阻抗,则表明电缆线对短路;如果电缆线对表现出极高的阻抗或者阻抗无穷大,则表明电缆线对开路。

图 5-2 万用表的外观

数字式万用表可以测试电缆的直流阻抗,直流阻抗的值可以大致反映出一条电缆的长度。对于超 5 类 UTP 电缆和 6 类 UTP 电缆而言,直流阻抗的测试并不是必须的,但是这种测试对判断电缆连接是否正确以及电缆穿过电缆链路时是否绷紧是很有用的。

3. 连通性线缆测试仪

连通性线缆测试仪是另一种简单的测试设备,主要用于电缆连通性测试,它的测试速度比万用表快。连通性线缆测试仪由两部分组成：基座部分和远端部分。连通性线缆测试仪的外观如图 5-3 所示。测试时，基座部分放在链路的一端，远端部分放在链路的另一端。基座部分可以沿双绞线电缆的所有线对加电压，远端部分与线对相连的每一个部分都有一个 LED 发光管。

连通性线缆测试仪能够测试出的双绞线电缆故障有开路、短路、线对交叉、电缆端接不良。

测试仪工作的时候，基座部分对双绞线电缆链路的每个线对加一个电压，电压依次加到线对 1～线对 4 上。如果线对 1 是连通的，远端部分的第一个 LED 就会亮；如果线对 1 有问题，远端部分的第一个 LED 就不会亮，这个工序在 4 个线对上依次进行。

连通性线缆测试仪通过基座部分和远端部分的 LED 还可以诊断其他的配线错误。如果远端的 LED 光线很弱，表示双绞线电缆链路端接不良，或者是电缆链路中的某些地方线路接触不良，导致线对上的损耗过大。如果远端部分的几个 LED 同时亮了，说明电缆中存在短路。如果测试时发现在基座部分的线对 1 的 LED 亮的时候，远端部分的另一个线对的 LED 也亮了，表明电缆线路的某些地方有线对交叉。

连通性线缆测试仪的优势是操作简单，可以快捷地进行双绞线电缆链路的测试，但不能在指定的频率范围测试衰减和近端串扰。

4. 电缆分析仪

电缆分析仪是一种更为复杂的测试设备，常用品牌有 FLUKE 和 Agilent，FLUKE DTX-1800 电缆分析仪的外观如图 5-4 所示，这种分析仪可以进行基本的连通性测试，也可以进行比较复杂的电缆性能测试，能够完成指定频率范围内衰减、近端串扰等各种参数的测试，从而确定是否能够支持高速网络。

图 5-3　连通性线缆测试仪的外观　　　　图 5-4　FLUKE DTX-1800 电缆分析仪的外观

5.1.2　光缆测试设备

用于光缆的测试设备与用于铜缆的不同，每个测试设备都必须能够产生光脉冲，然后在光纤链路的另一端对其测试。不同的测试设备具有不同的测试功能，应用于不同的测试环境。一些设备只可以进行基本的连通性测试，有些设备则可以在不同的波长上进行全面测试。

1. 光纤识别仪

光纤识别仪是一种简单的光纤测试设备，这种设备可以用来定位没有标记的光缆或诊断布线链路中存在的故障，光纤识别仪的外观如图 5-5 所示。光纤识别仪可测试长度在 5km 以上的光纤链路段，在定位和处理光纤线路的故障时省时。

光纤识别仪可对光纤做无损检测，可以把顶棚上或光纤配线盘上的光纤识别出来，这类似于音频生成器和音频放大器测试铜缆时执行的功能。光纤识别仪是一个很灵敏的光电探测器。当一根光纤弯曲，有些光会从纤芯中辐射出来，这些光就会被光纤识别器检测到，技术人员根据这些光可以将多芯光缆或是接插板中的单根光纤从其他光纤中标示出来。光纤识别器可以在不影响传输的情况下检测光的状态及方向。

图5-5　光纤识别仪的外观

光纤识别仪是可以识别光纤链路中故障的设备。这种设备的功能类似于连通性线缆测试仪，它可以从视觉上识别出光纤链路的断开或光纤断裂。故障定位仪产生的光脉冲较强，因此在诊断长途线路的光缆故障时，故障定位仪更有优势。

2. 光功率计

光功率计是测试光纤布线链路损耗的基本测试设备，它可以测量光缆的出纤光功率，光功率计的外观如图5-6所示。在光纤链路段，用光功率计可以测量信号的损耗和衰减。

大多数光功率计是手持式设备，工作波长是$0.85\mu m$、$1.31\mu m$和$1.55\mu m$。光功率计和激光光源一起使用，是测试评估楼内、楼区布线多模光缆和野外单模光缆最常用的测试设备。

3. 红光笔

进行光功率测量时必须要有一个稳定的光源。光纤测试光源可以产生稳定的光脉冲。光纤测试光源和光功率计一起使用，这样，功率计就可以测试出光纤链路段的损耗。

在工程测试中使用的测试光源一般又称红光笔、通光笔，红光笔的外观如图5-7所示。红光笔小巧轻便，输出人眼可见的红色激光，可高放进入单模和多模光纤。用光纤连接器把红光笔发出的光引入光纤，可作为多芯光缆中芯线的对照。检查OTDR无法查到的光纤故障点（断点、开始或末尾的光纤缺陷）和因微弯引起的高损耗区段，例如光纤跳线、尾纤、接续盒中的光纤芯线或裸光纤（素线）等。光纤识别距离可达8km以上，是每个光纤技术人员都需要配备的检修工具。

4. 光损耗测试仪

光损耗测试仪是由光功率计和光纤测试光源组合在一起构成的，光损耗测试仪的外观如图5-8所示。光损耗测试仪包括所有进行链路段测试所必需的光纤跳线、连接器和耦合器。光损耗测试仪可以用来测试单模光缆和多模光缆。用于测试多模光缆的光损耗测试仪有一个LED光源，可以产生$0.85\mu m$、$1.31\mu m$的光；用于测试单模光缆的光损耗测试仪有一个激光光源，可以产生$1.31\mu m$、$1.55\mu m$的光。

图5-6　光功率计的外观

图5-7　红光笔的外观

图5-8　光损耗测试仪的外观

5. 光时域反射仪

光时域反射仪（OTDR）是最复杂的光纤测试设备，OTDR可以进行光纤损耗的测试，也可以进行长度测试，还可以确定光纤链路中故障引起的原因和故障位置，OTDR 的外观如图 5-9 所示。

OTDR 使用的是激光光源，而不像光功率计那样使用 LED。OTDR 基于回波散射的工作方式，光纤连接器和接续子在连接点上都会将部分光反射回来。OTDR 通过测量回波散射的量来检测链路中的光纤连接器和接续子。OTDR 还可以通过测量回波散射信号返回的时间来确定链路的距离，它把这些信息输出到一个曲线打印端，输出的数据可用于分析光纤链路特性或者作为文件备份。

图 5-9　OTDR 的外观

5.2　测试标准和测试类型

5.2.1　测试的标准和内容

综合布线系统的测试标准是与其设计标准对应的，国际上制定综合布线测试标准的组织主要有国际标准化委员会 ISO/IEC、欧洲标准化委员会 CENELEC 和北美的 TIA/EIA 等。

北美标准 TIA/EIA 分为 TIA/EIA-568A 和 TIA/EIA-568B 两个测试标准，是目前使用最多的标准。TIA/EIA-568A 标准于 1995 年 10 月由美国国家标准协会制定并正式通过，它定义了电缆布线现场测试的内容、方法及对测试仪器的要求。其定义的内容已经成为测试 3 类、4 类、5 类双绞线链路的基本内容，包括 TIA/EIA-568A TSB-67、TIA/EIA-568A TSB-95、TIA/EIA-568A-5-2000。TIA/EIA-568B 标准是 TIA/EIA-568A 标准的升级版，包括 5 类、超 5 类和 6 类系统要求。

我国使用的国家标准为《综合布线系统工程验收规范》，该标准包括了目前使用最广泛的 5 类、超 5 类和 6 类双绞线和光缆的测试方法。

在 TIA/EIA、ISO/IEC 及我国国家标准中，定义的 5 类电缆现场测试项目主要有接线图、长度、近端串扰、衰减、衰减串扰比和回波损耗。

5.2.2　测试类型

布线测试一般分为验证测试和认证测试两类。

1. 验证测试

验证测试又叫随工测试，是边施工边测试，主要检测线缆的质量和安装工艺，及时发现并纠正问题，避免返工。验证测试不需要使用复杂的仪器，只需要使用能测试接线通断和线缆长度的测试仪。因为在竣工检查中，短路、反接、线对交叉、链路超长等问题占整个工程质量问题的 80%，这些问题应在施工初期通过重新端接、调换线缆、修正布线路由等措施来解决。

2. 认证测试

认证测试又叫验收测试，是所有测试工作中最重要的环节，是在工程验收时对综合布线系统的安装、电气特性、传输性能、设计、选材和施工质量的全面检验。综合布线系统的性能不仅取决于综合布线方案设计和工程中所选器材的质量，也取决于施工工艺。认证测试是检验工程设计水平和工程质量总体水平行之有效的手段，所以综合布线系统必须进行认证测试。

认证测试通常分为两种类型，即自我认证测试和第三方认证测试。

(1) 自我认证测试 这项测试由施工方自行组织，按照设计施工方案对所有链路进行测试，确保每条链路符合标准要求。如果发现未达标链路，应进行整改，直至复测合格，同时需要编制确切的测试技术档案，写出测试报告，交建设方存档。测试记录应准确、完整、规范，便于查阅。由施工方组织的认证测试可邀请设计、施工监理方等共同参与，建设方也应派遣网络管理人员参加测试工作，了解测试工程，方便日后的管理与维护。

认证测试是设计、施工方对所承担的工程进行的总结性质量检验，承担认证测试工作的人员应当经过测试仪供应商的技术培训并获得资格认证。

(2) 第三方认证测试 综合布线系统是计算机网络的基础工程，工程质量直接影响到建设方的计算机网络能否按照设计要求顺利开通，网络系统能否正常运转，这是建设方最关心的问题。随着网络技术的发展，对综合布线系统施工工艺的要求不断提高，越来越多的建设方不但要求综合布线施工方提供综合布线系统的自我认证测试，也会委托第三方对系统进行验收测试，以确保布线施工的质量，这是对综合布线系统验收质量管理的规范化做法。

第三方认证测试目前主要采用两种做法：第三方全面测试和第三方抽检。若对工程要求高，使用器材类别高，投资较大的工程，建设方除要求施工方做自我认证外，还应邀请第三方对工程做全面验收测试。

5.3 电缆测试

5.3.1 电缆认证测试模型

在我国国家标准《综合布线系统工程验收规范》（GB/T 50312—2016）中，规定了3种测试模型：基本链路模型、永久链路模型和信道模型。3类和5类布线系统按照基本链路模型和信道模型进行测试，超5类和6类布线系统按照永久链路模型和信道模型进行测试。

1. 基本链路模型

基本链路包括3部分：最长为90m的在建筑物中固定的水平电缆、水平电缆两端的接插件（一端为工作区信息插座，一端为楼层配线架）和两条与现场测试仪相连的2m测试设备跳线。基本链路的模型如图5-10所示，其中F是信息插座与楼层配线架之间的电缆，G、E是测试设备跳线。F是综合布线施工承包商负责安装的，链路质量由其负责，所以基本链路又称为承包商链路。

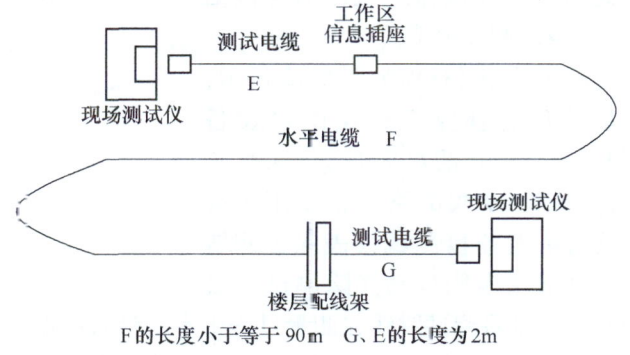

图5-10 基本链路的模型

2. 信道模型

信道指从网络设备跳线到工作区跳线的端到端连接，它包括最长为90m在建筑物中固定的水平电缆、水平电缆两端的接插件（一端为工作区信息插座，另一端为楼层配线架）、一个靠近工作区的可选的附属转接连接器、最长为 10m 的用于楼层配线架和用户终端的连接跳线，信道最长为 100m。信道的模型如图 5-11 所示，其中 A 是用户端连接跳线，B 是转接电缆，C 是水平电缆，D 是最长为 2m 的跳线，E 是配线架到网络设备的连接跳线，B 和 C 总计最大长度为 90m，A、D 和 E 总计最大长度为 10m。信道模型测试网络设备到计算机之间的端到端整体性能，是用户所关心的，所以信道又称为用户链路。

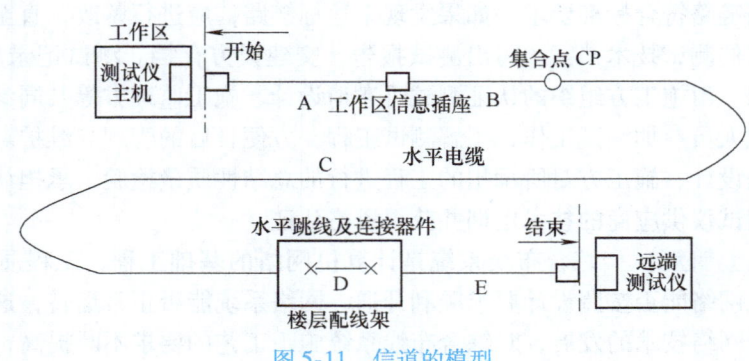

图 5-11 信道的模型

基本链路模型和信道模型的区别是在于基本链路模型不包含用户使用的跳线，包括管理间配线架到交换机的跳线和工作区用户终端与信息插座之间的跳线。测试基本链路时，采用测试仪专配的测试跳线连接测试仪接口；测试信道时，直接使用链路两端的跳线连接测试仪接口。

3. 永久链路模型

基本链路包含的两根各 2m 长的测试跳线是与测试设备配套使用的，虽然它的品质很高，但随着测试次数的增加，测试跳线的电气性能指标可能发生变化并导致测试误差，这种误差会包含在总的测试结果中，直接影响到测试结果的精度。因此，超 5 类、6 类标准中，测试模型有了变化，弃用了基本链路的定义，而采用永久链路的定义。

永久链路又称为固定链路，由最长为 90m 的水平电缆、水平电缆两端的接插件（一端为工作区信息插座，一端为楼层配线架）和链路可选的转接连接器组成，不再包括两端的 2m 测试电缆。

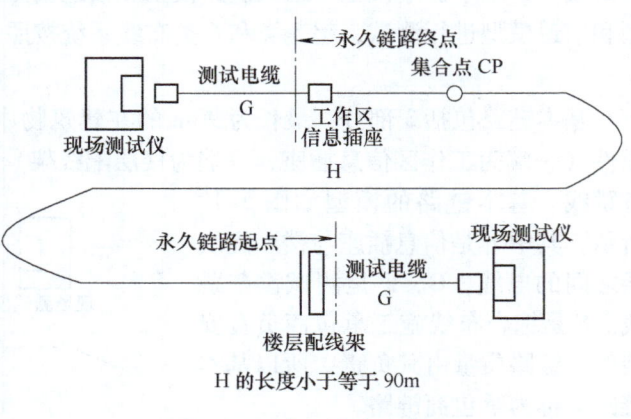

图 5-12 永久链路的模型

永久链路的模型如图 5-12 所示，H 是从信息插座至楼层配线设备（包括集合点）的水平电缆，最大长度为 90m。永久链路模型使用永久链路适配器连接测试仪表和被测链路，测试仪表能自动扣除测试跳线的影响，排除测试跳线在测量过程中本身带来的误差，因此从技术上消除了测试跳线对整个链路测试结果的影响，使测试结果更准确、合理。

永久链路由综合布线施工方负责完成。通常，综合布线施工方在完成综合布线的时候，布线系统所要连接的设备、器件并没有完全安装，而且并不是所有的电缆都会连接到设备或器件上，所以综合布线施工方只能向用户提交一份基于永久链路模型的测试报告。从用户角度来说，用于高速网络传输或其他通信传输的链路不仅仅要包含永久链路部分，还应包括用于连接设备的用户电缆，所以会希望得到基于信道模型的测试报告。无论采用何种模型，都是为了认证布线工程是否达到设计要求。在实际测试应用中，选择哪一种测量连接方式，应根据需求和实际情况决定。使用信道模型更符合实际使用的情况，但是很难实现，所以对于超5类和6类综合布线系统，一般工程验收测试都选择永久链路模型。

5.3.2 电缆认证测试内容

对于不同等级电缆，需要测试的参数并不相同，在我国国家标准《综合布线系统工程验收规范》（GB/T 50312—2016）中，主要规定了以下测试内容：

（1）接线图的测试　主要测试水平电缆终接在工作区或管理间配线设备的8位模块式通用插座安装连接是否正确。

（2）线路长度测试　测试布线链路及信道线缆长度是否在测试连接图所要求的极限长度范围之内。

（3）主要性能参数测试　包括近端串扰、衰减、回波损耗、衰减串扰比、直流电阻、传输延迟、传输偏差等。

5.4 光缆测试

光缆安装的最后一步就是对光纤进行测试，测试目的是为了检测光缆敷设和端接是否正确。光纤测试主要包括衰减测试和长度测试，其他还有带宽测试和故障定位测试。带宽是光纤链路性能的一个重要参数，但光纤安装过程中一般不会影响这项性能参数，所以在验收测试中很少进行。

根据我国国家标准《综合布线系统工程验收规范》（GB/T 50312—2016）的规定，光纤链路主要测试以下内容。

1. 光纤链路长度

在施工前进行器材检验时，一般检查光纤链路的连通性，然后采用光纤损耗测试仪（稳定光源和光功率计组合）对光纤链路的长度进行测试。光纤链路是指光纤布线系统两个端接点之间的所有部件，包括光纤、光纤连接器、光纤接续子等。

水平光纤链路从水平跳接点到工作区信息插座的最大长度为100m，它只需0.85μm和1.3μm的波长，要在一个波长内单方向进行测试。

主干多模光缆链路在0.85μm和1.3μm波段进行单向测试，链路在长度上的要求是从主跳接到中间跳接的最大长度为1700m，从中间跳接到水平跳接最大长度是300m，从主跳接到水平跳接的最大长度是2000m。

主干单模光缆链路应该在1.3μm和1.55μm波段进行单向测试，链路在长度上的要求是从主跳接到中间跳接的最大长度是2700m，从中间跳接到水平跳接的最大长度是300m，从主跳接到水平跳接的最大长度是3000m。

2. 光纤链路衰减

对光纤链路（包括光纤、连接器件和熔接点）的衰减进行测试，同时测试光纤跳线的衰减，可作为设备连接光缆的衰减参考值，整个光纤信道的衰减应符合设计要求。

引起光纤链路损耗的原因主要包括：

（1）材料原因　材料原因包括光纤纯度不够，或材料密度的变化太大。

（2）光缆的弯曲　光缆的弯曲包括安装弯曲和产品制造弯曲问题，光缆对弯曲非常敏感，如果弯曲半径大于两倍的光缆外径，大部分光将保留在光缆核心内。单模光缆比多模光缆更敏感。

（3）光缆接续以及连接的耦合损耗　这主要由截面不匹配、间隙损耗、轴心不匹配和角度不匹配造成。

（4）不洁或连接质量不良　这主要由不洁净的连接、灰尘阻碍光传输、手指的油污影响光传输、不洁净光缆连接器等造成。

因为在综合布线系统中，光纤链路的距离较短，因此与波长有关的衰减可以忽略，光纤连接器损耗和光纤接续子损耗是水平光纤链路的主要损耗。

课后练习题

1. 填空题

（1）电缆认证测试的主要性能参数有_____。

（2）目前综合布线工程中，常用的测试标准为_____标准。

（3）TSB-67 标准定义了两种电缆测试模型，即_____模型、_____模型。TIA/EIA-568B 中定义的 3 种电缆链路模型分别为_____模型、_____模型和_____模型。

2. 选择题

（1）不属于光缆测试参数的是（　　）。

A. 回波损耗　　B. 近端串扰　　C. 衰减　　D. 插入损耗

（2）下列有关电缆认证测试的描述，错误的是_____。

A. 认证测试主要是确定电缆及相关连接硬件和安装工艺是否达到规范和设计要求

B. 认证测试是对通道性能进行确认

C. 认证测试需要使用能满足特定要求的测试仪器并按照一定的测试方法进行测试

D. 认证测试不能检测电缆链路或通道中连接的连通性

（3）下列有关衰减测试的描述，错误的是（　　）。

A. 在 TIA/EIA-568B 中，衰减已被定义为插入损耗

B. 通常布线电缆的衰减还是频率和温度的连续函数

C. 通道链路的总衰减是布线电缆的衰减和连接件的衰减之和

D. 测量衰减的常用方法是使用扫描仪在不同频率上发送 0dB 信号，用选频表在链路远端测试各特定频率点接收的电平值

（4）光纤链路测试的主要内容为（　　）。

A. 长度　　B. 近端串扰　　C. 衰减　　D. 插入损耗

3. 简答题

（1）请说明认证测试中基本链路模型、信道模型和永久链路模型的概念，它们之间的区别，并说出测试接法的不同之处。

（2）试比较连通性线缆测试仪和电缆认证测试仪在功能上的区别，并说明各自的应用领域。

第6章 综合布线工程操作实训

6.1 管道弯曲、钢丝穿放、牵引双绞线布线

6.1.1 实训目标及实训设备

1. 实训目标

通过该项实训,掌握细管管道弯曲、钢丝穿放、牵引双绞线布线的一般方法。实训内容包括管道弯曲、钢丝穿放、放线、线缆牵引。

2. 实训设备

完成该实训所需要的材料有双绞线、PVC 电缆管道(安装在墙面)、信息插座底盒、牵引用的钢丝。

完成该实训所需要的布线工具有弯管弹簧、斜口钳、尖嘴钳。弯管弹簧的外观如图 6-1 所示,斜口钳的外观如图 6-2 所示,尖嘴钳的外观如图 6-3 所示。

图 6-1 弯管弹簧的外观

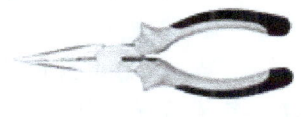
图 6-2 斜口钳的外观

图 6-3 尖嘴钳的外观

6.1.2 实训要点及步骤

1. 管道弯曲

(1) 设计线管走向 在安装好底盒及固定卡口的墙面上分别选择一个水平装有束节的底盒和垂直装有束节的底盒,在两个底盒之间设计好管线的走向,必须走有固定卡口的线路。底盒安装的效果如图 6-4 所示。

a) 垂直装有束节的底盒

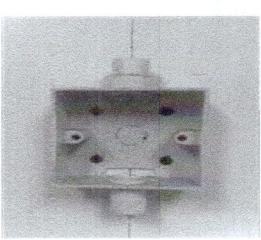
b) 固定卡口

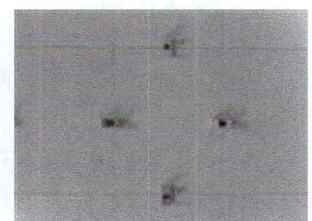
c) 水平装有束节的底盒

图 6-4 底盒安装的效果

(2) 线管加工 线管选用 PVC 管,此种线管切割时可用手工锯开,截取管子时应有一定的余量,一般而言,线槽内的线管最好不采用接长法,而将短管用于短处。如确有必要

接长时，可在相同管径的端头套上一小段大一号的线管，用专用接口胶粘牢。弯曲时可直接冷弯，为防止塑料管弯曲时弯管处变形，内部应塞入弯管弹簧（事先将弯管弹簧穿入细钢丝，弯管弹簧直径略小于线管直径），弯管弹簧的使用如图6-5所示。弯管弹簧中心对准塑料管需要弯曲的中心（事先估计好细钢丝的长度，保证弯管弹簧中心对准塑料管需要弯曲的中心），开始用力，直到弯到所需的角度，PVC管的弯曲操作如图6-6所示。弯后将弹簧取出。

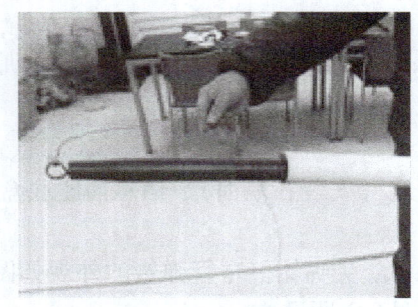
图6-5 弯管弹簧的使用

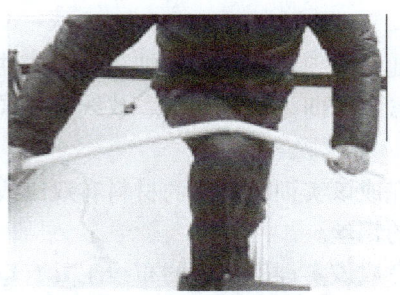
图6-6 PVC管的弯曲操作

（3）线管敷设　将线管伸入底盒处的束节孔内，将管线安装在预定的线路上，安装好的PVC管的外观如图6-7所示。

2. 钢丝穿放

在已经安装好电缆管道的墙面上选择好一条传输通道作为穿线的电缆管道。将钢丝弯一小勾，从管线穿入（穿不动的时候可以用手旋转搅动，也可以用另一根带勾钢丝在管线另一头穿入搅动，以便勾住原来那根线缆）。

3. 放线

（1）从线缆箱中拉线　操作步骤如下：

1）除去塑料塞。

2）通过出线孔拉出3～5cm的线缆。

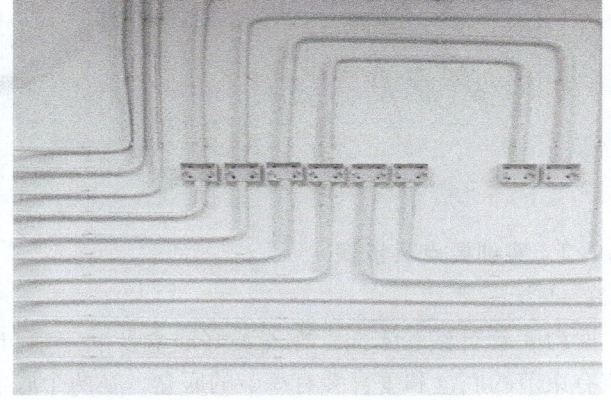
图6-7 安装好的PVC管的外观

3）拉出所要求长度的线缆，割断它，将线缆滑回到槽中，留3～5cm伸出在外面。

4）重新插上塞子以固定线缆。

（2）线缆处理　操作步骤如下：

1）使用斜口钳在塑料外衣上切开"一"字形的缝。

2）找到尼龙撕剥线。

3）一只手紧握电缆，用尖嘴钳夹紧尼龙撕剥线的一端，并把它从线缆的一端拉开，拉的长度根据需要而定。

4）割去无用的电缆外衣。

4. 线缆牵引

（1）牵引多条 4 对双绞线电缆　操作步骤如下：

1）将多条线缆聚集成一束，并使它们的末端对齐。

2）用电工胶带或胶布紧绕在线缆束外面，在末端外绕 50～70mm 长。

3）将拉绳穿过电工胶带缠好的电缆，并打好结。

4）牵引拉绳，同时将与拉绳打好结的线缆穿过管道，线缆牵引的操作如图 6-8 所示。

如果在拉线缆的过程中，连接点散开了，则要收回线缆和拉绳重新制作更牢固的连接。为了更顺畅地牵引线缆，可以除去一些绝缘层，暴露出 5cm 的裸线并分成两束，并将两束导线互相缠绕起来形成环，将拉绳穿过此环并打结，然后用电工胶布缠绕连接点周围，要缠得结实和平滑。

（2）牵引单条 25 对双绞线　操作步骤如下：

1）将线缆向后弯曲成为一个环，直径为 15～30cm，并使线缆末端与线缆本身绞紧。

2）用电工胶带紧紧缠在绞好的线缆上，以加固此环。

3）把拉绳连接到线缆环上，用电工胶布紧紧将连接点包扎起来。

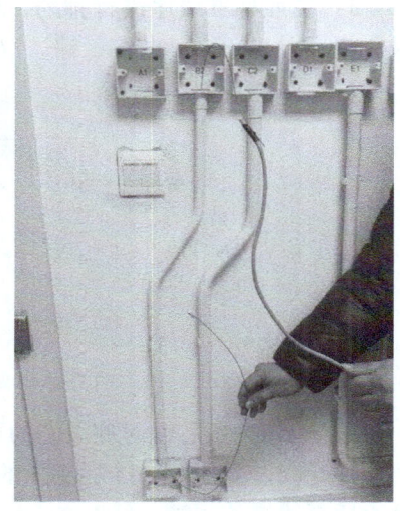

图 6-8　线缆牵引的操作

4）牵引拉绳，同步将与拉绳打好结的线缆穿过管道。

6.2　双绞线跳线制作及测试

6.2.1　实训目标及实训环境

1. 实训目标

了解双绞线的结构和标志，能熟练掌握 TIA/EIA-568A、TIA/EIA-568B 两种制线标准，独立制作直通双绞线和交叉双绞线，掌握双绞线跳线的测试。

对于双绞线的结构和标志，主要了解超 5 类 4 对非屏蔽双绞线的基本结构，注意观察双绞线 4 个线对的色标和绞距，观察外包皮上的文字标志，并与 6 类双绞线和屏蔽双绞线进行比较。

2. 实训耗材

实训需要的耗材为双绞线（超 5 类 4 对 UTP）、RJ45 水晶头。

3. 实训工具

实训需要的工具为 RJ45 压线钳、连通性线缆测试仪。连通性线缆测试仪的外观如图 6-9 所示。

图 6-9　连通性线缆测试仪的外观

6.2.2　实训要点及步骤

1. 双绞线跳线的制作

1）利用压线钳的剪线刀口剪取适当长度的双绞线。

2）将双绞线的外表皮剥除，使用剥线器，夹住双绞线旋转一圈，剥去 20mm 左右的外表皮，注意不要太用力，防止损坏内部的 4 对双绞线。

3）除去外套层，采用旋转的方式将双绞线外套慢慢抽出，双绞线的剥线效果如图 6-10 所示。

4）将 4 对双绞线分开，并检查双绞线是否有损坏，如有损坏或断裂则重复上面第 1 至第 3 步，如没有则拆开成对的双绞线，使它们不扭曲在一起，以看到每一条线。

5）按照标准线序进行排列，选择 TIA/EIA-568B 线序标准，线序依次为白橙、橙、白绿、蓝、白蓝、绿、白棕、棕。双绞线的理线效果如图 6-11 所示。

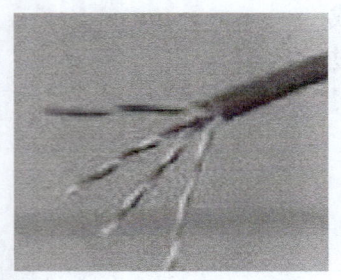

图 6-10　双绞线的剥线效果

图 6-11　双绞线的理线效果

6）剪切各条芯线对使它们的顶端平齐，剪切之后露出来的线对长度大约为 14mm。

7）将线对插入 RJ45 插头内的 8 个线槽，一直插到线槽的顶端。从水晶头侧面可以判断是否插至线槽的顶端。线对在 RJ45 插头头部能够看到铜芯，外护套应进入水晶头内。

8）确认所有导线都插到位和线序正确后，使用制线钳的压线口，将 RJ45 水晶头固定在压线口，将突出在外面的针脚全部压入水晶头内。RJ45 水晶头的压线操作如图 6-12 所示，RJ45 水晶头的压线效果如图 6-13 所示。

图 6-12　RJ45 水晶头的压线操作

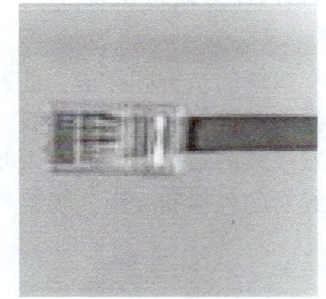

图 6-13　RJ45 水晶头的压线效果

9）制作交叉线，同样使用 TIA/EIA-568B 线序标准，将双绞线的一端水晶头压制好，另一端线序采用 TIA/EIA-568A 线序标准，线序依次为白绿、绿、白橙、蓝、白蓝、橙、白棕、棕。

2. 双绞线跳线的测试

用制作好的双绞线跳线连接连通性线缆测试仪的基座部分和远端部分，通电观察远端部分的相应位置上的 LED。如果发光，则相应线对导通；如不发光，则线对连通有问题，需要重新制作。

6.3　非屏蔽超 5 类信息插座打线及配线架打线操作

6.3.1　实训目标与实训环境

1. 实训目标

了解信息插座和配线架的结构，掌握双绞线与信息插座的连接操作和双绞线与配线架的连接操作，理解水平子系统的基本结构和配线架的作用。

2. 实训耗材

实训使用的耗材有双绞线（超 5 类 4 对 UTP）、25 对大对数电缆、RJ45 信息插座。

3. 实训工具

实训使用的工具有打线工具、拔线钳、尖嘴钳、双绞线跳线、计算机、集线器、信息插座面板、连通性线缆测试仪。

6.3.2　实训要点及步骤

1. 了解信息插座和配线架的结构

主要了解信息插座的结构、类型、功能和所适用的环境，了解 RJ45 网络配线架和 110 配线架的结构、功能和所适用的环境。

2. 双绞线与信息插座的连接操作

双绞线与信息插座的连接操作主要步骤如下：

1）剪合适长度的双绞线，使用剥线器夹住双绞线旋转一圈，剥去 20mm 左右的外表皮，采用旋转的方式将双绞线外套慢慢抽出。

2）将 4 对双绞线拆开，使它们不扭曲在一起，以便看到每一根线。按照信息模块上所指示的线序，稍用力将 8 根导线卡入相应的线槽中，信息模块上同时用色标标注 TIA/EIA-568A 和 TIA/EIA-568B 两种线序，应根据布线设计时的规定，采用与其他连接设备相同的线序。信息模块的理线效果如图 6-14 所示。

3）将打线工具的刀口对准信息模块上的线槽和导线，垂直向下用力，听到"咯"的一声，模块外多余的线即被剪断。将塑料防尘片沿缺口穿入双绞线，并固定于信息模块上，双手压紧防尘片，信息模块端接完成。信息模块的打线操作如图 6-15 所示。

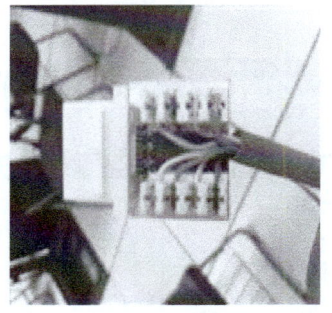
图 6-14　信息模块的理线效果

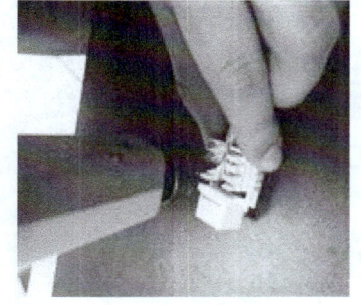
图 6-15　信息模块的打线操作

4）将完成压制的模块按在工作区面板相应的插槽内，听到"咯"的一声，说明两者已经固定在一起了，然后可以在工作区使用该模块。面板和信息模块的连接效果如图 6-16 所示。

3. 双绞线与 RJ45 网络配线架的连接

双绞线与 RJ45 网络配线架的连接操作步骤如下：

1）在双绞线的另外一头，利用剥线器剥除双绞线的绝缘包皮，电缆沿机柜两侧整理至配线架处。电缆整理操作如图 6-17 所示。

2）依据所执行的标准和配线架的类型，将双绞线的 4 对线按照正确颜色顺序分开，一般使用 TIA/EIA-568B 线序，依次为白蓝、蓝、白橙、橙、白绿、绿、白棕、棕。依据配线架上所指示的颜色，将导线一一卡入线槽。电缆打线操作如图 6-18 所示。

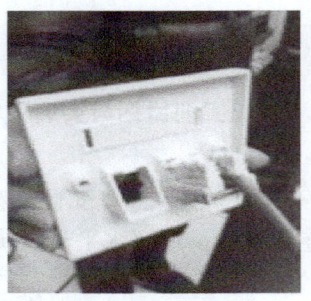

图 6-16 面板和信息模块的连接效果

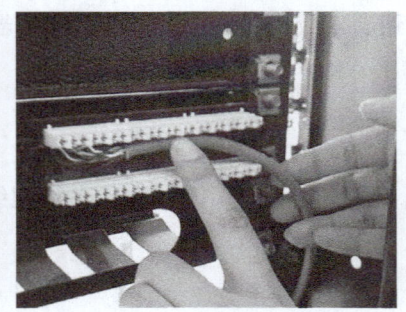 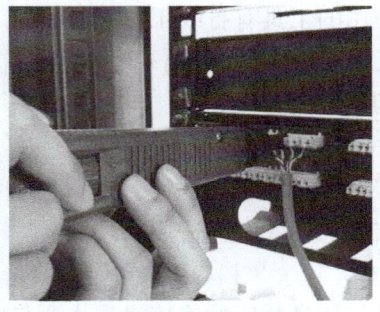

图 6-17 电缆整理操作　　　　图 6-18 电缆打线操作

3）利用打线工具端接配线架与双绞线。

4）重复前 3 步的操作，端接其他双绞线。

RJ45 网络配线架的打线效果如图 6-19 所示。

4. 大对数电缆与 110 配线架的连接操作

1）将 110 配线架固定到机柜合适位置。

2）从机柜进线处开始整理电缆，电缆沿机柜两侧整理至配线架处，并留出大约 25cm 的大对数电缆，用电工刀或剪刀把大对数电缆的外皮剥去，大对数电缆外皮剥线操作如图 6-20 所示，使用绑扎带固定好电缆，将电缆穿过 110 配线架一侧的进线孔，摆放至配线架打线处，大对数电缆穿线操作如图 6-21 所示。

 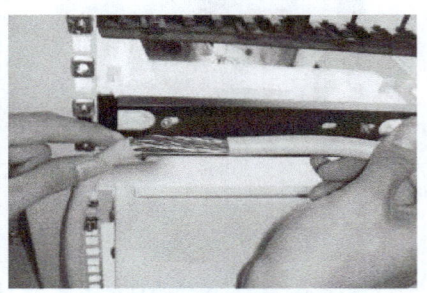

图 6-19 RJ45 网络配线架的打线效果　　　图 6-20 大对数电缆外皮剥线操作

3）25 对大对数线缆进行线序排线，首先进行主色分配，再按配色分配。通信电缆色谱排列：线缆主色为白、红、黑、黄、紫；线缆配色为蓝、橙、绿、棕、灰。一组线缆为 25 对，

以主色来分组,一共有5组,分别如下:
① 第1组:白蓝、白橙、白绿、白棕、白灰。
② 第2组:红蓝、红橙、红绿、红棕、红灰。
③ 第3组:黑蓝、黑橙、黑绿、黑棕、黑灰。
④ 第4组:黄蓝、黄橙、黄绿、黄棕、黄灰。
⑤ 第5组:紫蓝、紫橙、紫绿、紫棕、紫灰。
大对数电缆主色的分配效果如图6-22所示,大对数电缆配色的分配效果如图6-23所示。

图6-21 大对数电缆穿线操作

4)根据电缆色谱排列顺序,将对应颜色的线对逐一压入槽内,大对数电缆线槽内的理线效果如图6-24所示,然后使用110打线工具固定线对连接,同时将伸出槽位外多余的导线截断。注意:刀要与配线架垂直,刀口向外,大对数电缆的打线操作如图6-25所示。

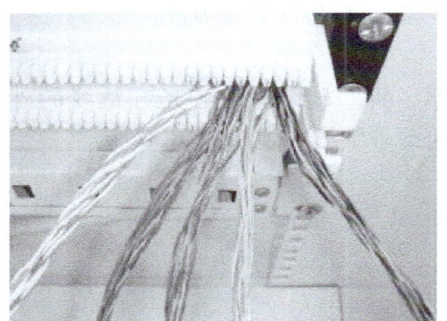

图6-22 大对数电缆主色的分配效果

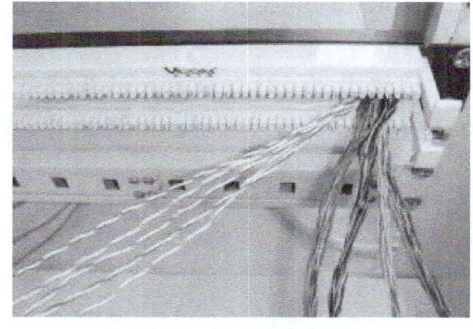

图6-23 大对数电缆配色的分配效果

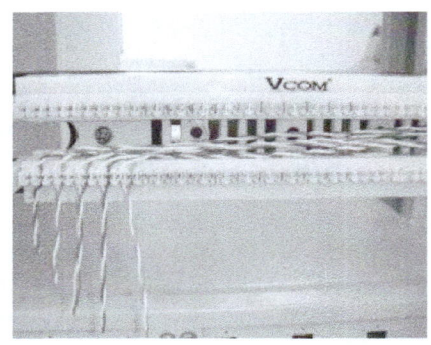

图6-24 大对数电缆线槽内的理线效果

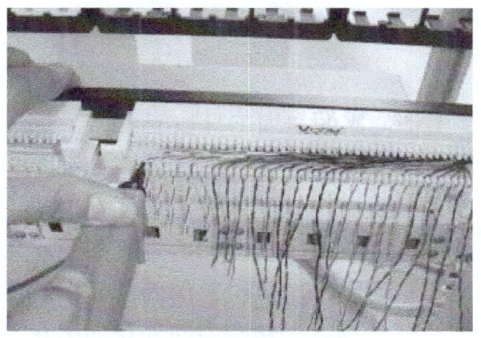

图6-25 大对数电缆的打线操作

5)准备5对打线工具和110连接块,将连接块放入5对打线工具中,把连接块垂直压入槽内,并贴上编号标签,配线模块压入线槽的操作如图6-26所示。在25对的110配线架基座上时连接端子的组合,应选择5个4对连接块和1个5对连接块,或7个3对连接块和1个4对连接块。从左到右完成白区、红区、黑区、黄区和紫区的安装,这与25对大对数电缆的安装色序一致。110语音配线架的打线效果如图6-27所示。

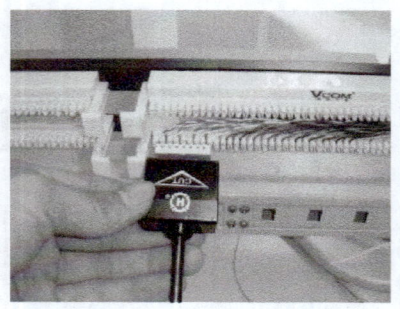

图 6-26　配线模块压入线槽的操作

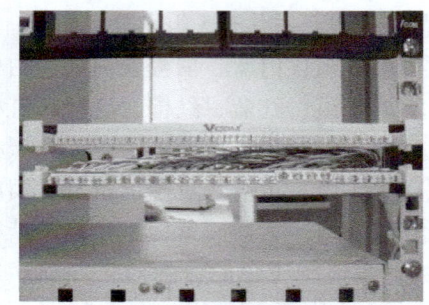

图 6-27　110 语音配线架的打线效果

6.4　光纤跳线的制作

6.4.1　实训目标与实训环境

1. 实训目标

掌握光纤跳线常用的 3 种光纤连接器 ST 型、SC 型、FC 型的制作方法。

2. 实训耗材

实训使用的耗材有单芯光纤跳线、光纤连接器、研磨砂纸。单芯光纤跳线的外观如图 6-28 所示，光纤连接器的外观如图 6-29 所示，研磨砂纸的外观如图 6-30 所示。

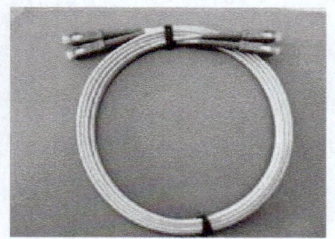

图 6-28　单芯光纤跳线的外观

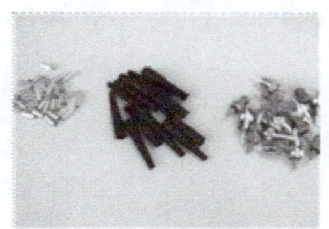

图 6-29　光纤连接器的外观

3. 实训工具

实训使用的实训工具如下：

（1）剥线钳　剥线钳的外观如图 6-31 所示。
（2）针孔　针孔的外观如图 6-32 所示。
（3）压线钳　压线钳的外观如图 6-33 所示。
（4）烘干机　烘干机的外观如图 6-34 所示。
（5）切割刀　切割刀的外观如图 6-35 所示。
（6）研磨盘　研磨盘的外观如图 6-36 所示。

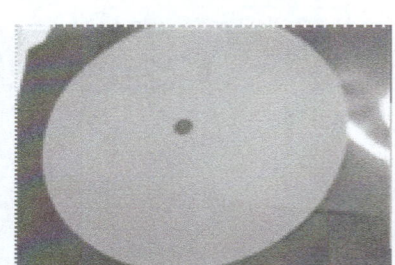

图 6-30　研磨砂纸的外观

图 6-31　剥线钳的外观

图 6-32　针孔的外观

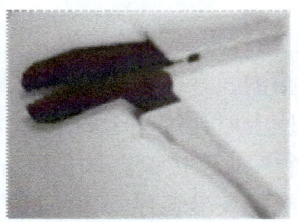

图 6-33　压线钳的外观

图 6-34 烘干机的外观

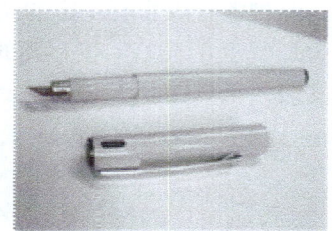

图 6-35 切割刀的外观

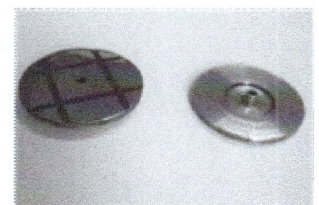

图 6-36 研磨盘的外观

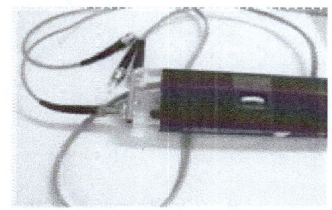

图 6-37 显微镜的外观

（7）显微镜　显微镜的外观如图 6-37 所示。

4. 光纤跳线制作实训注意事项

光纤（光导纤维的简称）犹如人类的头发一样细小，在操作时要小心以避免伤害到皮肤。曾经有人因为光纤进入血管而死亡，注意光导纤维不容易被 X 光检测到，当光纤进入人体后将随血液流动，一旦进入心脏地带就会引发生命危险，因此在进行光纤研磨操作时，应采取必要的保护措施。

（1）安全的工作服　穿上合适的工作服，会增强安全感，放心地和其他人一起高效率地工作。一般情况下，在研磨实训中要求穿着长袖的、面料厚实的外衣。

（2）安全眼镜　在一些环境中，带上安全眼镜能保护眼睛，从而能减少意外事故的发生。能防止光纤进入眼睛，在选购安全眼镜时应选择受外力而不易破碎或损坏的高质量眼镜。

（3）手套　在进行光纤研磨、熔接等操作时，手套是很有用处的，手套能防止细小的光纤刺入人体，保护操作者的安全。

（4）安全工作区　安全工作区是指进行光纤研磨操作的地点。在选择时应避免选择那些污染严重、有灰尘和污染物的地点，因为在这种地方进行光纤的端接，可能会影响端接的效果。此外也不能选择那些有风区作为工作区，因为在这些地方进行光纤的端接存在一定的安全隐患，空气的流动会导致光纤碎屑在空气中扩散或被吹离工作区，容易落到工作人员的皮肤上，引起危险。

6.4.2　实训要点及步骤

实训操作步骤如下：

（1）专用注射器的准备工作　从注射器上取下注射器帽，将附带金属注射器针头插入到针管上，旋转直至锁定，注射器的外观如图 6-38 所示。

注意：要保留注射器帽，以便盖住使用过的注射器并放入盒中供以后使用。

（2）混合胶水的配制　将白胶和黄胶以 3∶1 的比例进行调配，并将调配均匀的混合胶水灌入专用针管内，完成后放在一边待用。

注意：此种混合胶水有一定的使用时限，2～3h后会自动干硬，因此应及时使用。

（3）光纤护套的安装　按正确的方向将光纤护套（以及光纤的压接套）推过光纤，光纤护套的安装效果如图6-39所示。

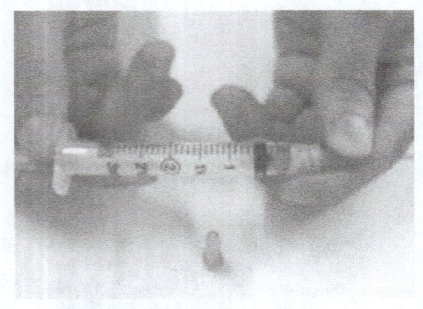

图6-38　注射器的外观

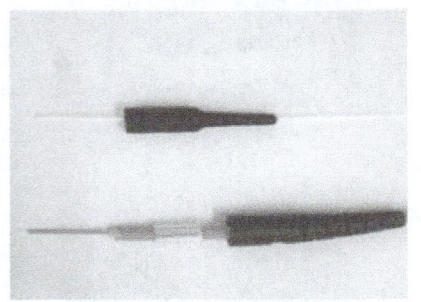

图6-39　光纤护套的安装效果

注意：在安装光纤护套时，请注意安装的先后顺序。

（4）外层剥除　使用剥线钳，将光纤的最外层进行剥离，注意在剥离时将剥线钳和光纤垂直，并且在剥线时请注意光纤剥线长度，光纤护套的剥除操作如图6-40所示。

注意：使用剥线钳时不宜用力过猛，以免导致光纤折断。

（5）测量长度　按模板所示，用提供的模板卡量出并用记号笔标记缓冲层长度，测量光纤长度的操作如图6-41所示。

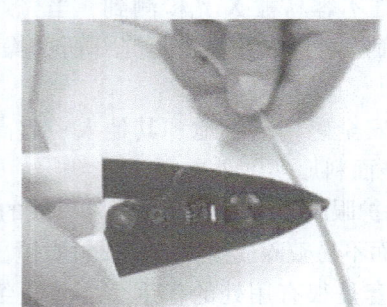

图6-40　光纤护套的剥除操作

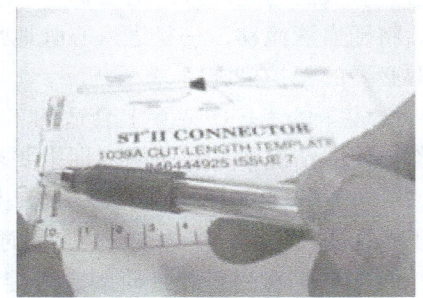

图6-41　测量光纤长度的操作

（6）剥离光纤包层、涂覆层　再次使用剥线钳，使用较小的锯齿口，分至少两次剥去包层、涂覆层，光纤涂覆层的剥除操作如图6-42所示。

注意：请先确保工具刀口没有包层屑，如有请事先清理。

（7）去除光纤表面残余物　剥去缓冲层后，使用专用的干燥无毛屑的清洁纸将光纤上的所有残余物都擦净，去除光纤表面残余物的操作如图6-43所示。

注意：必须擦去所有护套残余，否则光纤会无法装入连接器，擦净光纤后切勿再触摸光纤。

（8）将混合胶水注入ST型头内　抽出连接器的防尘盖，并将注射器的尖端插入ST型连接器直至稳定。然后向内注射混合胶水，直至ST型头的前端出现胶水，就可将注射器慢慢后移，移动的过程中也要注入混合胶水，胶水注入的操作如图6-44所示。使整个ST型头内都充满胶水，这样就能确保光纤和ST型头能紧密连接。注意不要注射太多，以防胶水倒流。

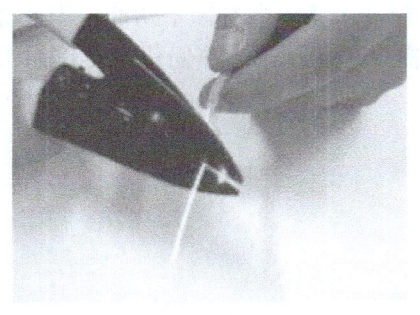
图 6-42 光纤涂覆层的剥除操作

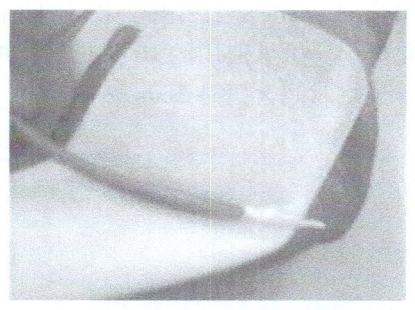
图 6-43 去除光纤表面残余物的操作

（9）**将光纤插入 ST 型头内**　将光纤插入 ST 型连接器内，由于已经注入了胶水，会有一定的润滑作用，但在具体操作时还是要靠个人的手感，直到光纤露出连接器外为止，光纤插入连接器的操作如图 6-45 所示。

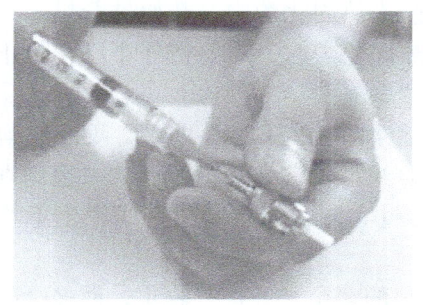
图 6-44 胶水注入的操作

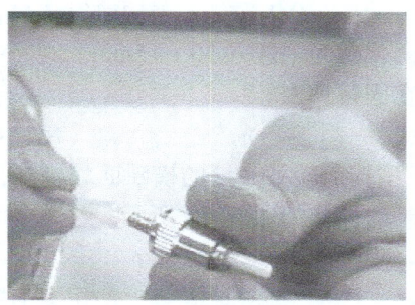
图 6-45 光纤插入连接器的操作

（10）**安装金属护套**　当成功完成上一步工作后，就可将金属护套上移，使其抵住连接器的肩部。注意金属护套主要是起到固定作用，通过压制，它能将 ST 型头和多模光纤紧密地连接在一起，安装金属护套的操作如图 6-46 所示。

（11）**使用冷压钳进行固定**　使用冷压钳进行压制，使 ST 型头和多模光纤紧密地连接在一起，使用冷压钳时应充分合拢，然后松开，冷压钳的固定操作如图 6-47 所示。

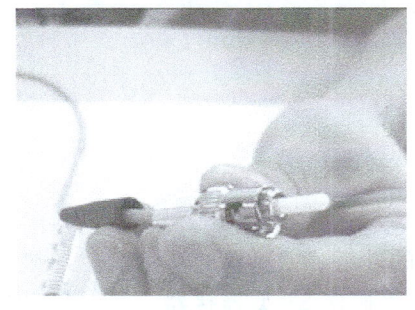
图 6-46 安装金属护套的操作

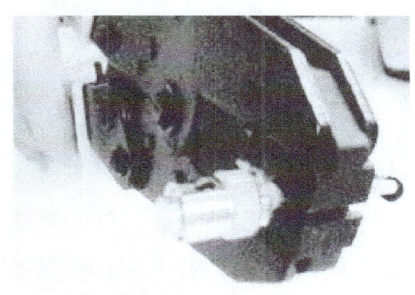
图 6-47 冷压钳的固定操作

（12）**再一次使用冷压钳进行固定**　完成第一次压制后，将 ST 型头转一个方向，再进行一次固定，从而确保光纤和 ST 型头之间连接的紧密性。

（13）**安装压力防护罩**　将压力防护罩上移，直至 ST 型连接器的肩部，使得整个连接部分都能得到保护，压力防护罩的安装效果如图 6-48 所示。

(14) 准备热固化　由于采用的是混合胶水，这种胶水并不带有速干功能，因此需要进行固化烘干。这里使用的 16 头热固化炉，在使用前需要进行预热，热固化的操作如图 6-49 所示，预热时间大概是 5min。

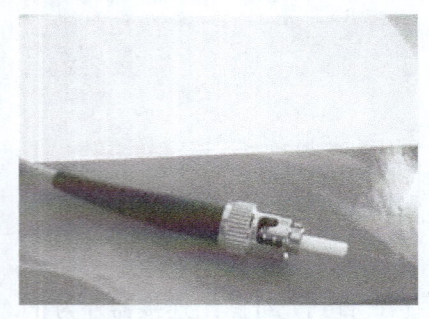

图 6-48　压力防护罩的安装效果

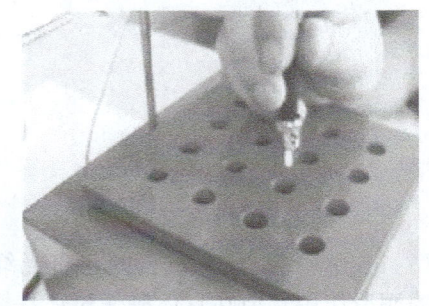

图 6-49　热固化的操作

(15) 开始热固化　当预热完成后，将 ST 型头插入热固化炉内，开始进行烘干，所需要的固化时间一般是 10~15min。在将 ST 型头插入热固化炉时，需要格外小心，防止光纤折断在固化炉内。

(16) 对多余光纤进行切割　用光纤切割刀的平整面抵住 ST 型头前端，要小心地在靠近 ST 型头前端和光纤的横断面处刻划，光纤切割的时候请仅在光纤横断面的一边刻划，光纤切割的操作如图 6-50 所示。注意刻划时请勿用力过大，以免光纤断路或产生不均匀的裂痕。

(17) 多余光纤的处理　使用双面胶布将切割下来的多余光纤进行收集，使多余的光纤粘在双面胶布上，并保存在安全的位置，多余光纤的处理操作如图 6-51 所示。由于光纤碎屑是不容易看到的，如果没有正确处理，玻璃纤维可能会造成严重伤害，故需要注意在研磨前请勿碰撞或刷光纤的端面。

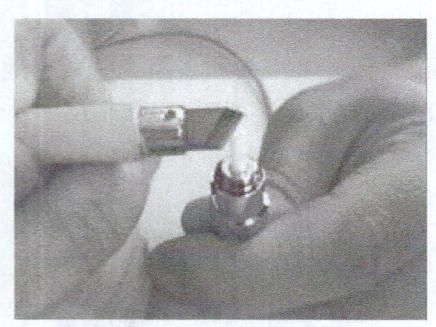

图 6-50　光纤切割的操作

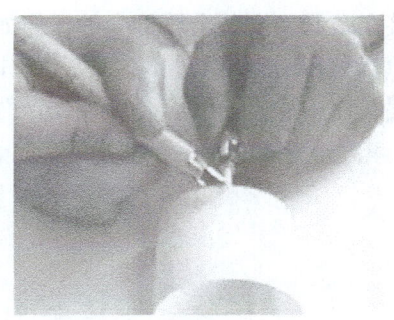

图 6-51　多余光纤的处理操作

(18) 初次研磨　在开始研磨前应先将各种类型的砂纸、研磨盘、清洁纸、护垫、纯净水准备好，使用 1 号砂纸（绿色）进行研磨。用一只手握住 ST 型连接器，另一只手握住砂纸，进行研磨。用 ST 型头前端，以"8"字方式轻刷研磨砂纸的糙面，以便将光纤的小突起磨成更光滑、更容易研磨的小尖端。保持此动作直至尖端几乎与光纤端面齐平，初次研磨的操作如图 6-52 所示。

(19) 正式研磨　使用 1 号砂纸（绿色），将 ST 型连接器插入研磨盘中，并在砂纸上倒上少许清水，加水的原因是为了使研磨更加顺畅，然后就可以开始研磨了。

轻轻握住 ST 型连接器，使用 "8" 字研磨方式，开始进行研磨，正式研磨的操作如图 6-53 所示，应掌握研磨的力度，防止光纤产生碎裂。研磨一段时间后，就应使用显微镜进行观察，查看端面是否平整，是否可进行细磨。

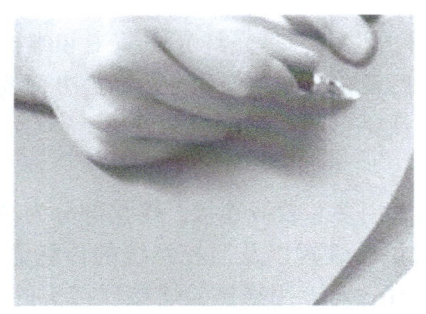

图 6-52　初次研磨的操作

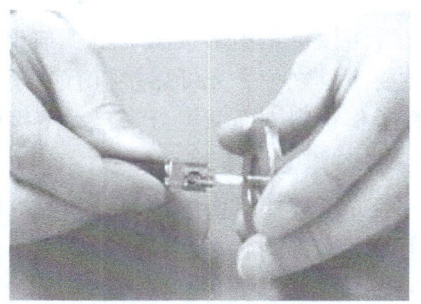

图 6-53　正式研磨的操作

（20）**开始细磨**　使用 2 号砂纸（黄色），轻轻握住连接器，施以中等压力并以 50～75mm（2～3in）的 "8" 字方式研磨 25～30 转。注意：研磨时，切勿用力过大。研磨一段时间后，应使用显微镜进行观察，查看端面是否平整，是否已经符合要求。细磨的操作过程如图 6-54 所示。

（21）**研磨后清洗连接器端面**　研磨结束后，需要使用清洁布将连接器的端面进行擦拭，将研磨时所遗留下来的纯净水、灰尘等一并除去，清洗连接器端面的操作如图 6-55 所示。

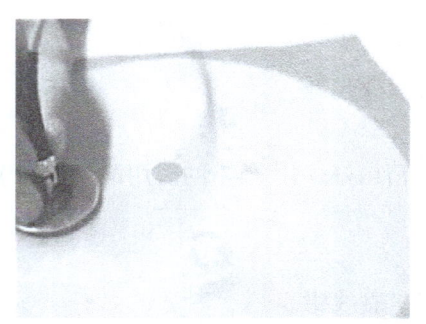

图 6-54　细磨的操作过程

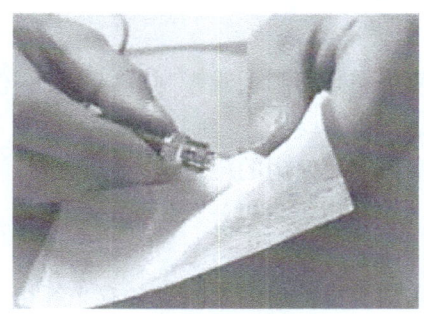

图 6-55　清洗连接器端面的操作

（22）**使用显微镜进行观察**　用显微镜观察研磨后的连接器端面，以确保在光纤上没有刮伤、空隙或碎屑，用显微镜观察连接端面的操作如图 6-56 所示。如果研磨质量可以接受，须将防尘帽盖到连接器上，以防止光纤损坏。

（23）**研磨设备的清洗保存**　从研磨盘上取下连接器，并使用浸润了 99% 试剂及无水酒精的无毛屑抹布或浸透酒精的垫子清洁连接器和矸磨盘。在储存前务必用蒸馏水或无离子水彻底冲洗砂纸的表面以保证砂纸在下次使用时处于最佳状态。

图 6-56　用显微镜观察连接端面的操作

通过上述步骤完成两个 ST 型头的研磨后，通过测试的光纤跳线就能被使用在各种网络通信中了。

6.5 光纤熔接操作

光纤熔接机是用熔接法（电弧放电式）连接光纤的设备，是光纤光缆施工和维护工作中的主要工具之一。光纤熔接机有多模和单模之分，后者在机械结构和分辨能力方面要求较高，在操作程序方面又可分为自动熔接机和非自动（或半自动）熔接机两种。

6.5.1 光纤熔接机原理

一般光纤熔接机由熔接部分和监控部分组成，两者用多芯软线连接。熔接部分为执行机构，主要有光纤调芯平台、放电电极、计数器、张力试验装置以及监控系统的传感器（TV 摄像头）和光学系统等。张力试验装置和光纤夹具装在一起，用来试验熔接后接头的强度，监控系统的传感器和光学系统结构如图 6-57 所示，由于光纤径向折射率各点分布不同，光线通过时透过率不同，经反射进入摄像管的光也不相同，这样即可分辨出待接光纤从而在监视器荧光屏上成像，从而监测和显示光纤耦合和熔接情况，并将信息反馈给中央处理机，后者再回控微调架执行调节，直至耦合最佳。

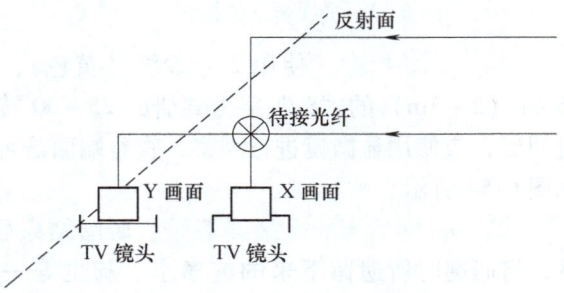

图 6-57　监控系统的传感器和光学系统结构

6.5.2 实训设备

1. 实训内容

使用切割刀和剥线钳制备裸光纤，使用熔接机熔接裸光纤。

2. 实训耗材

实训主要使用的耗材为光纤、酒精（99% 工业酒精最好，用 75% 的医用酒精也可）、无尘纸（用面巾纸也可）、热缩套管。

3. 实训工具

实训主要使用的工具设备有光纤熔接机、切割刀、剥线钳。

本实训使用的熔接机为住友的 TYPE-37SE，主要特点是快速、全自动熔接，结构紧凑、轻巧，彩色显示屏幕，可同时观测 X、Y 画面的光纤，体积小，重量轻，提供存储熔接数据等功能，适用光纤类型广泛，SM、MM、DSF 等光纤都可以。

本实训中的切割刀和熔接机的电极在使用过程中会产生一定的损耗。刀片有 12 个面，每个面可切割 2500 次左右，总计寿命为 30000 次；熔接机的电极一般放电超过 2000 次就要更换。

6.5.3 实训准备工作

1. 放电试验

1）放电试验的目的是让光纤熔接机适应当前的环境，放电更充分，熔接效果更好。

2）放电试验的操作步骤如下：

① 加入光纤，选择"放电试验"功能，按"SET"键即可，屏幕显示出放电强度，需进行多次放电直到出现"放电 OK"为止。

② 空放电，按"ARC"键。

3）需要进行放电试验的情况主要包括位置改变时（一般超过300km）、海拔变化时（一般超过1000m）、更换电极后、重新调节纬度后。注意并不是每次熔接前都要做放电试验。

2. 确认所熔接的光纤类型和需要加热的热缩套管类型

（1）光纤类型的选择　在熔接模式中选择 SMF、MF、DSF、NZDF 等。

（2）热缩套管类型的选择　在加热模式中选择，一般热缩套管分 40mm、60mm 两种，当然也有生产厂家按照自己生产的光纤熔接机来定做热缩套管，但不要让其出现不匹配现象。

6.5.4 实训步骤

1. 制备光纤

光纤包括纤芯、涂覆层、包层3个组成部分，要熔接的是裸纤，就是纤芯。制备过程如下：

1）用蘸有酒精的无尘纸清洁光纤涂覆层，长度大约为从断面起 30～40mm。光纤涂覆层的清洁操作如图 6-58 所示。

2）将光纤穿过热缩管，光纤穿过热缩管的操作如图 6-59 所示。

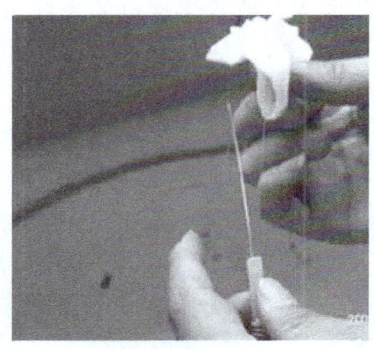

图 6-58　光纤涂覆层的清洁操作

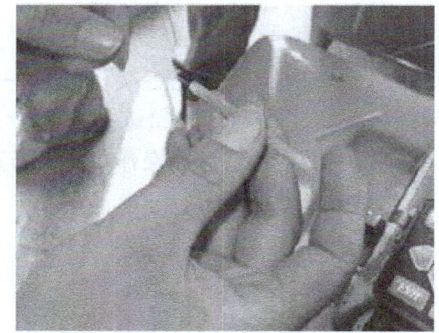

图 6-59　光纤穿过热缩管的操作

3）用剥纤钳剥去涂覆层 30～40mm，剥去光纤涂覆层的操作如图 6-60 所示。

4）用另一块蘸有酒精的无尘纸清洁裸纤，要求务必使用纯度在 99% 以上的酒精，每次清洁都要更换无尘纸，清洁裸纤的操作如图 6-61 所示。

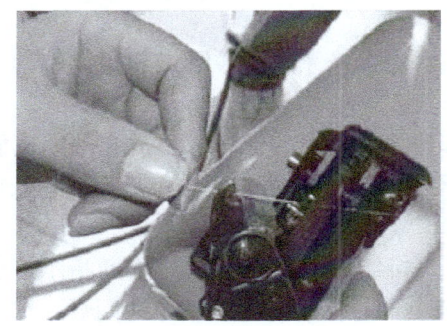

图 6-60　剥去光纤涂覆层的操作

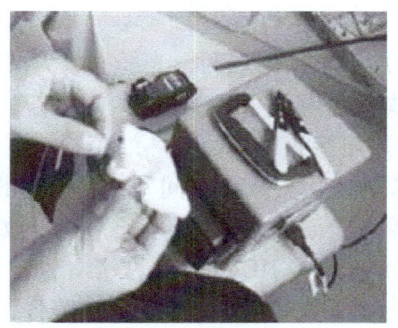

图 6-61　清洁裸纤的操作

5）用切割刀切割光纤，切割长度为 8～16mm，切割后绝不能清洁光纤，使用切割刀切割光纤的操作如图 6-62 所示。

2. 熔接

熔接的操作过程如下：

1）光纤切好后，把光纤放入光纤熔接机内。放的位置在 V 形槽端面直线与电极棒中心直线中间 1/2 的地方，光纤在熔接机上的放置操作如图 6-63 所示。

图 6-62　使用切割刀切割光纤的操作

图 6-63　光纤在熔接机上的放置操作

2）放好光纤压板，放下压脚（另一侧同），盖上防风盖，放置熔接机的光纤压板操作如图 6-64 所示。

3）以同样的方式，在熔接机的另一侧放入另一根制备的裸光纤。

4）按 "SET" 键，开始熔接，整个过程需要 10～15s 的时间（不同熔接机不一样，但大同小异）。熔接机的起动操作如图 6-65 所示。

图 6-64　放置熔接机的光纤压板操作

图 6-65　熔接机的起动操作

5）屏幕上出现两个光纤的放大图像，经过调焦、对准一系列的位置、焦距调整动作后开始放电熔接。

6）熔接完成后，把热缩套管放在需要固定的部位，把光纤的熔接部位放在热缩套管的正中央，一定要放在中间，给它一定的张力，注意不要让光纤弯曲拉紧，将热缩套放入加热槽，盖上盖。热缩套管的放置操作图如图 6-66 所示。

7）按键 "HEAT" 加热热缩套管（过程学名叫 "接续部位的补强"），下面指示灯会亮起，持续 90s 左右，机器会发出警告，加热过程完成，同时指示灯也会不停地闪烁，加热操作如图 6-67 所示。

8）拿出光纤进行冷却，这样一个完整的熔接过程就算完成了。

9）整理工具，放到指定的位置，收拾垃圾，收拾的时候注意碎小的光纤头。

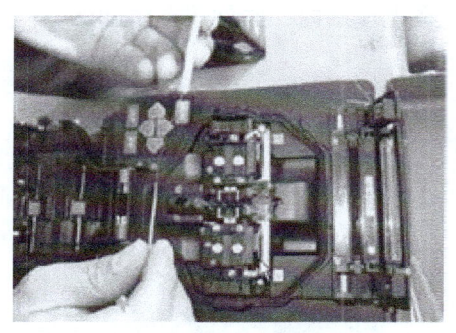
图 6-66 热缩套管的放置操作

图 6-67 加热操作

3. 在操作过程中注意的问题

1）清洁光纤熔接机的内外、光纤的本身，重要的是 V 形槽、光纤压脚等部位。

2）切割时，保证切割端面 89°±1°。近似垂直，在把切好的光纤放在指定位置的过程中，光纤的端面不要接触任何地方，碰到则需要重新清洁、切割，强调先清洁后切割。

3）在熔接的整个过程中，不要打开防风盖。

4）加热热缩套管，光纤熔接部位一定要放在正中间，加一定张力，防止加热过程出现气泡、固定不充分等现象，强调的是加热过程和光纤的熔接过程可以同时进行，加热后拿出时，不要接触加热后的部位，温度很高，避免发生危险。

5）整理工具时，注意碎光纤头，防止危险，光纤是玻璃丝，很细而且很硬。

6.6 光纤冷接操作

6.6.1 实训目标及实训设备

1. 实训目标

学会使用光纤冷接工具，实现光纤冷接的操作过程。

2. 实训设备

完成该实训所需的耗材有皮线光缆、酒精（99% 工业酒精最好，用 75% 的医用酒精也可）、无尘纸（用面巾纸也可）、光纤接续子。

完成该实训所需的工具有切割刀、剥线钳、压接工具。

6.6.2 实训操作步骤

实训操作步骤如下：

1）用手拉开皮线光缆两侧的 PVC 外护套 4~5cm，将剥开后两侧的 PVC 护套折成一定角度，用斜口钳剪去两侧的 PVC 护套（注意：斜口钳应倾斜一定角度，防止损伤光纤），将直皮线光缆，去除护套上的应力，剪去皮线光缆外护套的操作如图 6-68 所示。

2）取出光纤连接器产品组件，由接续插座和白色嵌件组成。连接器按照所示方向放在压接工具上（注意：连接器上的压接盖向上放置），将压接工具的上盖合上（注意：不能将上盖完全压下），放置连接器到压接工具的操作如图 6-69 所示。

3）皮线光缆插入白色嵌件（注意：必须将皮线光缆顶到头并且卡紧），剥去皮线光缆的外护套和涂覆层。

4）用无尘纸蘸取酒精擦拭光纤去除表面残留的涂覆层（注意：酒精清洁次数不应超过

两次），将皮线光缆连同嵌件放入适配器中（光缆放在光缆槽内，嵌件放在中间凹槽内并顶到头），放置光缆到适配器的操作如图6-70所示。

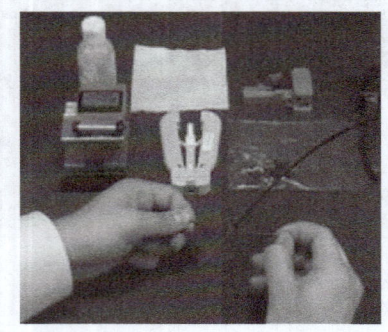

图 6-68　剪去皮线光缆外护套的操作

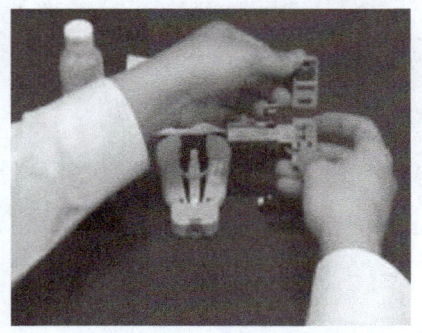

图 6-69　放置连接器到压接工具的操作

5）将适配器放在切割刀上相应槽位内并顶到头，完成光纤端面的切割，光纤端面的切割操作如图6-71所示。

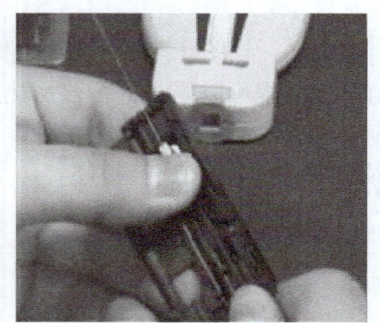

图 6-70　放置光缆到适配器的操作

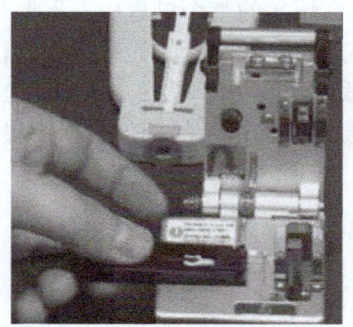

图 6-71　光纤端面的切割操作

6）将皮线光缆放到压接工具一侧的刻度上测量缆芯剥线长度，测量剥线长度的操作如图6-72所示。

7）将光纤插入连接器端部圆孔内直至推到底，将压接工具上盖完全压下完成连接器的接续，压接过程的操作如图6-73所示。

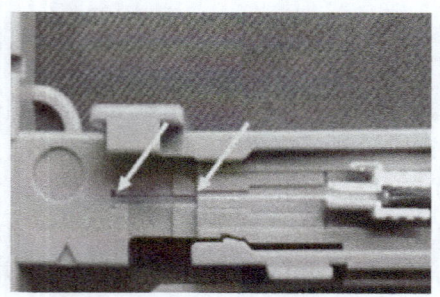

图 6-72　测量剥线长度的操作

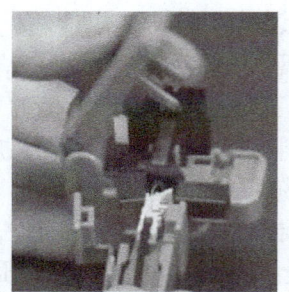

图 6-73　压接过程的操作

8）手持皮线光缆不松动，将端部白色部分旋转90°卡进灰色塑料壳内，推上灰色端盖，端部推入灰色塑料壳的操作如图6-74所示。

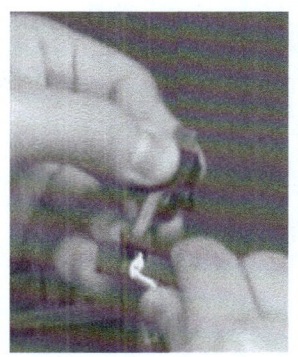

图 6-74 端部推入灰色塑料壳的操作

6.7 线缆认证测试仪的使用

6.7.1 认证测试参数

布线测试一般分为验证测试和认证测试两类。验证测试又叫随工测试，是边施工边测试，主要检测线缆的质量和安装工艺，及时发现并纠正所出现的问题。认证测试又叫验收测试，通常在工程验收时，对布线系统的安装、电气特性、传输性能、工程设计、选材以及施工质量全面检测，认证测试是评价综合布线工程质量的科学手段。

根据 TIA/EIA-568B 标准对超 5 类布线系统的定义，测试指标包括接线图、长度、衰减、NEXT（近端串扰）和 ACR（衰减串扰比）等参数。

6.7.2 实训环境与实训设备

1. 实训环境

为保证综合布线系统测试数据准确可靠，对实训环境有着严格规定。

（1）无环境干扰　综合布线测试现场应无产生严重电火花的电焊、电钻和产生强磁干扰的设备作业，被测综合布线系统必须是无源网络，测试时应断开与之相连的有源、无源通信设备，以避免测试受到干扰或损坏仪表。

（2）测试温度要求　宜为 20～30℃，湿度为 30%～80%，由于衰减指标的测试受测试环境温度影响较大，当测试温度超出上述范围时，需要按照有关规定对测试标准和测试数据进行修正。

（3）防静电措施　湿度在 20% 以下时，静电火花时有发生。不仅影响测试结果的准确性，甚至可能使测试无法进行或损坏仪表。这种情况下，一定对测试者和持有仪表者采取防静电措施。

2. 实训设备

常用的线缆认证测试仪有 Agilent、FLUKE 等多个品牌。Agilent WireScope 350 综合线缆测试仪如图 6-75 所示，FLUKE DTX-1800 综合线缆测试仪如图 6-76 所示。本实训主要使用的线缆认证测试仪为 FLUKE DTX-1800。

6.7.3 实训操作步骤

1. 线缆测试操作

线缆测试操作步骤如下：

图 6-75 Agilent WireScope 350 综合线缆测试仪

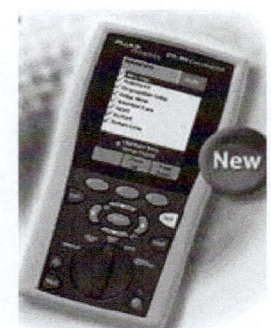

图 6-76 FLUKE DTX-1800 综合线缆测试仪

1) 使用综合线缆测试仪对布线系统中的相关线缆进行性能参数的测试,包括接线图、衰减、NEXT、回波损耗、ACR 等。

2) 生成测试报告,进行测试结果分析。综合线缆测试仪用最差情况的余量来显示被测链路的安装质量。所谓余量,是指各性能指标测量值与测量标准极限值的差值,正值表示比测试极限值好,结果为"PASS";负值表示比测试极限值差,结果为"FAIL"。线缆测试中"PASS/FAIL"的评估见表 6-1。

表 6-1 线缆测试中"PASS/FAIL"的评估

测 试 结 果	评 估 结 果
所有测试都 PASS	PASS
一个或多个 PASS,所有其他测试都通过	PASS
一个或多个 FAIL,其他所有测试都通过	FAIL
一个或多个测试时 FAIL	FAIL

2. 故障诊断

如果测试结果失败,要求进行故障诊断,故障类型主要包括:

(1) 接线图未通过 主要包括开路、短路、交叉等几种错误类型,线缆测试结果如图 6-77 所示。故障点会对测试信号造成不同程度的反射,并且不同的故障类型的阻抗变化是不同的,因此测试设备通过测试信号的相位的变化及相位的反射时延来判断故障类型和距离。

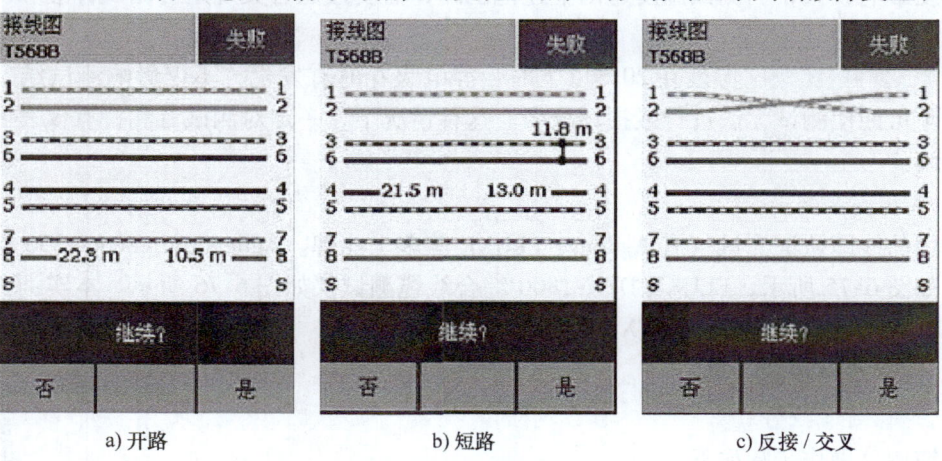

a) 开路　　　　　　　　　b) 短路　　　　　　　　　c) 反接/交叉

图 6-77 线缆测试结果

（2）长度问题　原因可能为 NVP（Nominal Velocity of Propagation）设置不正确，NVP 又称标称传播速度，可用已知长度的好线缆校准 NVP。另外实际长度超长、设备连线及跨接线的总长过长也是可能的原因。长度测试结果如图 6-78 所示。

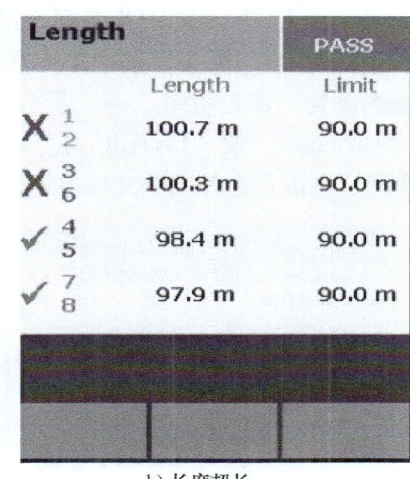

a) 长度正常　　　　　　　　　　　　b) 长度超长

图 6-78　长度测试结果

（3）衰减　同很多因素有关，如现场的温度、湿度、频率、电缆长度和端接工艺等。

（4）近端串扰　近端串扰故障常见于链路中的接插件部位，此外一段不合格的电缆同样会导致串扰的不合格，近端串扰测试结果如图 6-79 所示。

（5）回波损耗　回波损耗是由于链路阻抗不匹配造成的信号反射，主要发生在连接器的地方。

3. 测试中几个需要注意的问题

1）认真阅读测试仪使用操作说明书，正确使用仪表。

2）测试前完成对测试仪主机、辅机充电工作并观察充电是否达到 80% 以上。不要在电压过低情况下测试，中途充电可能造成测试数据丢失。

3）熟悉布线现场和布线图，测试过程也可以同时对管理系统现场文档、标志进行检验。

4）发现链路结果为"测试失败"时，可能有多种原因造成，应进行复测再次确认。

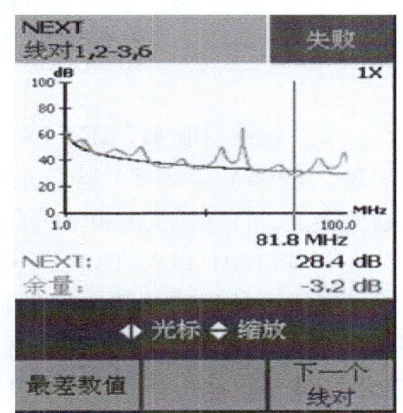

图 6-79　近端串扰测试结果

5）测试仪存储测试数据和链路数量有限，应及时将测试结果转存到自备计算机中，之后测试仪可在现场继续使用。

6.7.4　实训要点

在开始测试之前，应该认真了解综合布线系统的特点、用途、信息点的分布情况，确定测试标准，在选定合适的测试仪后按下述程序进行。需要对测试仪的主机和远端机进行自校准，以确定仪表是正常的。

1. 福禄克测试仪初始化步骤

(1) 充电 将 FLUKE DTX 系列产品主机、辅机分别用电源适配器充电，直至电池显示灯转为绿色。

(2) 设置语言 将 FLUKE DTX 系列产品主机旋钮转至"SET UP"档位，按右下角绿色按钮开机；使用"↓"箭头，选中第 6 条"Instrument Settings"（本机设置）按"ENTER"进入参数设置。首先使用"→"箭头，按一下进入第二个页面，使用"↓"箭头选择最后一项"Language"按"ENTER"进入；使用"↓"箭头选择最后一项"Chinese"按"ENTER"选择，将语言选择成中文后才进行以下操作。系统设置操作如图 6-80 所示。

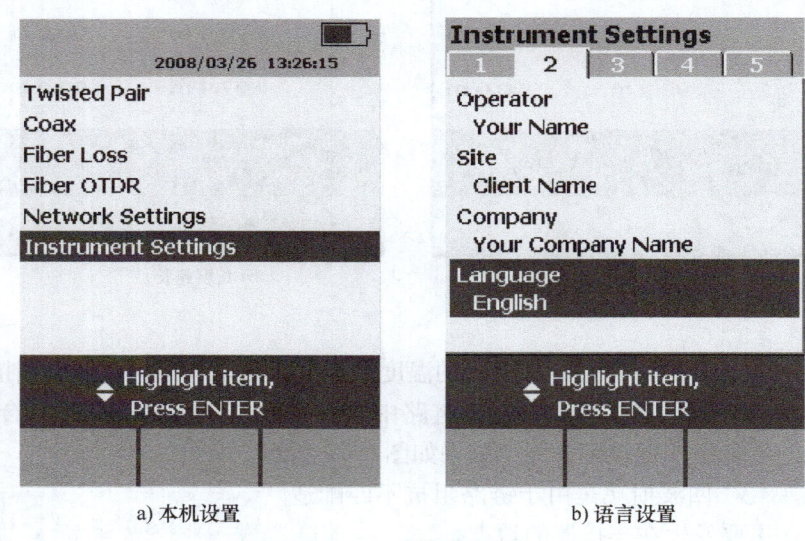

a) 本机设置　　　　　　b) 语言设置

图 6-80　系统设置操作

(3) 自校准 取 FLUKE DTX 系列产品 Cat 6A/Class EA 永久链路适配器，装在主机上，辅机装上 Cat 6A/Class EA 通道适配器。然后将永久链路适配器末端插在 Cat 6A/Class EA 通道适配器上，打开辅机电源辅机自检后，"PASS"灯亮后熄灭，显示辅机正常。

在"SPECIAL FUNCTIONS"档位，打开主机电源，显示主机、辅机软件，硬件和测试标准的版本（辅机信息只有当辅机开机并和主机连接时才显示），自测后显示操作界面。选择第一项"设置基准"后（如选错用"EXIT"退出后重新选择），按"ENTER"键和"TEST"键开始自校准，显示"设置基准已完成"说明自校准成功完成，校准设置操作如图 6-81 所示。

2. 设置福禄克测试仪基本参数

将 FLUKE DTX 系列产品主机旋钮转至"SET UP"档位，使用"↑↓"来选择第 6 条"仪器设置值"。按"ENTER"进入参数设置，可以按"←→"翻页，用"↑↓"选择所需设置的参数。按"ENTER"进入参数修改，用"↑↓"选择所需采用的参数设置，选好后按"ENTER"选定并完成参数修改。基本参数设置如图 6-82 所示。

测试仪基本参数分为新机第一次使用需要设置的参数、新机不需设置的参数、使用过程中经常需要改动的参数。

(1) 新机第一次使用需要设置的参数（以后不需要更改）　包括如下的参数：

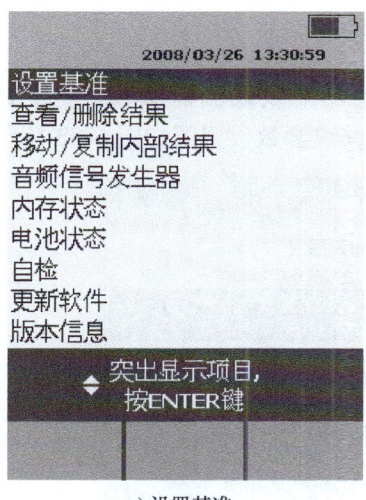
a) 设置基准

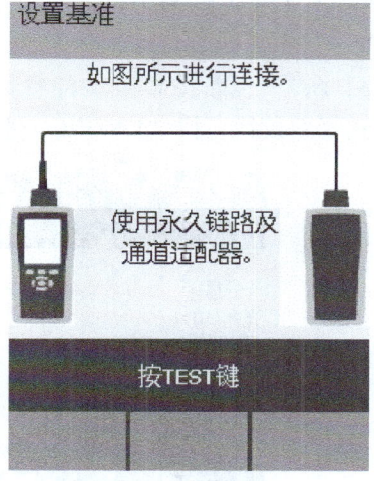
b) 设置基准完成

图 6-81　校准设置操作

1）线缆标志码来源（一般使用自动递增，会使电缆标志的最后一个字符在每一次保存测试时递增，初始设置后一般不用更改）。

2）是否存储绘图数据（通常情况下选择"标准"）。

3）当前资料夹（默认值为"DEFAULT"，可以按"ENTER"进入修改其名称）。

4）结果存放位置（使用默认"内部存储器"，假如有内存卡的话也可以选择"内存卡"）。

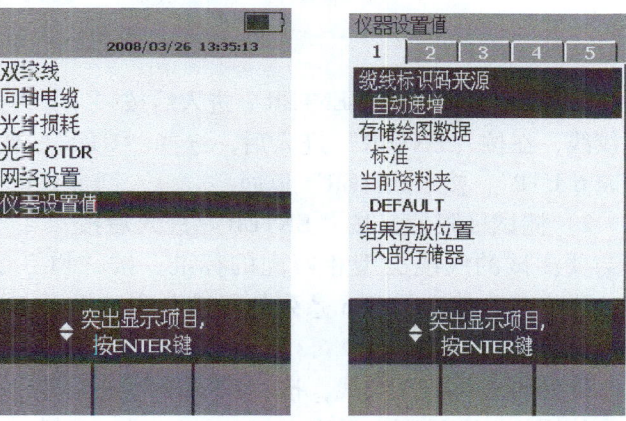

图 6-82　基本参数设置

5）操作员姓名。

6）测试地点。

7）公司名。

8）语言（默认值是英文）。

9）日期（输入当前日期）。

10）时间（输入当前时间）。

11）长度单位（通常情况下选择 m）。

（2）新机不需要设置的参数　这些参数一般采用出厂设置的默认值，包括如下的参数：

1）电源关闭超时（默认 30min）。

2）背光超时（默认 1min）。

3）可听音（默认"是"）。

4）电源线频率（默认 50Hz）。

5）数字格式（默认是 00.0）。
6）NVP。

（3）**使用过程中经常需要改动的参数** 主要为双绞线测试参数，将旋钮转至"SET UP"档位，选择双绞线，按"ENTER"进入，双绞线参数设置图如图 6-83 所示。

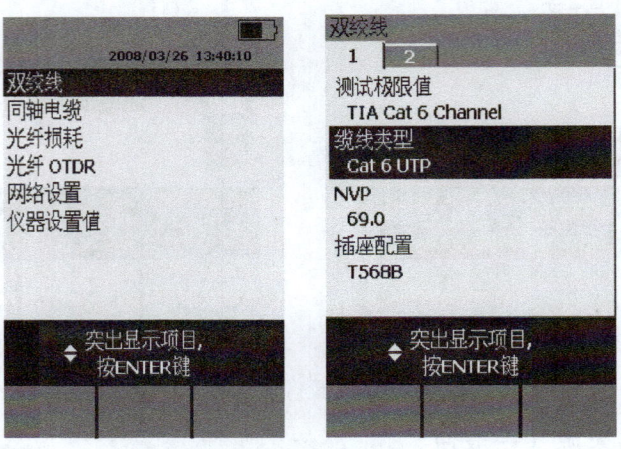

图 6-83 双绞线参数设置

1）线缆类型。按"ENTER"进入后按"↑↓"选择要测试的线缆类型。例如测试 6 类双绞线，在按"ENTER"进入后，选择"UTP"，按"ENTER"进入后按"↑↓"，选择"Cat 6 UTP"，按"ENTER"返回。

2）测试极限值。按"ENTER"进入后按"↑↓"选择与要测试的线缆类型相匹配的标准，按"F1"选择更多，进入后一般选择 TIA 系列的标准。测试极限值选择操作如图 6-84 所示。

例如测试 6 类双绞线，按"ENTER"进入后，看看在上次使用的标准里面有没有"TIA Cat 6 Channel"，如果没有，按"F1"，选择"TIA Cat 6 Channel"，按"ENTER"确认返回。

3）插座配置。按"ENTER"进入，一般使用 RJ45 水晶头 TIA/EIA-568B 的标准，其他可以根据具体情况而定，可以按"↑↓"选择要测试的打线标准。

图 6-84 测试极限值选择操作

3. 福禄克测试仪测试过程

1）根据需求确定测试极限值和电缆类型。

2）关机后将测试标准对应的适配器安装在主机、辅机上。如选择"TIA Cat5e Channel"通道测试标准时，主辅机安装"DTX-CHA002"通道适配器；如选择"TIA Cat6A Perm. Link"永久链路测试标准时，主辅机各安装一个"DTX-PLA002"永久链路适配器。

3）再开机后，将旋钮转至"AUTO TEST"档或"SINGLE TEST"档。选择"AUTO TEST"是将所选测试标准的参数全部测试一遍后显示结果；选择"SINGLE TEST"是针对测试标准中的某个参数测试。将旋钮转至"SINGLE TEST"后，按"↑↓"，选择某个参数，按"ENTER"再按"TEST"即进行单个参数测试。线缆测试过程操作如图6-85所示。

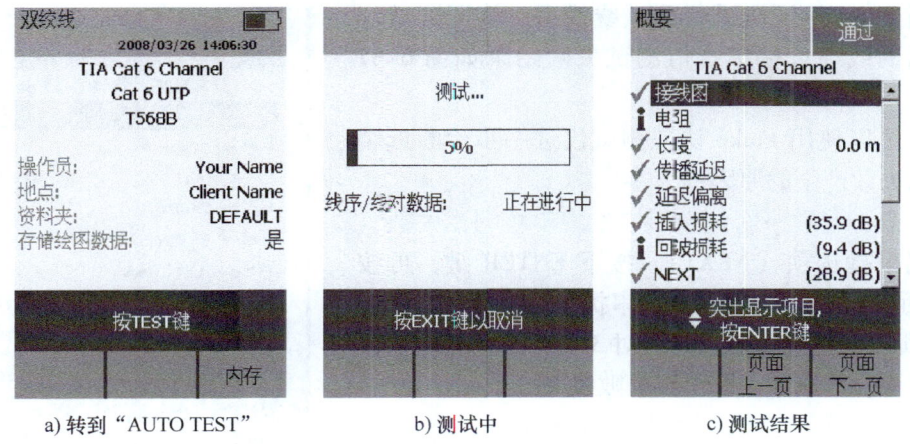

a) 转到"AUTO TEST"   b) 测试中   c) 测试结果

图6-85　线缆测试过程操作

4）将所需测试的产品连接上对应的适配器，按"TEST"开始测试，经过一段时间后显示测试结果为"PASS"或"FAIL"，线缆测试结果如图6-86所示。

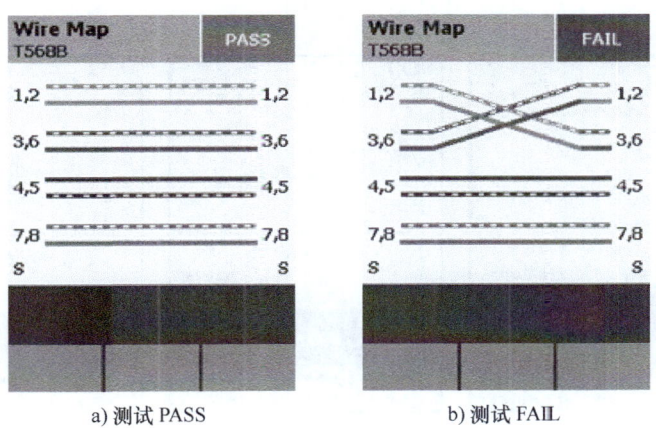

a) 测试 PASS   b) 测试 FAIL

图6-86　线缆测试结果

4. 查看测试结果及故障检查

测试后，会自动进入结果。使用"ENTER"查看参数明细，用"F2"返回上一页，用"F3"翻页，按"EXIT"后按"F3"查看内存数据存储情况。若测试后为"FAIL"的情况，如需检查故障，选择"X"查看具体情况。

5. 保存福禄克测试结果

1）将刚才的测试结果选择"SAVE"按键存储，使用"← → ↑ ↓"键来选择想使用的名字，比如"01"，按"SAVE"来存储。

2）更换待测产品后重新按"TEST"开始测试新数据，再次按"SAVE"存储数据时，机器自动取名为上个数据加1，即"02"。如不同意则按"SAVE AS"。一直重复以上操作，直至测试完所需测试产品或内存空间不够，需导出数据后再重新开始以上步骤。

6.7.5 典型测试案例分析

1. 线缆近端串扰值测试失败

使用 Fluke 认证测试仪测试线缆后，认证测试仪屏幕显示的线缆近端串扰值测试失败结果如图 6-87 所示。

我们可以使用 Fluke 认证测试仪进一步诊断近端串扰测试失败产生的原因：

（1）找到是哪一对组合引起近端串扰测试失败 选中近端串扰选项（NEXT），按下 ENTER 键，再按下 F3 显示最差线对，找寻近端串扰线对的操作过程如图 6-88 所示。这里我们看到线对 3、6 和 7、8 是引起近端串扰失败的原因，记下该失败线对。

（2）查看这对测试失败线对的 HDTDX 分析曲线图 按下 EXIT 两次回到主屏幕，选择高亮 HDTDX 分析仪，按下 ENTER 键，再按下 F3 键直到查看到失败线对的曲线图，操作过程如图 6-89 所示，本例中为线对 3、6 和 7、8。

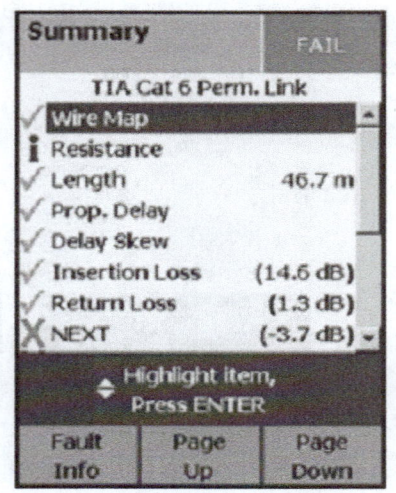

图 6-87　线缆近端串扰值测试失败结果

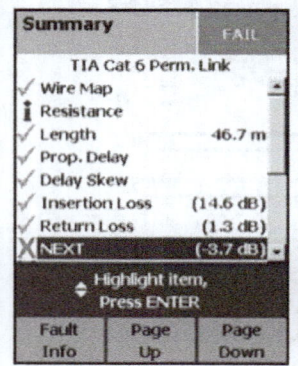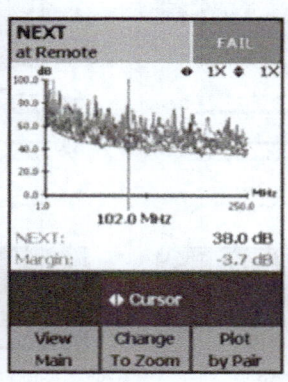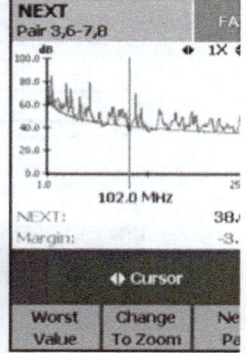

图 6-88　找寻近端串扰线对的操作过程

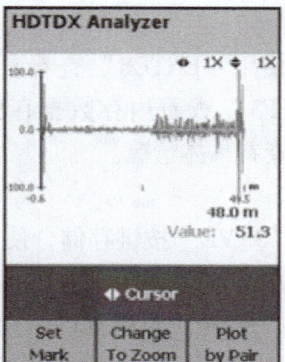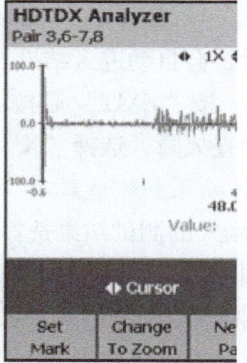

图 6-89　查看失败线对的操作过程

(3) **分析该曲线** 当前看到的就是链路中串扰发生的位置，光标自动落在最大的串扰处。本例中，先忽略。两条红线代表 Fluke 认证测试仪的两头，因此可以假定红线为第一个和最后一个连接，可以放大得到更好的视图（方法为按下 F2 键，再按下 Up Cursor 键放大）。前半段链路可以看到有很多正常的串扰，但之后就很显著地增大。如果打开了 Fluke 认证测试仪的存储数据功能，这些图形数据将导出至 Linkware 软件供后续分析。

(4) **总结** 通过分析，我们可以总结出，这条线缆近端串扰测试失败的主要原因有可能是安装者在安装时破坏了线缆结构或者是线缆的产品质量问题。通常解释是"不可能知道原因"，然而，在本例中，只有一段线缆有比较大的串扰，所以更像是在安装时破坏了线缆的结构；如果是整段线缆都类似本例后半段的情况，那就可能是线缆的产品质量问题，更换连接模块不会提高线缆的测试结果性能，线缆需要被更换。

故在实际的工程项目中，对于使用的每一批线缆，可以先取出 50m 的一段作为样品。如果某段线缆在测试时没有达到标准，则可以拿出样品进行再次测试，并把两次测试结果进行比对。如果两次测试的 HDTDX 曲线图类似，那么可以肯定是线缆的产品质量问题。

2. 线缆回波损耗测试值失败

使用 Fluke 认证测试仪测试线缆后，认证测试仪屏幕显示如图 6-90 所示，回波损耗值超出标准，需要找到回波损耗值超标的原因。

(1) **找到导致回波损耗测试失败的线对** 首先选中回波损耗选项（Return Loss），然后按下 ENTER 键，再按下 F3 键显示导致回波损耗的最差线对，操作过程如图 6-91 所示。

在这里我们看到线对 3、6 是最差的线对，虽然它们看起来都很相似，但这是个线索，无论什么时候，看到在低频处回波损耗曲线失败，这都可能是线缆的问题。如果 4 对线都在低频处失败且波形类似，这个会是线缆进水或受潮引起。故在线缆敷设的过程中，不要把过多润滑油和水分混入管槽，太多的润滑剂会导致不同的失败。

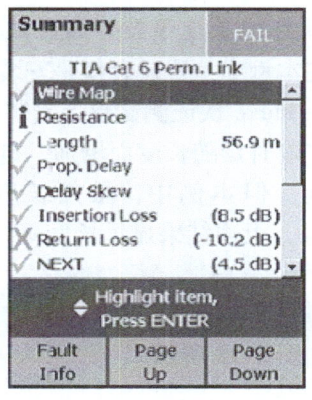

图 6-90 线缆回波损耗值测试失败结果

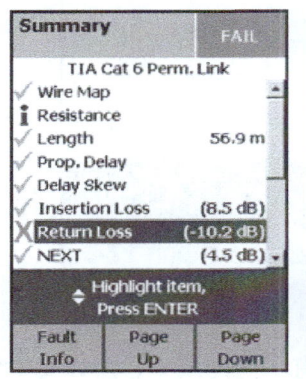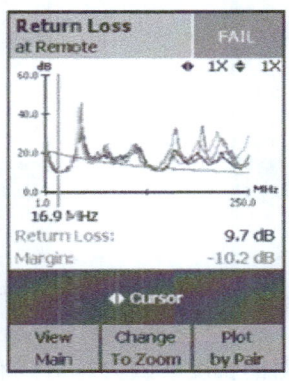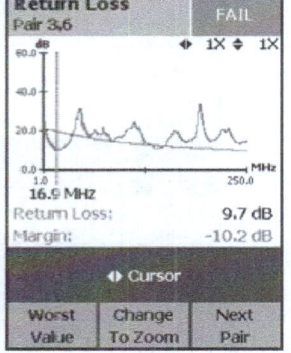

图 6-91 查找导致回波损耗最差线对的操作过程

（2）查看 HDTDR 分析曲线图并分析失败线对　按下 EXIT 键两次回到主屏幕，选中高亮 HDTDR 分析仪，然后再按下 ENTER 键，按下 F3 键直到得到最小余量线对，本例中为线对 3、6。

（3）分析曲线图　我们现在看到的是链路中阻抗异常的位置，就是这些异常导致了回波损耗，光标自动落在阻抗异常的最大位置，很难看清楚，可以放大后获得更好的视图。

操作过程为先按下 F2 键，然后依次按下 Up Cursor 键和 Right Cursor 键，然后移动光标到第一个事件，记录此时的距离，然后移动到第二个事件，依旧记下距离。在 54.4m 处，看到值为 –13.0dB，这表示线缆在此处阻抗变化率达到 13，如果线缆在 54.4m 处前阻抗是 100Ω，那么现在阻抗为 87Ω，线缆保持 87Ω 阻抗直到下一个峰值，本例中为 –9.9dB，假设线缆在该点后阻抗为 87Ω，则下一事件变为了 95.6Ω，最后一个峰值又回到 100Ω，故进水链路位于最后 2～3m。如果打开了 Fluke 认证测试仪的存储数据功能，这些图形数据将导出至 Linkware 软件供后续分析。

（4）总结　线缆需要更换，不可能去风干线缆，水会渗入外护套进入线缆内部，如果内部线缆处于导管内，则风干导管将是个问题，向管内吹气没有效果，采用其他特殊风干措施则成本较高。

3. 线缆长度导致传输时延失败

在本例中，安装者仅是安装了过长的线路，除了传输时延外其余参数均通过。经过测试后，在 Fluke 认证测试仪上安装者得到了传输时延失败的认证分析结果，如图 6-92 所示。

传输时延随长度而增加，链路越长，传输时延越大，当传输延时失败，通常由于链路太长引起。但本例中，虽然长度测试没有失败，但是永久链路的允许最大距离为 90m（295ft），上述结果显示长度 98.1m，超过允许值，为什么 Fluke 认证测试仪没有判定长度失败呢？

（1）查看线缆分析结果　首先选择长度选项（Length），打开 Fluke 认证测试长度结果，结果如图 6-93 所示。

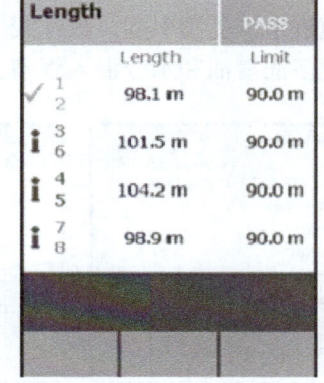

图 6-92　传输时延失败的认证分析结果　　图 6-93　Fluke 认证测试长度结果

Fluke 认证测试报告 4 对线每对的长度，因为每对线有不同的绞率，所以每对线有不同的长度，我们用哪一个长度呢？

（2）问题分析　工业布线标准 TIA/EIA 568 – B.1 中，要求网络采用 4 对线最短的来表示线缆的长度。同时标准规定：通过测试的标准为基于永久链路给出的最大长度加 10%，为 NVP 值的不确定的补偿。如果标准门限是 90m 且测试时加 10% 的误差，认证测试仪将判定通过直到 4 对线都超过 99m。通道测试中也一样，门限为 100m，因此通道测试中，最短线长度只要不超过 110m，都为通过。

这就是为什么只有一对线有绿勾，其他线对标记为"i"（information，信息）。这表示虽然门限是 90m，测试仪在 4 对线都没有超过 90(1+10%)m(99m)前，不会显示失败，本例中，最短线对为 98.1m，小于标准允许的 90(1+10%)m(99m)。

这一标准的缺点是安装者往往会认为他们可以安装长达 99m(324.8ft) 的链路，安装 90m(295.3ft) 以上链路的危险性在于传输时延将失败，如本例中一样，另外插入损耗也有可能变成问题，特别是 6 类线中。

（3）总结　安装超过了 90m 的链路长度，可能会导致长度测试失败，此时修复的唯一方法就是试着找到一些松弛的电缆并缩短链路长度。

6.8　光纤清洁

6.8.1　实训目标和实训设备

1. 实训目标

通过光纤截面放大镜查看多模光纤的截面清洁度，并且使用工具进行清洁。

2. 实训设备

实训设备采用 Fluke Networks 的 FT120+清洁套件，FT120+清洁套件外观如图 6-94 所示。

图 6-94　FT120+清洁套件外观

6.8.2　操作步骤

1. 查看光纤截面

把光纤跳线的连接头直接放入 FT120 的接口处，查看连接头截面的清洁度情况，光纤截面观察效果如图 6-95 所示。

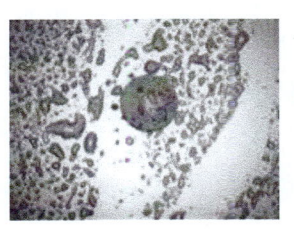 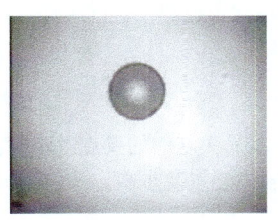

a) 污损截面　　　　　　b) 完好截面

图 6-95　光纤截面观察效果

2. 使用卡带式光纤清洁器清洁光纤跳线

操作步骤如下：

1）撕去清洁器上的塑料封皮。

2）涂一小滴清洁剂至清洁带上的开始清洁处。

3）沿垂直方向握住连接头，从清洁带的湿处向干处擦拭端面。

4）再次检查端面确保完全清洁干净，若有必要，重新使用一个清洁带按上述步骤再次清洁一遍，使用卡带式光纤清洁器清洁光纤跳线的操作如图 6-96 所示。

3. 使用清洁棉布清洁光纤跳线

1）从清洁管中抽出一张清洁棉布。
2）涂一小滴清洁剂至清洁棉布上。
3）沿垂直方向握住连接器，从清洁棉布的湿处向干处擦拭端面。

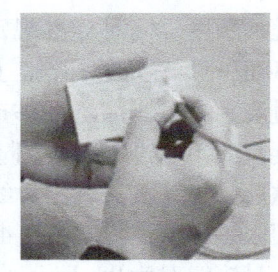

图 6-96　卡带式光纤清洁器的使用

4）再次检查端面确保完全清洁干净，若有必要，再次清洁一遍，清洁棉布清洁光纤的操作如图 6-97 所示。

4. 使用棉签清洁端口内侧

1）从清洁管中抽出一根清洁棉布。
2）涂一小滴清洁剂至棉布上。
3）用棉签沾棉布上的湿处大约 3s，吸收最少量的清洁剂。湿度小的棉签比湿度大的棉签清洁效果更好。
4）将棉签插入端口内轻轻地转动几下。
5）然后改用干燥棉签按相同步骤清除端面和套管上的残留清洁剂，棉签清洁端口内侧的操作如图 6-98 所示。

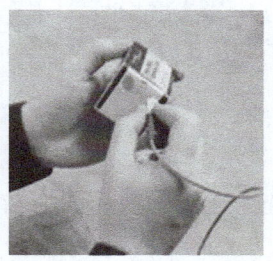

图 6-97　清洁棉布清洁光纤的操作

图 6-98　棉签清洁端口内侧的操作

课后练习题

1. 简述双绞线 RJ45 水晶头制作的要点及步骤。
2. 简述光纤跳线的制作要点及步骤。

学习领域2

综合布线系统设计

第7章 综合布线工程用户需求分析

7.1 计算机局域网的基本知识

在通常情况下,综合布线系统主要应用于计算机局域网的数据传输,在这种情况下进行综合布线工程需求分析首先要对计算机局域网的架构进行规划,故必须对计算机局域网有基本的了解。

计算机局域网(Local Area Network,LAN)是指在某一区域内由多台计算机互联成的计算机组,一般是方圆 1~5km 以内。计算机局域网可以实现文件管理、应用软件共享、打印机共享、工作组内的日程安排、电子邮件和传真通信服务等功能。计算机局域网是半封闭型的,可以由办公室内的两台计算机组成,也可以由一个公司内的上千台计算机组成。

7.1.1 网络系统组成

一个网络系统一般由网络平台、传输系统、交换系统、接入系统、布线系统、网络互联设备和服务器等组成。

1. 网络平台

网络平台是网络系统的中枢神经系统,由传输设备、交换设备、接入设备、网络互联设备、布线系统、网络操作系统、服务器和测试设备等组成。

2. 传输系统

目前,常用的网络传输系统主要有以下几种:同步数字体系(SDH)、数字微波传输系统、数字卫星通信(VSAT)、有线电视网(CATV)等。

3. 交换系统

目前,常用的网络交换系统主要有以下几种:异步传输模式(ATM)系统、光纤分布式数据接口(FDDI)、以太网(Ethernet)、快速以太网(Fast Ethernet)、千兆位以太网等。

4. 接入技术

目前,常用的网络接入技术主要有以下几种:调制解调器(Modem)、电缆调制解调器(Cable Modem)、综合业务数字网(ISDN)、高速数字用户环路(HDSL)、非对称数字用户环路(ADSL)、超高速数字用户环路(VDSL)、无源光网络(PON)等。

5. 布线系统

目前,建筑物通常采用的综合布线系统主要内容包括传输介质(光缆、双绞线、同轴电缆和无线电磁波)、综合布线设备(信息插座、端口设备、跳接设备、适配器、信号传输设备、电气保护设备和支持工具)、布线器材(桥架、金属槽、塑料槽、金属管、塑料管等)。

6. 网络互联设备

目前,常用的网络互联设备有以下几种:路由器、二层交换机、三层交换机、防火墙等。

7. 服务器

目前,常用的服务器有以下几种:Web 服务器、数据库服务器、Mail 服务器、域名服务器、文件服务器等。

7.1.2 计算机局域网拓扑

计算机局域网通常是指分布在一个有限地理范围内的网络系统,一般所涉及的地理范围只有几千米,局域网专用性非常强,具有比较稳定和规范的拓扑。常见的局域网拓扑如下。

1. 星形结构

这种结构的网络是各工作站以星形方式连接起来的,网中的每一个节点设备都以同一个节点为中心,通过连接线与中心局域网节点相连,星形结构的网络拓扑如图 7-1 所示。在星形结构中如果一个工作站需要传输数据,它首先必须通过中心节点,由于在这种结构的网络系统中,中心节点是控制中心,任意两个节点间的通信最多只需两步。所以,星形结构网络传输速度快,并且网络结构简单、建网容易、便于控制和管理。星形结构是目前广泛应用于小型局域网的拓扑结构。但这种网络系统网络可靠性低,一旦中心节点出现故障则导致全网瘫痪。

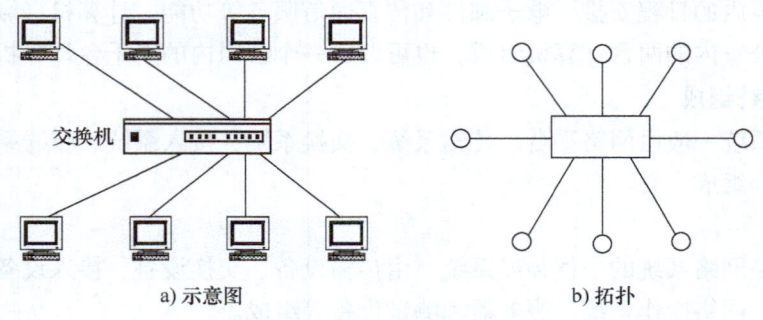

图 7-1 星形结构的网络拓扑

2. 树形结构

树形结构网络是天然的分级结构,又被称为分级的集中式网络,树形结构的网络拓扑如图 7-2 所示。树形结构的特点是网络成本低,结构比较简单,在网络中,任意两个节点之间不产生回路,每个链路都支持双向传输,并且,网络中节点扩充方便、灵活,寻查链路路径比较简单。树形结构主要用于构建大中型局域网,在树形结构网络系统中,叶节点及其相连的链路产生故障不会对整个网络带来影响,非根节点及其相连链路产生的故障仅会影响部分网络系统正常运行。

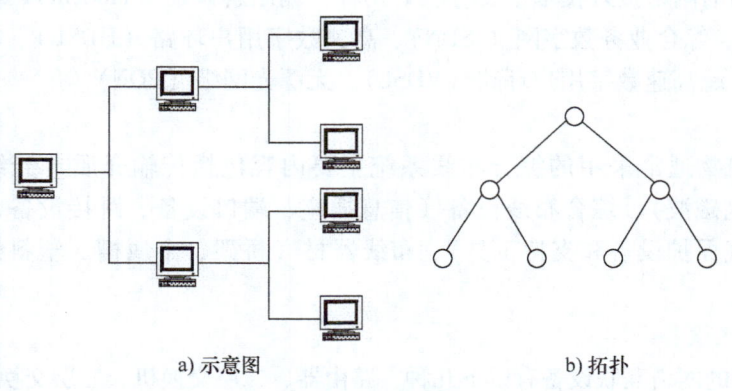

图 7-2 树形结构的网络拓扑

3. 总线型结构

总线型结构网络是将各个节点设备和一根总线相连,总线型结构的网络拓扑如图 7-3 所示。网络中所有的节点工作站都是通过总线进行信息传输的,作为总线的通信连线可以是同轴电缆、双绞线、扁平电缆,也可以是集线器等网络设备。在总线型结构中,作为数据通信必经的总线的负载量是有限度的,这是由通信媒体本身的物理性能决定的,所以总线型结构网络中工作站节点的个数是有限制的。若总线的通信容量为 M,工作站节点数为 n,则工作站节点的通信容量为 M/n,故网络节点越多,每个节点的通信容量越小。总线型网络由于其通信容量的限制,目前已很少使用。

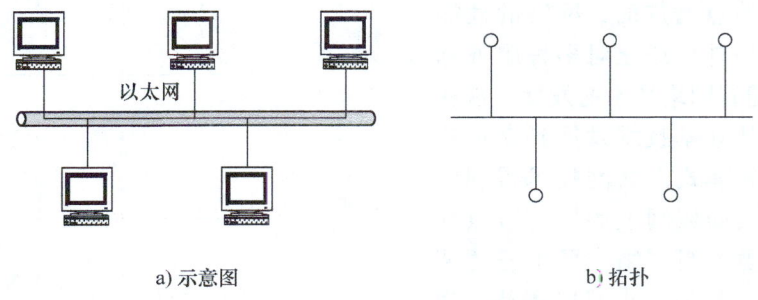

a) 示意图　　　　　　　　　　b) 拓扑

图 7-3　总线型结构的网络拓扑

4. 环形结构

环形结构是网络中各节点通过一条首尾相连的通信链路连接起来的一个闭合环形结构网,环形结构的网络拓扑如图 7-4 所示。环形结构网络的结构也比较简单,系统中各工作站地位相等,系统中通信设备和线路比较节省。在网中信息设有固定方向单向流动,如果某个工作站节点出故障,此工作站节点就会自动旁路,不影响全网的工作,所以可靠性高。环形结构主要应用于对可靠性要求较高的大型网络系统,其典型应用是 SDH 光传输网。

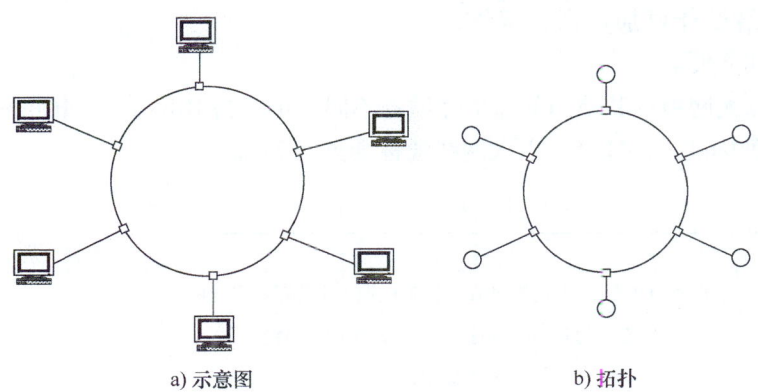

a) 示意图　　　　　　　　　　b) 拓扑

图 7-4　环形结构的网络拓扑

7.1.3　计算机局域网通信协议

目前的计算机局域网基本上都采用以广播为技术基础的以太网通信协议,根据以太网的发展状况,可以分为 10Mbit/s 以太网、100Mbit/s 以太网(快速以太网)、1000Mbit/s 以太网(吉比特以太网);也有部分计算机局域网采用 ATM 通信协议。

1. 10Mbit/s 以太网

10Mbit/s 以太网是早期的以太网系统主要采用的网络协议,为网络中的每个用户动态地分配专用的 10Mbit/s 连接,通常出现在 DSL 或 Cable Modem 的 ISP(WAN)接口。

10Mbit/s 以太网基于 CSMA/CD（载波监听多路访问/冲突检测）介质访问控制方式，采用共享信道的方式实现计算机之间的通信。其要点是当一个站点要发送时，首先需要监听总线以决定总线上是否存在其他站的发送信号，如果总线是空闲的，则可以发送；如果总线是繁忙的，则采用某种回退算法，等待一个时间间隔后重新监听。CSMA/CD 原理如图7-5 所示。

早期的以太网由于它介质共享的特性，当网络中站点增加时，网络的性能会迅速下降，另外，缺乏对多种服务和 QoS 的支持。随着网络技术的发展，现在的以太网已经从共享技术发展到交换技术，使传统的共享式以太网技术得到极大改进。共享式局域网上的所有节点共同分享同一带宽，当网络上两个任意节点传输数据时，其他节点只能等待。交换式以太网则利用交换机在不同网段之间建立多个独享连接，采用按目的地址的定向传输，为每个单独的网段提供专用的带宽（即带宽独享），增大了网络的传输吞吐量，提高了传输速率，其主干网上无冲突问题。虚拟局域网技术与交换技术相结合，可以有效地解决广播风暴问题，使网络设计更加灵活，网络的管理和维护更加方便。

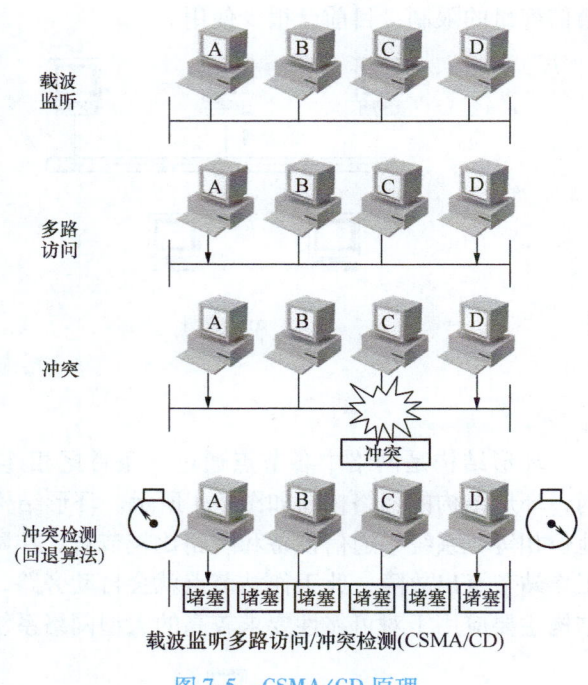

图 7-5　CSMA/CD 原理

10Mbit/s 以太网根据其使用的通信介质的不同，可分为 10Base-2、10Base-5、10Base-T、10Base-F 等多种标准，10Mbit/s 以太网线缆标准见表 7-1。

表 7-1　10Mbit/s 以太网线缆标准

标准	线缆分类	交换介质中最大线缆长度/m
10Base-2	直径为 0.4in、阻抗为 50Ω 粗同轴电缆，也称粗缆以太网	500
10Base-5	直径为 0.2in、阻抗为 50Ω 的细同轴电缆	185
10Base-T	双绞线电缆	100
10Base-F	多模光纤	未定义

对于 10Mbit/s 以太网的线缆安装，当安装 UTP 电缆的时候，大多数线缆安装人员建议遵从 100Mbit/s 规则。100Mbit/s 规则被分解为如下的距离：从交换机到配线架的网络跳线为 5m，从配线架到办公室信息模块插座的水平布线距离为 90m，从办公室信息插座到桌面连接的工作区布线距离为 5m。

2. 100Mbit/s 快速以太网

从部署的观点出发，如今网络中的快速以太网提供基本的 PC 和工作站的网络接入，其速率为 100Mbit/s，通常称其为快速以太网。当工作速率是 100Mbit/s 的时候，快速以太网是传统以太网传送数据包速度的10倍,在不需要协议转换和不修改应用及网络软件的情况下,数据传输速率能够从10Mbit/s增加到100Mbit/s。快速以太网最重要的方面就是向后兼容性,快速以太网保留了10Base-T标准的差错控制功能、帧格式和帧长度等,对于快速以太网接口,能够有选择地支持自动协商到10Mbit/s和100Mbit/s。通过上述方式,对于保持向后兼容性的新部署,它们不仅能够简化安装,而且还能够扩展到新的更高速的以太网技术。快速以太网设备通常支持全双工操作,可以将有效带宽加倍到200Mbit/s。

根据规范的定义,快速以太网可以运行在UTP和光纤上,100Mbit/s快速以太网标准可分为100Base-TX、100Base-FX、100Base-T4三个子类,100Mbit/s快速以太网线缆标准见表7-2。

表7-2 100Mbit/s快速以太网线缆标准

标准	线缆分类	交换介质中最大线缆长度/m
100Base-TX	TIA/EIA 5类非屏蔽双绞线(UTP)两对	100
100Base-T4	TIA/EIA 3、4、5类非屏蔽双绞线(UTP)4对	100
100Base-FX	62.5μm多模光纤	400(半双工) 2000(全双工)

(1) 100Base-TX 100Base-TX是一种使用5类非屏蔽双绞线或屏蔽双绞线的快速以太网技术。它使用两对双绞线,1对用于发送,1对用于接收数据,在传输中使用4B/5B编码方式,信号频率为125MHz,符合TIA/EIA-568的5类布线标准和IBM的SPT1类布线标准。使用同10Base-T相同的RJ45连接器。它的最大网段长度为100m,支持全双工的数据传输。

(2) 100Base-FX 100Base-FX是一种使用光缆的快速以太网技术,可使用单模和多模光纤。多模光纤连接的最大距离为550m,单模光纤连接的最大距离为3000m。在传输中使用4B/5B编码方式,信号频率为125MHz。它使用MIC/FDDI型连接器、ST型连接器或SC型连接器。它的最大网段长度为150m、400m、2000m或更长至10km,这与所使用的光纤类型和工作模式有关,它支持全双工的数据传输。100Base-FX特别适合于有电气干扰的环境、较大距离连接、高保密环境等情况下适用。

(3) 100Base-T4 100Base-T4是一种可使用3、4、5类非屏蔽双绞线或屏蔽双绞线的快速以太网技术。100Base-T4使用4对双绞线,其中的3对用于在33MHz频率上传输数据,每一对均工作于半双工模式,第4对用于CSMA/CD冲突检测。在传输中使用8B/6T编码方式,信号频率为25MHz,符合TIA/EIA-568结构化布线标准。它使用与10Base-T相同的RJ45连接器,最大网段长度为100m。

3. 1000Mbit/s以太网

在对建筑物群子系统、建筑物干线子系统和网络数据中心模块进行互联和设计的时候,1000Mbit/s以太网是最有效的选择。

在当前的设计建议中,如果没有10Gbit/s高速通信线路,那么就要求采用多条1000Mbit/s以太网链路连接建筑物群子系统的接入交换机和建筑物干线子系统中的分布交换机。设计园区基础设施还存在另外一个准则,它要求在所有可能之处尽量采用多个1000Mbit/s以太网接口进行冗余和负载均衡。

1000Mbit/s以太网也非常适于将高性能服务器连接到网络中,高性能UNIX、Windows

应用或视频服务器很容易同时占用3~4条快速以太网连接。随着服务器、服务器网卡处理能力和数据吞吐率的提高以及在园区网内服务器集中化的趋势，1000Mbit/s以太网已经成为数据中心模块内部的必备之选。但是尽管服务器已经可以利用1000Mbit/s以太网，但是由于网络传输系统的限制，即使高端服务器也很难完全获得1000Mbit/s的实际通信速率，故1000Mbit/s以太网在服务器端的应用还有待进一步普及。

从构造基础的角度出发，1000Mbit/s以太网升级了以太网的物理层，并且将快速以太网的数据传输速率增加到10倍。1000Mbit/s以太网可以运行在铜线或光纤介质上。1000Mbit/s以太网可以最大限度地利用以太网规范，并且能够向后兼容快速以太网，所以用户能够利用现有知识和技术来安装、管理和维护1000Mbit/s以太网网络。为了将快速以太网的速度从100Mbit/s提升到1000Mbit/s，物理层接口需要进行一些改动。

1000Mbit/s以太网的主要标准有1000Base-CX、1000Base-T、1000Base-SX、1000Base-LX、1000Base-ZX。1000Mbit/s以太网线缆标准见表7-3。

表 7-3 1000Mbit/s 以太网线缆标准

标准	线缆分类、光源选择		交换介质中最大线缆长度
1000Base-CX	铜质屏蔽双绞线		25m
1000Base-T	TIA/EIA 5类屏蔽双绞线4对		100m
1000Base-SX	62.5μm 多模光纤	使用波长为780nm的激光	260m
	50μm 多模光纤		550m
1000Base-LX	10μm 单模光纤	使用波长为1300nm的激光	3km
1000Base-ZX	10μm 单模光纤	使用波长为1550nm的激光	70~100km（取决于是否使用色散位移光纤）

此外，1000Mbit/s以太网默认采用全双工操作，进而能够有效地利用2Gbit/s带宽。全部1000Mbit/s以太网技术都要求自动协商，其中自动协商包括检测链路完整性和双工协商。基于上述原因，与快速以太网相比较，1000Mbit/s以太网自动协商具有更大的兼容性和弹性。

4. 10Gbit/s 以太网

10Gbit/s以太网能够为服务提供商和企业网络提供很多潜在的应用。10Gbit/s以太网的主要作用就是汇集多个1000Mbit/s以太网网段，进而组建单个高速主干网络。某些技术也要求非常高的带宽，例如视频和海量数据存储。这些应用稳定地发展到3~5Gbit/s以太网速度，并且可能落入10Gbit/s以太网的范围。

在目前情况下，10Gbit/s以太网有助于实施下列技术：

1）对于运行在1000Mbit/s以太网速度的服务器，能够实现集群服务器中的服务器互联。

2）将多个1000Base-T网段汇集到10Gbit/s以太网上行链路和下行链路。

3）对于位于相同数据中心、企业主干网或不同建筑物中的高速交换机，10Gbit/s以太网能够实现交换机到交换机链路的高速连接。

4）能够互联多个多层交换网络。

10Gbit/s以太网主要运行在光纤介质上，主要使用的标准有10GBase-CX4、10GBase-SR、

10GBase-LX4、10GBase-LR、10GBase-ER、10GBase-ZR、DWDM 等。10Gbit/s 以太网线缆标准见表 7-4。

表 7-4 10Gbit/s 以太网线缆标准

标准	线缆分类、光源选择		交换介质中最大线缆长度
10GBase-CX4	5 类屏蔽双绞线		15m
10GBase-SR	62.5μm 多模光纤	850nm 波长光源	26~33m
	50μm 多模光纤		66~300m
10GBase-LX4	62.5μm 多模光纤	1310nm 波长光源	300m
	50μm 多模光纤		240~300m
10GBase-LR	10μm 单模光纤,1310nm 波长光源		10km
10GBase-ER	10μm 单模光纤,1550nm 波长光源		40km
10GBase-ZR	10μm 单模光纤,1550nm 波长光源		80km
DWDM	10μm 单模光纤,1550nm 波长 SMF 光源		80km

7.2 综合布线与建筑物整体工程的关系

由于综合布线系统所需的电缆竖井、暗敷管路、线槽孔洞和设备间等都属于永久性的建筑设施，都与建筑同时设计和施工，因此综合布线系统是依附于建筑物进行建设的，在具体工作中必须与建筑物整体工程互相适应，这关系到建筑物的主体功能和综合布线系统的服务质量。

7.2.1 综合布线工程与土建工程的配合

综合布线工程施工大体可分为两个阶段：第一阶段为管线系统的安装和设备间及楼层配线间的定位；第二阶段为线缆系统的安装。第一阶段需注意综合布线工程与土建工程的配合；第二阶段需注意综合布线工程与水电气工程、楼宇自动化工程及装潢工程的配合。

综合布线系统所需的设备间、楼层配线间和电缆竖井等场地及暗敷管道系统都是建筑物的组成部分，所以在综合布线系统工程设计和施工时，应与土建设计和施工紧密配合。

1. 通信线路引入房屋建筑部分

综合布线系统都需要对外连接，其通信线路的建筑方式（包括直埋电缆或直埋光缆穿管引入方式）应采用地下管路引入，以保证通信安全可靠和便于今后维护管理，具体配合的主要内容有以下两个方面：

1）综合布线系统通信线路的地下管道引入房屋建筑的路由和位置，应与房屋建筑设计单位协商决定。它是由房屋的建筑结构和平面布置、建筑物配线架的装设位置、与其他管线之间的影响等矛盾因素综合考虑的。如地下管道引入部分有可能承受房屋建筑压力时，应建议在房屋建筑设计中改变技术方案或另选路由及位置，也可建议采用钢筋混凝土过梁或钢管等方式，以解决通信线路承受压力的问题。

2）引入管道的管孔数量或预留洞孔尺寸除满足正常使用需要外，应适当考虑备用量，以便今后发展，要求建筑设计中必须考虑。为了保证通信安全和有利于维护管理，要求建筑设计和施工单位在引入管道或预留洞孔的四周，应做好防水和防潮等技术措施，以免污水和潮气进入房屋。为此，空闲的管道管孔或预留洞孔及四周都应使用防水材料和水泥砂浆密封堵严。这部分施工应与房屋建筑施工同步进行，以保证工程的整体性，提高工程质量和施工效率。

2. 设备间部分

建筑物配线架均设于专用设备间内，它是综合布线系统中的枢纽部分。在设备间的有关设计和施工应注意以下几点：

1）在综合布线系统工程设计时，对于设备间的设置及其位置，可考虑与其他弱电系统合用安装保安设备的房间，以节省房间面积和减少线路长度，但要求各个系统安装主机的房间在建筑设计中尽量相邻安排。如果是综合布线系统专用的设备间，要求建筑设计中将其位置尽量安排在邻近引入管道和电缆竖井（或上升管槽、上升房）处，以减少建筑中的管线长度，保证不超过综合布线系统规定的电缆或光缆最大距离。同时要求建筑设计中对通信线路的路由选择要合理，如果过多地经过走廊或过厅等公共场所或其他房间，不但会增加工程建设造价，也不利于安装施工和维护管理。

2）设备间的面积应根据室内所有通信线路设备的数量、规格尺寸和网络结构等因素综合考虑，并留有一定的人员操作和活动面积，一般不应小于 $10m^2$。

3）在设备间内不得留有煤气管、上下水管等管线，以免对通信设备产生危害，在建筑设计中必须考虑。其他如光线、温度、相对湿度、防火和防尘要求以及交流电源等，都需要建筑设计单位提出建设标准的具体内容，以求满足通信需要，这些工艺要求在综合布线系统中都要考虑，并及时与建筑单位协商，以便配合。

3. 建筑物干线子系统部分

建筑物干线子系统部分的线缆从建筑物的底层向上垂直敷设到顶层，形成垂直的主干布线，一般采取在上升管路（槽道）、电缆竖井和上升房等辅助设施中敷设或安装。在建筑设计时，对上升管路的数量（或槽道的尺寸）、电缆竖井和上升房的大小及防火等工艺要求，应与综合布线系统设计互相配合，共同研究确定。如综合布线系统的主干部分线路利用其他管线竖井敷设，应与电缆竖井合设的其他管线单位综合协商，决定具体安装位置等事宜。

4. 楼层水平子系统部分

楼层水平子系统分布在建筑物中的各个楼层，几乎覆盖各个楼层的整个面积，它是综合布线系统中最为繁琐复杂，但非常重要的部分，具有分布较广、涉及面宽、最临近用户等特点。因此，它与建筑设计和施工常有矛盾，必须协作配合，加强协调。它涉及楼层水平布线的管路或槽道的路由、管径和槽道规格、通信引出端的位置和数量、预留穿放线缆的洞孔尺寸大小以及各种具体安装方式等问题。此外，水平布线的敷设、楼层配线架、通信引出端的安装以及预留洞孔的尺寸，都要结合所选用的设备型号和线缆规格要求，互相吻合。建筑设计和施工时除必须按照建筑规范执行外，还要考虑通信专业标准的规定，做到既能满足目前用户通信需要，又为今后发展留有余地，具有一定的兼容性和灵活性，使水平子系统能适应今后的变化。

7.2.2 综合布线工程与装潢工程的配合

当建筑物内部装潢标准较高时，尤其是在重要的公共场所（如会议厅和会客室等），综合布线工程的施工时间和安装方法必须与建筑物内部装潢工程协调配合，以免在施工过程中相互影响和干扰，甚至发生彼此损坏装饰和设备的情况。为此，在综合布线系统工程设计和施工的全过程，均以建筑的整体为本，主动配合协作，做到服从主体和顾全大局。

1. 设计配合

综合布线系统的设计要根据建筑物的资料和装潢设计情况进行，布线设计和装潢设计之间必须经常相互沟通，使其能够紧密结合。前期配合工作的好坏将直接影响到后期施工中的配合情况。

2. 工期配合

在工程施工中，对于综合布线的工期与装潢工程的工期，应做到以下两点：

（1）**管线系统工程要先于装潢工程完成** 要求综合布线系统比装潢工程先进入现场施工，这样能掌握主动，因为管线系统的安装可能会破坏建筑物的外观，如墙上挖洞、打钻或敷设管道等，所以这些工作要在装潢工程的墙壁粉刷前完成，并尽量避免返工、修补等情况的发生。另外，在装潢工程之前完成管线系统安装，还有利于尽早发现管线设计不合理等情况并予以解决，一时无法解决的问题还可由设计人员根据现场的施工情况进行相应的补充或修改设计方案，否则在装潢工程后就很难解决。

（2）**设备间、配线间和工作区的安装工程要在装潢工程之后完成** 线缆布放到位后，一般要等到装潢工程的其他工作完成之后，特别是要在粉刷全部完工后方可进行下一步的线缆端接、配线架安装、信息插座安装等工作。如果在粉刷之前进行了线缆与信息模块的端接，那么粉刷时的石灰水等一些液体可能会侵入模块，引起质量问题，造成返工。同样，过早安装信息插座面板，会把面板弄脏，增加了下一步的清洁工作量。设备间和配线间的安装如果在粉刷之前完成，也会出现类似的问题，一是机柜固定后将不便于房屋的粉刷，二是粉刷过程中产生的大量粉尘会进入机柜，影响质量。

3. 设备间装潢施工的配合

设备间一般由综合布线系统设计人员设计，装潢工程人员施工。设备间的装潢除了要符合《综合布线系统工程设计规范》（GB 50311—2016）的相关要求外，还要符合《数据中心设计规范》（GB 50174—2017）、《计算机场地通用规范》（GB/T 2887—2011）、《计算机场地安全要求》（GB/T 9361—2011）等标准的规定。另外，设备间的装潢设计必须考虑防火设计与施工应依照的国内相关标准，如《高层民用建筑设计防火规范》《建筑设计防火规范》《建筑内部装修设计防火规范》等，所采用的建筑材料也要符合相关的质量规范。

设备间的装潢施工要注意以下几点：

1）室内无尘土，通风良好，要有较好的照明亮度。
2）要安装符合机房规范的消防系统。
3）使用防火门，墙壁使用阻燃漆。
4）提供合适的门锁，至少有一个安全通道。
5）防止可能的水害带来灾害。
6）防止易燃易爆物的接近和电磁场的干扰。

7）设备间空间（从地面到顶棚）应保持 2.55m 高度的无障碍空间，门高为 2.1m，宽为 90m，地板承重压力不能低于 500kg/m²。

7.2.3 建筑物现场勘察

综合布线系统的设计较为复杂，设计人员和施工人员要熟悉建筑物的结构主要有两个步骤，首先是查阅建筑图样，然后到现场勘察。

现场勘察是招标方向投标单位提供的一个查看可能影响设计、施工的任何问题的机会。由于招标方提供的招标文件可能并没有说明问题的复杂性，例如在一些图样中可能显示了楼层之间需要提升线缆或规定了线缆的尺寸，但可能没有显示楼层之间是否有现成的孔洞，如果需要在楼层之间进行取芯钻孔，很可能是要通过分包商的。因此，投标单位必须到施工现场进行勘察，以确定具体的布线方案。

通常，勘查现场的时间已在招标文件中指定，由招标单位在指定时间内统一组织。现场勘查的参与人包括工程负责人、布线系统设计人、施工督导人、项目经理及其他需要了解工程现场状况的人，当然还应包括建筑单位的技术负责人，以便现场研究决定一些事情。

因为图样上并不总是能够显示具体的路径信息，所以在现场勘察时要特别仔细，应对照"平面图"查看建筑物，逐一确认以下任务：

1）查看各楼层、走廊、房间、电梯厅、大厅等吊顶的情况，包括吊顶是否可打开，吊顶高度、吊顶距梁高度等，然后根据吊顶的情况确定水平主干线槽的敷设方法。对于新建筑物，要确定是走吊顶内线槽，还是走地面线槽；对于旧建筑物改造工程，要确定水平主干线槽的敷设线路。另外，还应找到综合布线系统需要用到的电缆竖井，查看竖井有无楼板，询问竖井中是否有其他系统，如监控设备、空调、消防设备、有线电视、自动控制、广播音响等。

2）查看建筑物中的其他弱电系统，确定计算机网络线路是否需要与其他线路共用槽道。综合布线系统是建筑物弱电系统中的一部分，在建筑工程管线设计时，通常是与其他弱电系统各子系统通盘考虑，在空间有限时大多采用混合敷设的方式。需要注意的是，在最新的国家标准《综合布线系统工程设计规范》（GB 50311—2016）中，明确要求综合布线线缆应单独敷设，并要求与其他弱电系统的线缆间距应符合设计要求（可以加金属隔板），这样做有利于提高综合布线系统的工程质量和长期可靠性。

3）若没有可用的电缆竖井，要和甲方技术负责人商定垂直槽道的位置，并选择垂直槽道的种类，如梯式桥架、托盘式桥架、槽式桥架、钢管等。

4）在设备间和楼层配线间要确定机柜的安放位置，确定到机柜的主干线槽的敷设方式，查看设备间和楼层配线间有无高架活动地板，并测量楼层高度数据。要特别注意的是，一般主楼和裙楼、一层和其他楼层的楼层高度会有所不同，同时要确定卫星配线间的安放位置。

5）如果在竖井内墙上挂装楼层配线箱，要求竖井内有电灯，并且有楼板，而不是直通的。如果是在走廊墙壁上暗嵌配线箱，要看墙壁是否贴大理石，是否有墙围需要特别处理，是否离电梯厅或房间门太近而影响美观。

6）讨论对大楼结构尚不清楚的问题，一般包括哪些是承重墙、建筑外墙哪些部分有玻璃幕墙、设备层在哪层、大厅的地面材质、墙面的处理方法（如喷涂、贴大理石、木墙围等）、柱子表面的处理方法（如喷涂、贴大理石、不锈钢包面等）等。

7.3 需求分析

7.3.1 什么是需求分析

需求分析是从软件工程和管理信息系统引入的概念，是任何一个工程实施的第一个环节，也是关系一个综合布线工程成功与否最重要的砝码。如果综合布线工程需求分析做得透彻，综合布线工程方案的设计就会赢得用户方的青睐。如果综合布线体系结构设计得好，综合布线工程的实施以及网络应用实施就相对容易得多。反之，如果综合布线工程设计方没有对用户方的需求进行充分的调研，不能和用户方达成共识，那么随意需求就会贯穿综合布线工程的始终，破坏综合布线工程项目的计划和预算。因此，在综合布线工程建设之初进行需求分析是十分必要的。

需求分析的意义如下：
1）通过需求分析，可以了解用户现有网络的状况，更好地评价现有网络。
2）需求分析可以帮助网络设计方在设计时更客观地做出决策。
3）设计方和用户方在论证工程方案时，工程的性价比是一个很重要的指标。把握用户的需求，提供合适的资源，可以获得更好的性价比。
4）需求分析是综合布线系统设计的基础。
5）综合布线工程建设的目标就是为了满足用户的需求。

综合布线工程的用户需求调查、预测主要包含以下内容：
1）用户信息点的种类。
2）用户信息点的数量。
3）用户信息点的分布情况。
4）原有系统的应用及分布情况。
5）设备间的位置。
6）进行综合布线施工的建筑平面图以及相关管线分布图。

7.3.2 需求分析面临的困难

需求分析并不是一件简单的事情，在进行需求分析的过程中，常常面临以下困难：

1. 需求是模糊的

一般用户不清楚需求，或者是有些用户虽然心里非常清楚想要什么，但却表述不清楚。如果用户本身就懂，能把需求说得清楚，这些需求分析就会十分容易。如果用户完全不懂，但信任综合布线工程设计方，需求分析人员可以引导用户，先阐述常规的需求，再由用户否定不需要的，最终也能确定用户真正的需求。不过有些用户是半内行，会提出不切实际的要求，需求分析人员就要加强沟通和协商的技巧，争取最终和用户达成一致的认识。

2. 需求是变化的

需求自身常常会变动，这是很正常的事情。需求分析人员要先接受"需求是变化的"这个事实，才不会在需求变动时手忙脚乱。因此，在进行需求分析时应注意以下问题：
1）尽可能地分析清楚哪些是稳定的需求，哪些是易变的需求，以便在进行综合布线工程设计时，将设计的基础建立在稳定的需求上。

2）在合同中一定要说清楚"做什么"和"不做什么"，如果合同不说清楚，日后就容易发生纠纷。

3. 分析人员对用户的需求理解有偏差

用户表达的需求，不同的分析人员可能有不同的理解。如果需求分析人员理解错了，可能会导致综合布线工程设计走入误区。所以需求分析人员写好需求说明书后，务必要请用户方的各个代表验证。

有些用户对需求只有朦胧的感觉，说不清楚具体的位置，故在需求分析阶段，对一般用户应尽量不要多问很专业的问题。当然，用户也是技术人员，还是可以做一些技术的沟通。

7.3.3 需求分析的方式和基本要求

1. 需求分析的方式

需求分析的方式一般有以下几种：

（1）直接与用户交谈　直接与用户交谈是了解需求最简单、最直接的方式。

（2）问卷调查　通过请用户填写问卷获取有关需求信息也不失为一项很好的选择，但最终还是要建立在沟通和交流的基础上。

（3）专家咨询　有些需求用户描述不清楚，设计人员又分析不透，这时就要请专家。

（4）吸取经验教训　有很多需求可能客户与设计人员想都没有想过，或者想得太简单。因此，要经常分析优秀的综合布线工程方案和蹩脚的同类方案，看到了优点就尽量吸取，看到了缺点就引以为戒。

2. 需求分析的基本要求

由于用户需求调查、预测具有科学性和社会性，且要求较高，为了达到准确、翔实的目的，需要做到以下几点：

（1）**以工作区为核心，提高用户需求预测的准确性**　要调查、预测用户对综合布线系统的需求，关键是确定建筑物中需要信息点的类型和场所，即确定工作区的位置和性质。对于所有用户信息业务种类（包括电话机、计算机、图像设备和控制信号装置等）的信息需求的发生点都应包含3个要素，即用户信息点出现的时间、所在的位置和具体数量。否则在工程设计中将无法确定配置设备和敷设线缆的时间、地点、规格和容量。因此，对此3个要素的调查、预测应尽量做到准确、详实而具体。

（2）**以近期需求为主，适当结合今后发展需要，留有余地**　建筑物一旦建成，其建筑性质、建筑规模、结构形式、使用功能、楼层数量、建筑面积和楼层高度等一般都已经固定，并在一定程度和具体条件下已决定其使用特点和用户性质（如办公楼或商贸业务楼等）。因此，近期在建筑物中设置的通信引出端（信息插座）的位置和数量在一般情况下是固定的，在用户需求预测中，应以近期需求为主，但也要考虑建筑物的使用功能和用户性质在今后有可能变化，因此通信引出端的分布数量和位置要适当留有发展和应变的余地。例如，对今后有可能发展变化的房间和场所，要适当增加通信引出端的数量，其位置也应布置得较为灵活，使之具有应变能力。

建筑物内的综合布线系统主要是水平布线和主干布线。水平布线一般敷设在建筑物的顶棚和管道中，覆盖整个楼层，如果要增加和更换水平布线，不但会损坏建筑物结构，影响整体美观，而且施工费用也非常高昂。主干布线大多数在建筑物弱电竖井中敷设、更换和扩充，施工相对简单。为了保护投资者的利益，可以采取"总体规划、分步实施、水平布线、一步到位"的策略，这在用户需求预测中也是需要注意的。

(3) 对各种信息终端统筹兼顾、全面调查预测 综合布线系统的主要特点之一是能综合语音、数据、图像和监控等设备的传输性能要求，具有较高的兼容性和互换性。它是将各种信息终端设备的插头与标准信息插座互相配套使用，以连接不同类型的设备（如计算机、电话机、传真机等）。因此，在调查、预测过程中，对所有信息终端设备都要统筹兼顾、全面考虑，以免造成遗憾。

(4) 多方征求意见 根据调查收集到的基础资料和了解的工程建设项目的情况，参照其他类似综合布线系统的情况进行分析、比较和预测，可以初步得到综合布线系统工程设计所需的用户需求信息。之后应将初步得到的用户需求预测结果提供给建设单位或有关部门共同商讨，广泛听取意见。如初步预测结果由建设单位提供，工程设计人员应了解该预测结果的依据及有关资料，共同对初步预测结果进行分析、讨论，并进行必要的补充和修正。同时，应参照以往其他类似工程设计中的有关数据和计算指标，结合工程现场调查研究，分析预测结果与现场实际是否相符，特别要避免项目丢失或发生重大错误。

课后练习题

1. 填空题

（1）常见的计算机局域网拓扑有_____。

（2）ATM 的传送单元是固定长度为_____ B 的信元，其中_____ B 为信元头，用来_____；_____ B 为信元体，用来_____。

2. 选择题

（1）下列哪项不是综合布线系统工程中用户需求分析必须遵循的基本要求？（   ）

A. 确定工作区数量和性质

B. 主要考虑近期需求，兼顾长远发展需要

C. 制订详细的设计方案

D. 多方征求意见

（2）以下不属于100Mbit/s 快速以太网子标准的是（   ）。

A. 100Base-TX   B. 100Base-FX   C. 100Base-T2   D. 100Base-T4

（3）以下不属于1000Mbit/s 以太网子标准的是（   ）。

A. 1000Base-LX   B. 1000Base-SX   C. 1000Base-ZX   D. 1000Base-CX

3. 简答题

（1）综合布线工程的用户需求调查、预测主要包含哪些内容？

（2）了解需求的方式一般有哪几种？

第8章 综合布线系统总体设计

8.1 综合布线系统设计标准

为了规范综合布线系统的设计和施工，国际上的标准化组织以及我国的标准制定机构先后制定了许多标准和规范。在实际的工程中，并不需要涉及所有的标准和规范，而应根据布线工程涉及的相关内容适当地引用标准和规范。通常，布线方案设计应遵循布线系统性能和设计标准，布线施工工程应遵循布线测试、安装、管理标准及防火和机房防雷接地标准。

目前我国综合布线系统工程遵循的基本标准主要有美国标准、国际标准和中国标准，综合布线系统主要设计标准见表8-1。

表 8-1 综合布线系统主要设计标准

标 准 系 列	主 要 标 准
美国标准 TIA/EIA	TIA/EIA-568（工业标准及国际商务建筑布线标准）
	TIA/EIA-569（国际商务建筑布线管理标准）
	TIA/EIA-607（商业大楼电子通信的接地及连接要求）
	TIA/EIA-526（光缆安装的发光强度损失测量）
	TIA/EIA-570（住宅电信基础设施标准）
	TIA/EIA-758（外部设备电信基础设施标准）
	TIA/EIA-598（光纤颜色规范）
	TIA/EIA-606（电信基础设施管理标准）
欧洲标准 EN	EN50173—2007（信息技术——通用布线系统）
	EN50174—2009（信息技术——电缆安装规范和质量保证）
国际标准 ISO	ISO/IEC 11801—2002（信息技术——用户房屋的综合布线国际标准）
中国国家标准	GB 50311—2016（综合布线系统工程设计规范）
	GB/T 50312—2016（综合布线系统工程验收规范）
	GB 50314—2015（智能建筑设计标准）

8.1.1 美国标准 TIA/EIA

美国电子工业协会（EIA）创建于1924年，当时名为无线电制造商协会（Radio Manufacturers Association，RMA），只有17名成员，代表不过200万美元产值的无线电制造业。而今，EIA成员已超过500名，代表美国2000亿美元产值的电子工业制造商，并已成为纯服务性的全国贸易组织，总部设在弗吉尼亚的阿灵顿。EIA广泛代表了设计生产电子元件、部件、通信系统和设备的制造商以及工业界、政府和用户的利益，在提高美国制造商的竞争力方面起到了重要的作用。

TIA/EIA系列标准是根据美国国家标准化委员会电信工业协会（TIA）/电子工业协会（EIA）制定的商用建筑布线标准，主要包括8个子标准，见表8-1。

以下主要介绍TIA/EIA-568、TIA/EIA-569和TIA/EIA-607。

1. TIA/EIA-568

这个标准确定了一个可以支持多厂家多品种的商业建筑用综合布线系统，同时也提供了为商业服务的电信产品的设计方向。即使对随后安装的电信产品不甚了解，该标准可帮用户对产品进行设计和安装。这个标准确定了各种各样布线系统配置的相关元器件的性能和技术标准，为达到一个多功能的布线系统，已对大多数电信业务的性能要求进行了审核。业务的多样化及新业务的不断出现会对系统所需性能做某些限制，故用户为了了解这些限制应知道所需业务的标准。

标准分为强制性和建议性两种。所谓强制性是指标准要求是必须达到的，而建议性标准意味着标准要求可能或希望达到（这两种概念将在本文中交替出现）。强制性标准通常适于保护、生产、管理，它强调了绝对的最小限度可接受的要求。而建议性（或希望性）标准通常针对最终产品，在某种程度上，在统计范围内确保全部产品与使用的设施设备相适应并体现了这些准则；另一方面，建议性标准是用来在产品的制造中提高生产率。无论是强制性标准还是建议性标准都是属于同一标准下的技术规范。

TIA/EIA-568 主要分为 A、B 两个版本，以下分别进行介绍。

（1）TIA/EIA-568A　TIA/EIA-568A 最初于 1997 年发布，该标准定义了语音与数据通信布线系统，它适用于多个厂家和多种产品的应用环境。它为商业布线系统提供了设备和布线产品设计的指导，也制定了不同类型电缆与连接硬件的性能与技术条款，这些条款可以用于布线系统的设计和安装。TIA/EIA-568A 发布后共经历了 5 次修订补充。

1）TIA/EIA-568A-1。这份附录于 1997 年 9 月公布，主要是为了适应像 100Base-T 这样的新一代高速传输标准而增加的相关规范。

2）TIA/EIA-568A-2。这份附录于 1998 年 8 月公布，主要是针对原始标准提供一些相关的修正与补充。

3）TIA/EIA-568A-3。这份附录于 1998 年 12 月公布，内容主要是定义了多束捆线电缆（Bundled Cable）、混合式电缆（Hybrid Cable）、复合式电缆（Composite Cable）的规格及需求。

4）TIA/EIA-568A-4。这份附录于 1999 年 12 月公布，主要是针对模块式跳接线的 NEXT 质量提供非破坏性的测试方法。

5）TIA/EIA-568A-5。这份附录于 2000 年 2 月公布，这就是大家最熟悉的 CAT.5e（超 5 类双绞线标准）首次被正式放到附录中成为标准，整份附录主要是规定 CAT.5e 的额外性能要求（相对于 CAT.5），总共包含了最小回波损耗、传输延迟、延迟歪斜、近端串扰、远端串扰、衰减串扰比等这些项目，除了这些性能要求项目外，另外也提供实验室测试方法、相关组件与现场测试方法以及指定频率范围的计算方法。

（2）TIA/EIA-568B　经过一段时间的技术发展，官方认为旧有的 TIA/EIA-568A 以及相关附录越来越庞大且杂乱，很多内容也渐渐跟不上时代的发展而落伍，于是重新发布了 TIA/EIA-568B 标准，整个标准分为 3 大部分：

1）TIA/EIA-568B.1 一般需求（General Requirements）。

2）TIA/EIA-568B.2 双绞线布线组件（Balanced Twisted-Pair Cabling Components）。

3）TIA/EIA-568B.3 光纤布线组件（Optical Fiber Cabling Components）。

其中在 B.2 部分有一个重要的附录 TIA/EIA-568B.2-1，这个附录为现在最热门的 CAT.6 布线提供了相关的传输性能规范。

TIA/EIA-568B 跟以往的标准比较，明显的改变有以下几点：

1）标准被切割成为 3 个主要部分。

2）已经完整包含了 CAT.5e/CAT.6 的技术规格。

3）50μm/125m 多模光纤被新增到水平子系统承认且建议的线材列表中。

4）在满足特定效能要求的前提下，允许使用不列在标准内的新一代小型光纤接头，例如 MT-RJ、LC 等。

5）屏蔽式双绞线（STP-A）从水平子系统承认且建议的线材列表中被删除，目前的状况为标准承认这种线材但是不建议在新的布线系统中使用。

6）同轴电缆成为不被标准承认的线材。

7）放弃基本链路（Basic Link），新增加永久链路（Permanent Link）。在 TIA/EIA-568B 标准中，将综合布线系统结构分为工作区、水平布线、主干布线、设备间、管理间、建筑群布线系统等各部分。

2. TIA/EIA-569

本标准的范围仅限于商业建筑设计和施工电信方面，包括电信通路和空间。虽然范围仅限于建筑设计电信方面，但 TIA/EIA-569 对其他弱电系统工程的建设服务有着显著的影响，例如电力和暖通空调的设计，该文件还影响建筑物内的空间分配。

本标准不包括建筑设计的安全问题，其他法规和标准也适用于电信通路和空间安装。本标准并不包括任何电信系统，这些电信系统不需要任何特殊的保安措施类型。

多租户商务建筑大楼是公认的 TIA/EIA-569 标准，租户入住通常发生在布线系统建设配置之后。基于这个标准的要求，在一个多租户商务建筑大楼中建立个人租户的不同需求可能需要通过额外的电信设施，这些设施的安装途径和空间超出了相应的建筑设计提供的服务。预计在每个租户入住时，将设计一致性的 TIA/EIA-569 标准电信通路和空间。因此，设计也可能包括路径和空间，以支持两层次骨干布线对每个租户的层次结构需求。

3. TIA/EIA-607

TIA/EIA-607 提供供商业大楼通信使用的接地及连接需求。根据 AT&T 在 1984 年的责任取消宣言，消费者应对所有包括声音及数据线材自行负责任。

由于语音通信的进步、声音及数据通信持续的复杂化，也使得消费者保养工作相对趋于困难，这些系统自然而然地需要可靠的接地参考。对于这些精密的电子系统而言，单纯地将设备接到最近的铁管，已经无法满足接地的需求了。

在线路切入点、机房及每一个通信柜，加装一个由坚固的铜所做的绝缘接地棒（0.25in×4in×不同长度）。对于每一个通信柜来说，2in 高度便已经足够，每一个接地棒钻数排洞，以便锁上固定螺钉。

基本上，通信设备、柜子、架子及电压保护器，都接到这些接地棒上。而这些接地棒，则连接到所有柜子及房间所使用的由绝缘铜制线所制作的接地主干线上。这个接地主干线，再经由通信切入点的主要接地棒，连接到电源切入点的地面，然后再到每一层楼的结构钢架。而连接导管的电缆，应该是绿色，或者适当地标明清楚。

8.1.2 欧洲标准 EN50173/EN50174

对于欧洲标准来说，它是由一系列的标准相互结合构成的，分为 EN50173 和 EN50174

两个系列，其中在设计上使用 EN50173 参考标准，在实施上采用 EN50174-1、EN50174-2、EN50174-3。

1. EN50173

EN50173 中文名称为信息技术——通用布线系统，是欧洲地区有关综合布线系统设计的标准。EN50173 的第一版是 1995 年发布的，该标准至今经历了多个版本：EN50173—1995、EN50173A1—2000、EN50173—2002、EN50173—2006 和 EN50173—2007。

在目前最新版本 EN50173—2007 中，该标准共分为 5 个部分：

1) EN50173—2007 第一部分为一般要求。
2) EN50173—2007 第二部分为办公室设计规范。
3) EN50173—2007 第三部分为工业建筑设计规范。
4) EN50173—2007 第四部分为住宅建筑设计规范。
5) EN50173—2007 第五部分为数据中心设计规范。

2. EN50174

中文名称为信息技术——电缆安装规范和质量保证，是欧洲地区有关综合布线系统施工的标准。EN50174 也经历了 EN50174—1995、EN50174—2001、EN50174—2004、EN50174—2009 等多个版本。

在最新版本 EN50174—2009 中，该标准由 3 个部分组成，它包括了 IT 布线中的平衡双绞线和光纤布线的定义、实现和实施等规范。

1) EN50174—2009 第一部分是安装规范和质量保证。
2) EN50174—2009 第二部分是建筑物内安装规划和措施。
3) EN50174—2009 第三部分是建筑物外的安装规划和实施技术。

8.1.3 国际标准 ISO/IEC 11801

ISO（国际标准化组织）和 IEC（国际电工委员会）构成了全球标准化专业机构。该机构由 ISO 或 IEC 成员通过各自组织参与并建立了独立的技术委员会，以处理特定领域的技术活动。ISO 和 IEC 合作，在很多领域有共同的利益。其他国际组织、政府和非政府组织，在与 ISO 和 IEC 联络后也可参加有关工作。在信息技术领域，ISO 和 IEC 已经建立了一个联合技术委员会，形成了国际标准组织。联合技术委员会由各国家机构投票表决通过国际标准草案，作为国际标准发布要求至少 75 个国家机构投票表决通过。国际标准 ISO／IEC 11801 是由该联合技术委员会颁布的重要标准。

ISO／IEC 11801 标准分为 edition1 和 edition2 两个版本。ISO/IEC 11801 edition1 是由联合技术委员会 ISO/IEC JTC1 的 SC25/WG3 工作组在 1995 年制定颁布的。ISO/IEC 11801 edition2 同样由这个工作组在 2002 年正式颁布。

ISO／IEC 11801 标准规定：

1) 综合布线系统工程中的用户使用独立开放的市场布线组件。
2) 给用户提供了灵活的布线方案，这样容易修改和调整。
3) 无论是在最初的规划建造以及之后的翻新工程中，只有有经验的专业人士（如布线工程师）在知道具体要求之前允许接触电缆。
4) 产业和应用的标准化组织与综合布线系统的技术支持为目前的产品标准提供了一个未来发展的基础。本标准规定了多厂商布线，并涉及：

① IEC 制定的国际标准布线组件，例如铜电缆连接器的 IEC/TC 46、IEC/TC 48，光纤光缆连接器的 IEC/TC 86。

② 由 ISO/IEC 组织的子协会和研究小组开发的应用项目，例如计算机局域网（LAN）标准、ISO/IEC JTC 1/SC 6、ISDN：ITU-T SG 13。

ISO/IEC 11801 为实施和使用综合布线系统提供规划和安装指南。这个综合布线系统国际标准的定义针对但不限于一般的办公环境。据预测，ISO/IEC 国际标准中综合布线系统定义标准将有 10 年以上的寿命。

8.1.4 中国国家标准

中国国家标准（GB 系列标准）主要包括 GB 50311—2016《综合布线系统工程设计规范》、GB/T 50312—2016《综合布线系统工程验收规范》、GB 50314—2015《智能建筑设计标准》。

1. GB 50311—2016

本标准由中华人民共和国住房和城乡建设部于 2016 年 1 月 1 日起批准实施，为新的国家标准，替代了原国家标准 GB 50311—2007《综合布线系统工程设计规范》。

本规范共分 9 章和 3 个附录，主要技术内容包括：总则、术语和缩略语、系统设计、光纤到用户单元通信设施、系统配置设计、性能指标、安装工艺要求、电气防护及接地、防火等。

本规范适用于新建、扩建、改建建筑与建筑群综合布线系统工程设计。综合布线系统设施的建设，应纳入建筑与建筑群相应的规划设计之中，根据工程项目的性质、功能、环境条件和近、远期用户需求进行设计，应考虑施工和维护方便，确保综合布线系统工程的质量和安全，做到技术先进、经济合理。综合布线系统宜与信息网络系统、安全技术防范系统、建筑设备监控系统等的配线作统筹规划，同步设计，并应按照各系统对信息的传输要求，做到合理优化设计。综合布线系统工程设计中应选用出具合格检验报告、符合国家有关技术要求的定型产品。

2. GB/T 50312—2016

本标准由中华人民共和国住房和城乡建设部于 2016 年 1 月 1 日起批准实施，为新的国家标准，替代了原国家标准 GB 50312—2007《综合布线系统工程验收规范》，由中国移动通信集团设计院有限公司会同其他参编部门组成规范编写组共同编写完成的。

本规范共分 10 章和 3 个附录，主要技术内容包括：总则、缩略语、环境检查、器材及测试仪表工具检查、设备安装检验、缆线的敷设和保护方式检验、缆线终接、工程电气测试、管理系统验收、工程验收等。

本规范适用于新建、扩建和改建建筑与建筑群综合布线系统工程的验收。在施工过程中，施工单位应符合施工质量检查的规定。建设单位应通过工地代表或工程监理人员加强工地的随工质量检查，及时组织隐蔽工程的检验和赋证工作。综合布线工程验收前应进行自检测试和竣工验收测试工作。

3. GB 50314—2015

本标准由中华人民共和国住房和城乡建设部于 2015 年 1 月 1 日起批准实施，为新的国家标准，本标准的制定是根据原中华人民共和国住房城乡建设部《关于印发〈2011 年工程建设国家标准制定、修订计划的通知》》（建标〔2011〕17号）的要求，《智能建筑设计标准》编制组在认真总结实践经验，充分征求意见的基础上，对 GB/T 50314—2006《智能建筑设计标准》进行了修订。

这次修订在内容上进行了技术提升和补充完善，并按照各类建筑物的功能予以分类，以达到全面、科学、合理，使之更有效地满足各类建筑智能化系统工程设计的要求。

本标准共分18章，主要技术内容是：总则、术语、工程架构、设计要素、住宅建筑、办公建筑、旅馆建筑、文化建筑、博物馆建筑、观演建筑、会展建筑、教育建筑、金融建筑、交通建筑、医疗建筑、体育建筑、商店建筑、通用工业建筑。

8.2 综合布线系统设计概要

要设计出一个结构合理、技术先进、满足需求的综合布线系统方案，设计之前除了要完成上面讨论的用户信息需求分析、现场勘查建筑物的结构和建设工程各项目系统的协调沟通等步骤外，还需要做好技术准备工作，确定设计原则、选定设计等级、规范设计术语，按设计步骤逐步完成设计任务。

8.2.1 综合布线系统设计原则

从理想化的角度来说，综合布线系统应该是建筑物所有信息的传输系统，可以传输数据、语音、影像和图文等多种信号，支持多种厂商各类设备的集成与集中管理控制。通过统一规划、统一标准、模块化设计和统一建设实施，利用同轴电缆、双绞线或光缆介质（或某种无线方式）来完成各类信息的传输，以满足楼宇自动化、通信自动化、办公自动化的"3A"要求。

而实际上大多数综合布线系统只包含数据和语音的结构化布线系统，有些布线系统将有线电视、安全监控等部分，其他信息传输系统加入进来，真正集成建筑物所有信息传输的综合布线系统还比较少，同时由于智能建筑物所有信息系统都是通过计算机来控制，综合布线系统和网络技术息息相关，在设计综合布线系统时应充分考虑到使用的网络技术，使两者在技术性能上得到统一，避免硬件资源冗余和浪费，以最大程度地发挥综合布线系统的优点。在进行综合布线系统的设计时，应遵循如下设计原则：

（1）**整体规划**　尽可能将综合布线系统纳入到建筑物整体规划、设计和建设中。比如在建筑物整体设计中就完成垂直干线子系统和水平子系统的管线设计，完成设备间和工作区信息插座的定位。

（2）**综合考虑**　综合考虑用户需求、建筑物功能、当地技术和经济的发展水平等因素，尽可能将更多的信息系统纳入到综合布线系统。

（3）**长远规划，保持一定的先进性**　综合布线是预布线，在进行布线系统的规划设计时可适度超前，采用先进的技术、方法和设备，做到既能反映当前水平，又具有较大发展潜力。目前，综合布线厂商都有15年的质量保证，就是说在这段时间内布线系统不需要有较大的变动，就能适应通信的需求。

（4）**扩展性**　综合布线系统应是开放式结构，应能支持语音、数据、图像（较高传输率的应能支持实时多媒体图像信息的传送）及监控等系统的需要。在进行布线系统的设计时，应适当考虑今后信息业务种类和数量增加的可能性，预留一定的发展余地。实施后的布线系统将能在现在和未来适应技术的发展，实现数据、语音和楼宇自控一体化。

(5) **标准化** 为了便于管理、维护和扩充，综合布线系统的设计均应采用国际标准或国内标准及有关工业标准，支持基于基本标准、主流厂家生产的网络通信产品。

(6) **灵活的管理方式** 综合布线系统应采用星形/树形结构，采用层次管理原则，同一级节点之间应避免线缆直接连通。建成的网络布线系统应能根据实际需求而变化，进行各种组合和灵活配置，方便地改变网络应用环境，所有的网络形态改变都可以借助于跳线完成，比如，语音系统和数据系统的方便切换、星形网络结构改变为总线型网络结构。

(7) **经济性** 在满足上述原则的基础上，力求线路简洁，距离最短，尽可能降低成本，使有限的投资发挥最大的效用。

8.2.2 综合布线系统的设计内容

综合布线系统的设计内容包括系统总体设计、各个子系统的详细设计及其他方面设计。

1. 系统总体设计

系统总体设计在综合布线工程设计中是非常关键的部分，它直接决定了工程项目质量的优劣。系统总体设计方案主要包括系统的设计目标、系统设计原则、系统设计依据、系统各类设备的选型及配置、系统总体结构等内容，应根据工程具体情况灵活设计。例如，单个建筑物楼宇的综合布线设计就不应考虑建筑群子系统的设计；又例如，有些低层建筑物信息点数量很少，考虑到系统的性价比的因素，可以取消楼层配线间（管理间子系统），只保留设备间，配线间与设备间功能整合在一起设计。

此外，在进行系统总体方案设计时，还应考虑其他系统（如有线电视系统、闭路视频监控系统、消防监控管理系统等）的特点和要求，提出密切配合、统一协调的技术方案。例如，各个主机之间的线路连接、同一路由的敷设方式等都应有明确要求，并有切实可行的具体方案，同时应注意与建筑结构和内部装修以及其他设施之间的配合，这些问题在系统总体方案设计中都应考虑。

2. 各个子系统的详细设计

综合布线工程的各个子系统设计是系统设计的核心内容，它直接影响用户的使用效果。按照国内外综合布线的标准及规范，综合布线系统可以分为6个子系统，即工作区子系统、水平子系统、管理间子系统、垂直子系统、设备间子系统和建筑群子系统。对各个子系统进行设计时，应注意以下要点：

1）工作区子系统设计时着重注意信息点的数量、安装位置、信息模块、信息插座的选型及安装标准。

2）水平子系统设计时要注意线缆布设路由、线缆和管槽类型的选择，确定具体的布线方案。

3）管理间子系统设计时要注意管理器件的选择、水平电缆和主干线缆的端接方式及安装位置。

4）垂直子系统设计时要注意主干电缆的选择、干线布线路由走向的确定、管槽敷设的方式，以确定具体的布线方案。

5）设备间子系统设计时要注意确定建筑物设备间位置、设备间装修标准、设备间环境要求、主干线缆的安装和管理方式。

6）建筑群子系统设计时要注意确定各建筑物之间线缆的路由走向、线缆规格选择、线缆敷设方式、建筑物线缆入口位置，还要考虑线缆引入建筑物后采取的防雷、接地和防火的保护设备及相应的技术措施。

3. 其他方面设计

综合布线系统其他方面的设计内容较多，主要包括：

1) 交直流电源的设备选用和安装方法（包括计算机、传真机、网络交换机、用户电话交换机等系统的电源）。

2) 综合布线系统在可能遭受各种外界干扰源的影响（如各种电气装置、无线电干扰、高压电线以及强噪声环境等）时，应采取的防护和接地等技术措施。

3) 综合布线系统要求采用全屏蔽技术时，应选用屏蔽电缆以及相应的屏蔽配线设备。在设计中应详细说明系统屏蔽的要求和具体实施的标准。

4) 在综合布线系统中，对建筑物设备间和楼层配线间进行设计时，应对其面积、门窗、内部装修、防尘、防火、电气照明、空调等方面进行明确的规定。

8.2.3 综合布线系统的设计流程

综合布线系统是一项新兴的综合技术，设计是否合理，直接影响到通信、计算机等设备的功能。由于综合布线系统管理配线间以及所需的电缆竖井、孔洞等设施都与建筑结构同时设计和施工，即使有些内部装修部分可以不同步进行，但是它们都依附于建筑物的永久性设施，所以在具体实施综合布线的过程中，各工种之间应共同协商，紧密配合，切不可相互脱节和发生矛盾，避免因疏漏造成不应有的损失或留下难以弥补的后遗症。

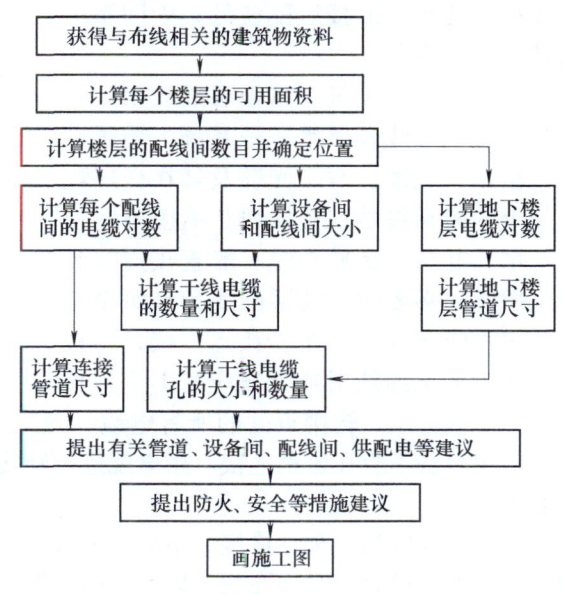

图 8-1 综合布线系统的设计流程

设计一个合理的综合布线系统一般有若干个步骤，综合布线系统的设计流程如图 8-1 所示。

8.3 系统总体框架

8.3.1 综合布线系统结构

综合布线子系统共分为工作区子系统、水平子系统、垂直干线子系统、设备间子系统、管理间子系统和建筑群子系统 6 部分，综合布线的系统结构如图 8-2 所示。其中 3 个主要的布线子系统为水平子系统、垂直干线子系统和建筑群子系统。

(1) 建筑群子系统　从建筑群配线架到各建筑物配线架的布线属于建筑群子系统。该子系统包括建筑群干线电缆、建筑群干线光缆、在建筑群配线架和建筑物配线架上的机械终端及建筑群配线架上的接插线和跳线。

一般情况下，建筑群子系统宜采用光缆。建筑群干线电缆、建筑群干线光缆也可用来直接连接两个建筑物配线架。

（2）垂直干线子系统　从建筑物配线架到各楼层配线架的布线属于建筑物干线子系统。该子系统包括建筑物干线电缆、建筑物干线光缆及其在建筑物配线间和楼层配线架上的机械终端、建筑物配线架上的接插线和跳线。

建筑物干线电缆、建筑物干线光缆应直接端接到有关的楼层配线架，中间不应有转接点或接头。

（3）水平子系统　从楼层配线架到各信息插座的布线属于水平子系统。该子系统包括水平电缆、水平光缆及其在楼层配线架上的机械终端、接插线和跳接线。

水平电缆、水平光缆一般直接连接到信息插座。必要时，楼层配线架和每个信息插座之间允许有一个转接点。接入与接出转接点的电缆线对或光纤应按1：1连接以保持对应关系。转接点处的所有电缆、光缆应作为机械终端，转接点处只包括无源连接件，应用设备不应在这里连接。用电缆进行转接时，所用的电缆应符合多单元电缆的附加串扰要求。

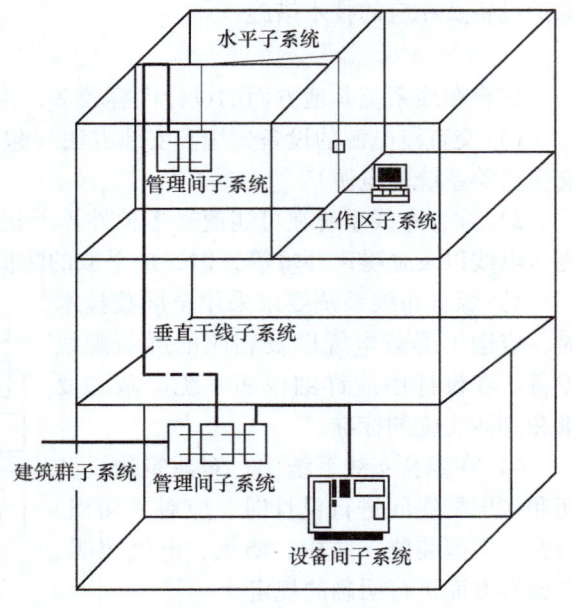

图 8-2　综合布线的系统结构

转接点处宜为永久性连接，不应作配线用。对于包括多个工作区的较大区域，且工作区划分有可能调整时，允许在较大区域的适当部位设置非永久性连接的转接点。这种转接点最多为12个工作区配线。

8.3.2　综合布线组件和接口

1. 综合布线组件

综合布线施工用的主要布线组件有下列几种：

1) 建筑群配线架（CD）。
2) 建筑群干线电缆、建筑群干线光缆。
3) 建筑物配线架（BD）。
4) 建筑物干线电缆、建筑物干线光缆。
5) 楼层配线架（FD）。
6) 水平电缆、水平光缆。
7) 转接点（TP）（选用）。
8) 信息插座（TO）。

综合布线的系统组网如图8-3所示。

2. 综合布线接口

在综合布线系统的设备间、配线间和工作区、各布线子系统两端都有相应的接口，用以连接相关设备。其连接有互联和交连两种方式，布线系统的主配线架上有接口与外部业务电缆、光缆相连，提供数据或语音通信。

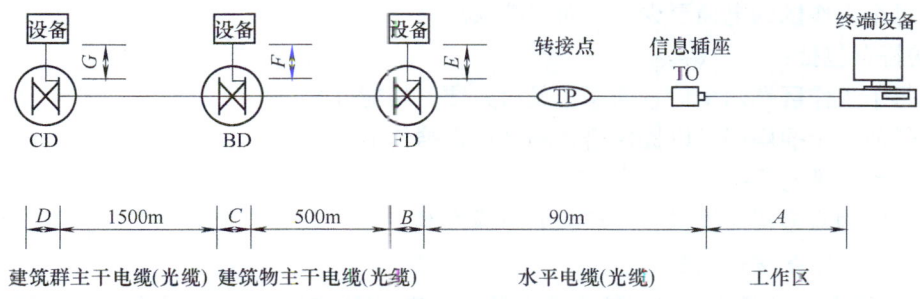

图 8-3　综合布线的系统组网

外部业务引入点到建筑物配线架的距离与设备间或用户程控交换机放置的位置有关，在应用系统设计时宜将这段距离的电缆、光缆的特性考虑在内。为使用公用电信业务，综合布线应与公用网接口相连接，公用网接口的设备及其放置的位置应由有关主管部门确认。如果公用数据网的接口未直接连到综合布线的接口，则在设计时应把这段中继线考虑在内。

8.3.3　综合布线系统设计等级

由于 GB 50311—2016 是我国一个通用的综合布线设计规范，所以它只是从一般商业应用的角度对设计等级进行划分。按照 GB 50311—2016 中的规定，综合布线系统的设计可以划分为 3 种不同的等级：基本型综合布线系统、增强型综合布线系统、综合型综合布线系统。

1. 基本型综合布线系统

基本型综合布线系统方案是一个经济有效的布线方案，它支持语音或综合型语音/数据产品，并能够全面过渡到数据的异步传输综合布线系统，基本配置包括：

1）每个工作区有 1 个信息插座。
2）每个工作区有一条水平布线 4 对 UTP 系统。
3）完全采用 110A 交叉连接硬件，并与未来的附加设备兼容。
4）每个工作区的干线电缆至少有两对双绞线。

它的特点包括：
1）能够支持所有语音和数据传输应用。
2）支持语音、综合型语音/数据高速传输。
3）便于维护人员维护、管理。
4）能够支持众多厂家的产品设备和特殊信息的传输。

这类系统具有要求不高、经济有效、可逐步过渡到较高级别等特点，目前主要应用于配置要求较低的场合。

2. 增强型综合布线系统

增强型综合布线系统不仅支持语音和数据的应用，还支持图像/影像、视频会议等。它能为增加功能提供发展的余地，并能利用接线板进行管理。它的基本配置包括：

1）每个工作区有两个以上信息插座。
2）每个信息插座均有水平布线 4 对 UTP 系统。
3）具有 110A 交叉连接硬件。

4）每个工作区的电缆至少有 3 对双绞线。

它的特点包括：

1）每个工作区有两个信息插座，灵活方便、功能齐全。

2）任何一个插座都可以提供语音和高速数据传输。

3）便于管理与维护。

4）能够为众多厂商提供服务环境的布线方案。

3. 综合型综合布线系统

综合型综合布线系统是将双绞线和光缆纳入建筑物布线的系统。它的基本配置包括：

1）在建筑物内、建筑群的干线或水平子系统中配置 62.5μm 光缆。

2）在每个工作区的电缆内配有 4 对双绞线。

3）每个工作区的电缆中应有两条以上的双绞线。

它的特点包括：

1）每个工作区有两个以上的信息插座，不仅灵活方便，而且功能齐全。

2）任何一个信息插座都可供语音和高速数据传输。

3）有一个很好的环境为客户提供服务。

这类系统功能齐全，能满足各方面通信要求，适用规模较大的智能建筑等配置较高的场合。

8.3.4 子系统线缆长度

ISO/IEC 11801 与 TIA/EIA-568 对线缆布线距离做出了规定，线缆布线距离规定见表 8-2。

表 8-2 线缆布线距离规定

子系统	线缆类型	ISO/IEC 11801	TIA/EIA-568
建筑内主干（水平子系统、垂直干线子系统）	3 类双绞线	500m 语音	500m 语音
		90m 数据	90m 数据
	4 类双绞线	500m 语音	500m 语音
		140m 数据	90m 数据
	5 类双绞线	500m 语音	500m 语音
		90m 数据	90m 数据
	STP5 类双绞线	140m 数据	90m 数据
	光纤	500m 数据	500m 数据
建筑群子系统	多模光纤	1500m 数据	1500m 数据
	单模光纤	2500m 数据	2500m 数据

其他的具体要求如下：

1）对于数据线路的水平子系统和垂直干线子系统的电缆、光缆，其最大长度见图 8-3。

注意：

① $A+B+E \leqslant 10\mathrm{m}$，这是水平子系统中工作区电缆（光缆）、设备线缆和接插线或跳线的总长度规定。

② $C+D \leqslant 20\mathrm{m}$，这是建筑物配线架或建筑群配线架上的接插线长度规定。

③ $F+G \leqslant 30\mathrm{m}$，这是建筑物配线架或建筑群配线架上的跳线长度规定。

④ 接插线应符合设计标准的有关要求。

⑤ 建筑群干线光缆是指多模光缆的长度。

2）综合布线用的电缆、光缆应符合有关产品标准的要求。布线用连接件除应符合各自的产品标准外，还应使构成的通道符合设计指标的有关要求。

3）工作区光缆、设备光缆的传输特性应符合水平光缆的传输特性。接插线、设备电缆、工作区电缆应符合设计指标的有关要求，这些电缆的衰减允许比水平电缆的衰减大50%。

4）在同一通道中使用了不同类别器件时，该通道的传输性能由最低类别的器件决定。

5）在一个通道中，不应混用标称特性阻抗不同的电缆，也不能混用纤芯直径不同的光纤，电缆不应有桥接抽头，特定条件下（如环境条件、保密等原因）在水平子系统中应考虑使用光缆。

课后练习题

1. 填空题

（1）双绞线电缆的长度从配线架开始到用户信息插座不可超过_____ m。

（2）双绞线对由两条具有绝缘保护层的铜芯线按一定密度互相缠绕在一起组成，缠绕的目的是_____。

（3）我国通信行业标准规定，水平子系统中用于数据传输的双绞线电缆最大长度为_____ m，用于语音传输的双绞线电缆最大长度为_____ m。

（4）管理间子系统的管理标记通常有_____、_____和_____3种。

（5）在不同类型的建筑物中，管理间子系统常采用_____和_____两种管理方式。

（6）综合布线中建筑群配线架（CD）到楼层配线架（FD）间的距离不应超过_____ m，建筑物配线架（BD）到楼层配线架（FD）的距离不应超过_____ m。

2. 选择题

（1）以下标准中，哪项不属于综合布线系统工程常用的标准？（　　）

A. 日本标准　　　B. 国际标准　　　C. 北美标准　　　D. 中国国家标准

（2）综合布线系统的标准中，属于中国的标准是（　　）。

A. TIA/EIA-568　　　　　　　B. GB 50311—2016

C. EN50173　　　　　　　　D. ISO/IEC 11801

（3）建筑群子系统中，单模光纤的最大布线长度为（　　），多模光纤的最大布线长度为（　　）。

A. 2000m　　　B. 2500m　　　C. 1500m　　　D. 1000m

（4）水平子系统中工作区电缆（光缆）、设备线缆和接插线或跳线的总长度不得超过（　　）。

A. 10m　　　B. 50m　　　C. 2m　　　D. 20m

3. 简答题

（1）综合布线系统由哪几个子系统组成？简述各子系统的主要功能。

（2）综合布线系统有哪几个设计等级？分别适用于什么场合？其组网介质分别是什么？

（3）简述综合布线系统的设计流程。

第 9 章 综合布线子系统设计

9.1 工作区子系统设计

9.1.1 工作区子系统概述

工作区子系统由连接终端设备与信息插座的跳线组成。它包括信息插座、信息模块、网卡和连接所需的跳线,并在终端设备和输入/输出(I/O)之间搭接,相当于电话配线系统中连接话机的用户线及话机终端部分。工作区子系统结构如图 9-1 所示,终端设备可以是电话、微型计算机和数据终端,也可以是仪器仪表、传感器和探测器。

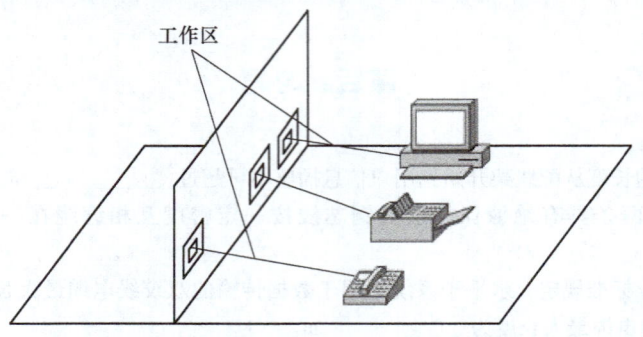

图 9-1 工作区子系统结构

一个独立的工作区通常是一部电话机和一台计算机终端设备。设计的等级分为基本型、增强型、综合型。目前普遍采用增强型设计等级,为语音点与数据点互换奠定了基础。

工作区可支持电话机、数据终端、微型计算机、电视机、监视及控制等终端设备的设置和安装。

9.1.2 工作区子系统设计要点

工作区子系统主要功能是将信息点与信息插座连接起来。因此,在工作区子系统的设计中确定工作区内信息点的数量、信息点的冗余、信息点的种类、信息点的位置尤为重要。

1. 信息点的数量

信息点的数量一般根据用户实际工作需要来确定。对于未知用途工作区,可根据 $9m^2$ 一对信息点(一个数据信息点、一个语音信息点)来估算信息点的数量。

2. 信息点的冗余

一个完善的综合布线系统应该适当考虑信息点冗余,主要原因如下:

(1)从结构方面考虑 房间的使用不是一成不变的,比如,办公桌的室内搬动、办公布局的调整、办公家具的更新换代等。信息点的设计既要满足现有结构的办公需求,又要尽可能适应今后结构发生变化后的需求。

(2)从技术保障方面考虑 在系统的使用过程中,信息点可能会因为各种原因导致故障,为最大限度保证使用,必须有一定的冗余来满足系统的需求。

(3)从发展角度考虑 随着公司业务的发展,可能需要更多信息点连入网络。信息点的设计既要满足现有的办公需求,又要适应今后发展的需要。

信息点冗余数量的多少没有一个明确的规定，一般情况下是每个工作区域冗余一对信息点，其中一个是数据信息点，另一个是语音信息点。

RJ45 头的需求量一般用下述方法计算：

$$m = 4n + 4n \times 15\%$$

式中，m 表示 RJ45 头的总需求量；n 表示信息点的总量；$4n \times 15\%$ 表示留有的冗余量。

信息模块的需求量一般用下述方式计算：

$$m = n + n \times 3\%$$

式中，m 表示信息模块的总需求量；n 表示信息点的总量；$n \times 3\%$ 表示冗余量。

3. 信息点的种类

信息点的种类主要有两种，一种是数据信息点，另一种是语音信息点。对用户而言，数据信息点和语音信息点可以灵活转换，只需要在配线间将相应的跳线重新跳接即可，使综合布线系统的灵活性得到最完美的体现。

4. 信息点的位置

信息点的位置一般根据用户实际工作需要来确定。对于未知用途工作区，如果是封闭式办公室，信息插座一般安装在墙上，与电源插座在同一水平线位置，采用墙上型插座。如果是开放式办公室，信息插座一般均匀安装在地面上，采用地面型插座。

5. 跳线长度

为了布线的美观，兼顾布线的灵活性，建议采用 1m 或 1.5m 的标准跳线。如果有特殊需要，连接信息插座与终端的跳线长度应不超过 14m。

6. 信息插座的安装位置

信息插座一般安装在距离地面 30cm 以上的位置。标准信息插座均为墙面暗装（特殊应用环境可考虑吊顶内、地面或明装方式），底边距地面超过 30cm。每组信息插座附近应配备 220V 电源插座，以便为数据设备提供电力支持以及方便使用。为了避免干扰，电源插座安装位置距离信息插座安装位置应该超过 30cm，否则需做屏蔽处理。

7. 跳线的线序

为了保证综合布线系统整体的性能，跳线的线序应该使用标准的线序。目前国内普遍采用 T568B 线序。

9.1.3 信息插座连接技术要求

每个工作区至少要配置一个插座盒。对于难以再增加插座盒的工作区，要至少安装两个分离的插座盒。信息插座是终端或工作站与水平子系统连接的接口。

每对双绞线电缆必须都终接在工作区的一个 8 脚（针）的模块化插座（插头）上。综合布线系统可采用不同厂家的信息插座和信息插头，这些信息插座盒的信息插头基本上都是一样的。在终端一端，将带有 8 针的 RJ45 插头跳线插入网卡；在信息插座一端，跳线的 RJ45 头连接到插座上。8 针模块化信息 I/O 插座是为所有的综合布线系统推荐的标准 I/O 插座，模块化信息插座的外观如图 9-2 所示。它的 8 针结构为单一 I/O 配置提供了支持数据、语音、图像或者三者的组合所需的灵活性。

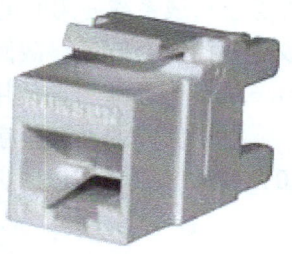

图 9-2 模块化信息插座的外观

9.2 水平子系统设计

水平布线是将电缆线从管理区子系统的配线间接到每一楼层的工作区的信息 I/O 插座上，水平子系统的结构如图 9-3 所示。

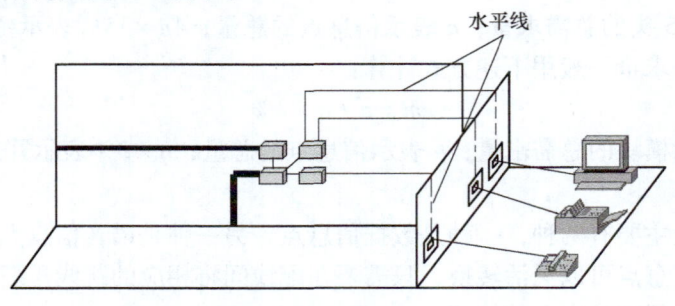

图 9-3 水平子系统的结构

水平子系统设计涉及水平子系统的传输介质和部件集成，主要为了确定线路走向；确定线缆、槽、管的数量和类型；确定电缆的类型和长度；订购电缆和线槽；确定使用的布线器材的数量。

9.2.1 水平子系统布线方案

设计者要根据建筑物的结构特点，从路由（线）最短、造价最低、施工方便、布线规范等几个方面考虑。但因建筑物中的管线比较多，往往要遇到一些矛盾，所以设计水平子系统时必须折中考虑，优选最佳的水平布线方案。一般可采用直接埋管线方式、走线槽布线方式和地面线槽方式 3 种。其余方式都是这 3 种方式的改良型和综合型。

1. 直接埋管线方式

直接埋管线方式如图 9-4 所示。该方式是由一系列密封在现浇混凝土里的金属布线管道或金属馈线走线槽组成的，这些金属管道或金属馈线走线槽从管理间向信息插座的位置辐射。根据通信和电源布线的要求、地板厚度及占用的地板空间等条件，直接埋管线方式可能要采用厚壁镀锌管或薄型电线管。这种方式在老式的设计中非常普遍。

现代楼宇不仅有较多的电话语音点和计算机数据点，而且语音点与数据点可能还要求互换，以增

图 9-4 直接埋管线方式

加综合布线系统使用的灵活性。因此综合布线系统的水平线缆比较粗，如 3 类 4 对非屏蔽双绞线外径为 1.7mm，截面积为 17.34mm^2，5 类 4 对非屏蔽双绞线外径为 5.6mm，截面积为 24.65mm^2。对于目前使用较多的 SC 型镀锌钢管及阻燃高强度 PVC 管，建议容量为 70%。

对于新建的办公楼宇，要求面积为 8～10m^2，拥有一对语音、数据点，要求稍差的是 10～12m^2。设计布线时，要充分考虑到这一点。

2. 走线槽布线方式

线槽由金属或阻燃高强度 PVC 材料制成，有单件扣合式和合式两种类型。线槽通常悬挂在顶棚上方的区域，用于大型建筑物或布线系统比较复杂而需要有额外支持物的场合，走

线槽布线方式如图 9-5 所示。由弱电井出来的缆线先走吊顶内的线槽，到各房间后，经分支线槽从横梁式电缆管道分叉后将电缆穿过一段支管引向墙柱或墙壁，贴墙而下到本层的信息出口。或贴墙而上，在上一层楼板钻一个孔，将电缆引到上一层的信息出口，最后端接在用户的插座上。

在设计、安装线槽时应多方考虑，尽量将线槽放在走廊的吊顶内，并且去各房间的支管应适当集中至检修孔附近，便于维护。一般走廊处于中间位置，布线的平均距离最短，可节约线缆费用，提高

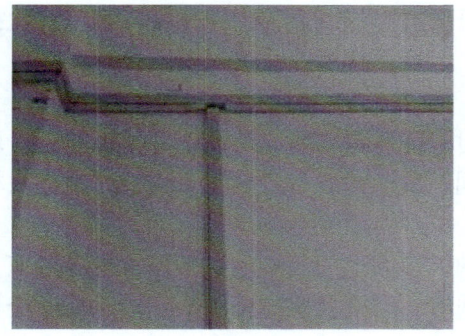

图 9-5 走线槽布线方式

综合布线系统的性能（线越短，传输的质量越高），尽量避免线槽进入房间，否则不仅费钱，而且影响房间装修，不利于以后的维护。如果是新楼宇，则应赶在走廊吊顶前施工，这样不仅可减少布线工时，还利于已穿线缆的保护，不影响房内装修。

弱电线槽能走综合布线系统、公用天线系统、闭路电视系统（24V 以内）及楼宇自控系统信号线等弱电线缆，这可降低工程造价。同时由于房间内吊顶贴墙而下至信息出口，在吊顶时与其他的系统管线交叉施工，减少了工程协调量。

3. 地面线槽方式

地面线槽方式就是由弱电井出来的线走地面线槽到地面出线盒或由分线盒出来的支管到墙上的信息出口，地面线槽的外观如图 9-6 所示，地面线槽的布线方式如图 9-7 所示。由于地面出线盒、分线盒或柱体直接走地面垫层，因此这种方式适用于大开间或需要打隔断的场合。

 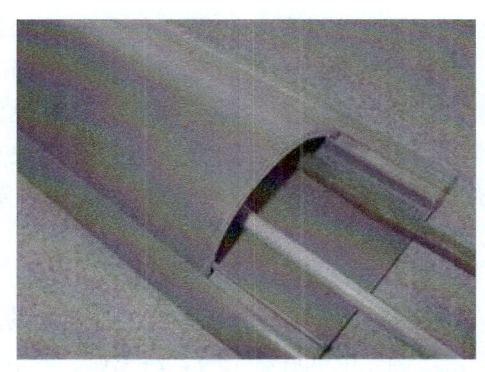

图 9-6 地面线槽的外观　　　　　　　图 9-7 地面线槽的布线方式

地面线槽方式就是将长方形的线槽扎在地面垫层中，每隔 4～8m 拉一个过线盒或出线盒（在支路上出线盒起分线盒的作用），直到信息出口的出线盒。线槽有两种规格：70 型外形尺寸为 70mm×25mm，有效截面积为 1470mm^2，占空比取 30%，可穿插 24 根水平线（3、5 类混用）；50 型外形尺寸为 50mm×25mm，有效截面积为 960mm^2，可穿插 15 根水平线。

分线盒与过线盒均由两槽或三槽分线盒拼接。

地面线槽方式具有以下优点：

（1）信息出口离弱电井的距离不限　地面线槽每 4～8m 接一个分线盒或出线盒，布线时拉线非常容易，因此距离不限。强、弱电可以由相邻的地面线槽走同一线路，而且可接到同一线盒内的各自插座。当然，地面线槽必须接地屏蔽，产品质量也要过关。

（2）适用于大开间或需打隔断的场合　如交易大厅面积大，计算机离墙较远，用较长的线接墙上的网络信息插座及电源插座，显然是不合适的。这时在地面线槽的附近留一个出线盒，联网及取电都解决了。又如一个楼层要出售，需视办公家具确定房间的大小与位置来打隔断，这时离办公家具搬入和住人的时间已经比较近了，为了不影响工期，使用地面线槽方式是最好的方法。

（3）可以提高商业楼宇的档次　大开间办公是现代流行的管理模式，在高档楼宇普遍使用，在大开间办公室使用地面线槽布线可以杜绝电缆走线的杂乱无序。

地面线槽方式的缺点也是明显的，主要体现在地面线槽做在地面垫层中，需要至少 6.5cm 以上的垫层厚度，这对于尽量减少挡板及垫层厚度是不利的；如果楼板较薄，有可能在装潢吊顶过程中被吊杆打中，从而影响使用；不适合楼层中信息点特别多的场合。另外，地面线槽多，被吊杆打中的机会就会相应增大。因此建议超过 300 个信息点时，应同时用地面线槽与吊顶内线槽两种方式，以减轻地面线槽的压力。地面线槽的路径应避免经过石质地面和不在其上放置出线盒与分线盒。如地面出线盒盖是用铜做的，则一个地面出线槽盒的售价为 300～400 元，这是墙上出线盒所不能比拟的。总体而言，地面线槽方式的造价是吊顶内线槽方式的 3～5 倍。目前地面线槽方式大多数用在资金充裕的金融业楼宇中。

4. 高架地板布线

高架地板（也叫活动地板）布线系统由许多方块地板组成，高架地板布线如图 9-8 所示。这些活动地板搁置于固定在建筑物地板上的铝制或钢制锁定支架上，都是可活动的，可有效防护缆线，同时便于检修或敷设、拆除缆线。这种布线方法非常灵活，而且容易安装，不仅容量大，防火也方便。其缺点是在活动地板上走动会造成共鸣板效应，且初期安装费用昂贵、房间高度降低。

在选型与设计中还应注意以下几点：

1）选型时，应选择那些有工程经验的厂家，其产品要通过国家电气屏蔽检验，避免强、弱电同路对数据传输产生干扰；敷设地面线槽时，厂家应派技术人员现场指导，避免打上垫层后再发现问题而影响工期。

图 9-8　高架地板布线

2）应尽量根据甲方提供的办公家具布置图进行设计，避免地面线槽出口被办公家具挡住；无办公家具图时，地面线槽应均匀地布放在地面出口；对有防静电地板的房间，只需要布放一个分线盒即可，线缆敷设于防静电地板下。

3）地面线槽的主干部分尽量安装在走廊的垫层中。楼层信息点较多时，应同时采用地面管道与吊顶内线槽两种相结合的方式。

9.2.2 水平子系统布线设计

信息插座的数量和类型、电缆的类型和长度一般在总体设计时确定，但考虑到产品质量和施工人员的误操作等因素，在订购时要留有余地。订购电缆时，必须确定电缆的布线方法和电缆走向，确认到设备间的接线距离，留有端接容差。

1. 确定配线线缆的类型

选择配线子系统的缆线，要根据建筑物内部具体信息点的类型、容量、带宽和传输速率来确定。在配线子系统中推荐电缆采用超5类、6类4对对绞电缆；光缆推荐采用62.5μm/125μm、50μm/125μm多模光缆和8.3μm/125μm单模光缆。

配线应留有扩展余地。从管理间至每个工作区的水平光缆易按2芯光缆配置，当光纤至工作区域满足用户群或大客户使用时，光纤芯数至少应有2芯备份，按4芯水平光缆配置。水平子系统配线电缆最大长度为90m（参见8.3.4节），可以在楼层配线架与信息插座之间设置一个集合点。

2. 电缆长度计算

电缆长度的计算公式有3种：

（1）订货总量　　订货总量（总长度）＝所需总长＋所需总长×10%＋$6n$

式中，所需总长指n条布线电缆所需的理论长度；所需总长×10%为备用部分；$6n$为端接容差。

（2）整幢楼的用线量　　　　整幢楼的用线量＝NC

式中，N为楼层数；C为每层楼用线量，且$C=[0.55(L+S)+6]n$；L为本楼层离管理间最远的信息点距离；S为本楼层离水平间最近的信息点距离；n为本楼层的信息插座总数；0.55为备用系数；6为端接容差。

（3）总长度　　　　　　总长度＝$A+Bn×3.3×1.2/2$

式中，A为最短信息点长度；B为最长信息点长度；n为楼内需要安装的信息点数；3.3为系数；1.2为余量参数。

双绞线一般以箱为单位订购，每箱双绞线长度为305m，故用线箱数＝总长度/305＋1。设计人员可用这3种算法之一来确定所需电缆的长度。

在水平布线通道内，屏蔽的电源导体（电缆）与电信电缆并线时不需要分隔；可以用电源管道障碍（金属或非金属）来分隔电信电缆与电源电缆；非屏蔽的电源电缆的最小距离为10cm；在工作站的信息口或间隔点、电信电缆与电源电缆的最小距离应为6cm。

3. 管槽规格的确定

综合布线系统的水平子系统的缆线类型包括大对数屏蔽与非屏蔽电缆（25对、50对、100对）、或4对屏蔽或非屏蔽对绞电缆（超5类、6类、7类）及光缆（2～24芯）等。尤其是6类屏蔽双绞线因构成的方式较复杂，众多缆线的直径与硬度有较大的差异，在设计管线时应引起足够的重视。为了选择到合适大小的管槽，可以采用直径利用率和截面利用率的公式进行计算，即

$$管径利用率 = d/D$$

式中，d为缆线总外径；D为管道内径。

$$截面利用率 = A_1/A$$

式中，A_1 为穿在管内的缆线总截面积，它等于每根缆线的截面积乘以缆线根数；A 为管子的内截面积。

为了保证水平线缆的传输性能及成束缆线在电缆线槽中或弯角处布放时不会产生溢出的现象，管槽大小的选择应符合下列要求：

1）管内穿大对数电缆或 4 芯以上的光缆时，直线管道的管径利用率应为 50%～60%，弯管道的管径利用率应为 40%～50%。

2）暗管布放 4 对双绞电缆或 4 芯以下光缆时，管道的利用率应为 25%～30%，线槽的截面利用率应为 30%～50%。

对于具体的尺寸标准，管道容纳缆线数量见表 9-1，线槽容纳缆线数量见表 9-2。

表 9-1 管道容纳缆线数量 （单位：根）

规　格	3 类 4 对	超 5 类 4 对
G15	2	2
G20	4	3
G25	6	6
G32	11	10

表 9-2 线槽容纳缆线数量 （单位：根）

线槽规格	3 类 4 对	超 5 类 4 对	3 类 25 对	3 类 50 对	3 类 100 对	超 5 类 25 对
25mm×25mm	8	7	1	0	0	0
25mm×50mm	17	15	3	1	0	2
75mm×25mm	27	24	5	3	1	3
50mm×50mm	36	32	7	4	2	5
50mm×100mm	74	66	16	10	5	12
100mm×100mm	150	134	33	22	11	25
75mm×150mm	169	151	38	25	13	28
100mm×200mm	301	269	68	45	23	52
150mm×150mm	339	303	77	51	27	58

4. 线槽走向设置

对于线槽的走向，一般有两种方案：吊杆走线槽、托架走线槽。

1）使用吊杆走线槽时，一般是间距 1m 左右安装一对吊杆。吊杆的总量应为水平干线的长度（m）×2（根）。

2）使用托架走线槽时，一般是 1～1.5m 安装一个托架，托架的需求量应根据水平干线的实际长度去计算。托架应根据线槽走向的实际情况来选定。一般有如下两种情况：

① 水平线槽不贴墙，则需要订购托架。

② 水平线贴墙走，则可使用角钢的自做托架，用于固定线缆。

9.3 垂直干线子系统的设计

垂直干线子系统又称垂直子系统，是由设备间的建筑物配线设备、跳线以及设备间至各楼层交接间的干线电缆组成，垂直干线子系统结构如图 9-9 所示。它通常由垂直大对数铜缆或光缆组成，一端端接于设备机房的主配线架上，另一端通常接在楼层接线间的各个管理配线架上。

9.3.1 垂直干线子系统布线方案

确定从管理间子系统到设备间子系统的干线路由，应选择干线段最短、最安全和最经济的路由，在大楼内通常有如下几种方法：

1. 电缆孔方法

电缆孔方法是干线通道的常用方案，电缆孔方法布线如图9-10所示。干线通道中所用的电缆孔是很短的管道，通常用直径为10cm的刚性金属管做成。它们嵌在混凝土地板中，这是在浇注混凝土地板时嵌入的，比地板表面高出2.5～10cm。电缆往往捆在钢绳上，而钢绳又固定到墙上已铆好的金属条上。当配线间上下都对齐时，一般采用电缆孔方法。

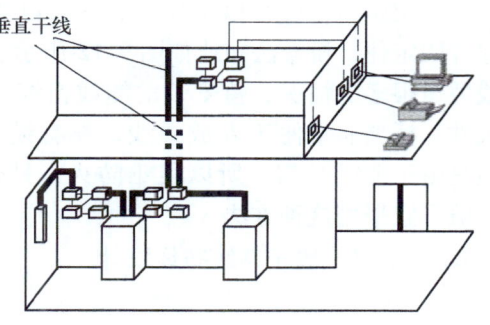

图9-9 垂直干线子系统结构

2. 电缆井方法

电缆井方法常用于干线通道，电缆井方法布线如图9-11所示。电缆井是指在每层楼板上开出一些方孔，使电缆可以穿过这些方孔并从某楼层伸到相邻的楼层。电缆井的大小依所用电缆的数量而定。与电缆孔方法一样，电缆也是捆在或箍在支撑用的钢绳上，钢绳靠墙上金属条或地板三角架固定住。离电缆井很近的墙上立式金属架可以支撑很多电缆。电缆井的选择性非常灵活，可以让粗细不同的各种电缆以任何组合方式通过。电缆井方法虽然比电缆孔方法灵活，但在原有建筑物中开电缆井安装电缆造价较高，它的另一个缺点是使用的电缆井很难防火。如果在安装过程中没有采取措施去防止损坏楼板支撑件，则楼板的结构完整性将受到破坏。

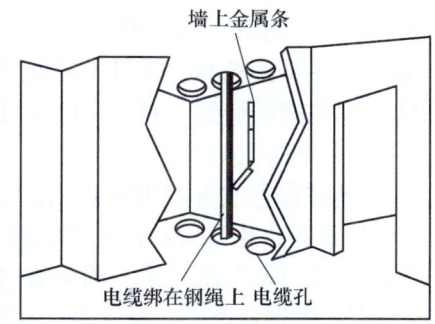

图9-10 电缆孔方法布线

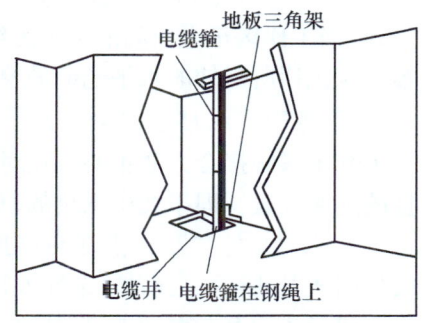

图9-11 电缆井方法布线

在多层楼房中，经常需要使用干线电缆的横向通道才能从设备间连接到干线通道，以及在各个楼层上从二级交接间连接到任何一个配线间。请记住，横向走线需要寻找一个易于安装的方便通道，因而两个端点之间很少是一条直线。

3. 管道和桥架

管道和桥架既可以安装在建筑物墙面上，供垂直干线缆线走向；也可以安装在吊顶内、顶棚上，供水平干线缆线走向。在多层楼房中，经常需要使用干线电缆的横向通道才能将干线电缆从设备连接到干线通道。

在横向干线走线系统中，管道对电缆起机械保护作用。管道不仅有防火的优点，而且它提供的密封和坚固的空间使电缆可以安全地延伸到目的地。但是管道很难重新布置，因而不太灵活，同时其造价较高。在建筑物设计阶段，必须进行周密的计划，以保证管道粗细合适。这种方法也适用于低矮而又宽阔的单层平面建筑物，如工矿企业的大型厂房、机场等。

桥架是另一种可以选择的方法，电缆铺在桥架上，由支撑件固定住，桥架法布线如图 9-12 所示。桥架方法最适合缆线数量很多的情况，待安装的缆线粗细和数量决定了桥架的尺寸。桥架非常便于安放缆线，没有缆线穿过管道的麻烦，但是由于缆线外露，所以很难防火，另外从美观的角度看，一般不宜采用这种方法。

9.3.2 垂直干线子系统布线设计

1. 确定每层楼的干线缆线类别

垂直干线子系统可以使用的缆线主要有 100Ω 非屏蔽双绞线（大对数）、150Ω 屏蔽双绞线、8.3μm/125μm 单模光缆、62.5μm/125μm 多模光缆。

图 9-12　桥架法布线

如果电话交换机和计算机主机设置在建筑物内不同的设备间，宜采用不同的主干缆线来满足语音和数据的需要；对电话应用可采用 3 类大对数对绞电缆。

2. 确定每层楼的干线缆线容量

主干电缆和光缆所需的容量要求及配置应符合以下规定：

1）对语音业务，大对数主干电缆的对数应按每个电话 8 位模块通用插座配置 1 对线，并在总需求线对的基础上至少预留约 10% 的备用线对。

2）对于数据业务应以集线器（Hub）、交换机（SW）群（按 4 个 Hub 或 SW 组成 1 群）或以每个 Hub 或 SW 设备设置 1 个主干端口配置。每 1 群网络设备或每 4 个网络设备宜考虑 1 个备份端口。主干端口为电端口时应按 4 对线容量配置，为光端口时则按 2 芯光纤容量配置。

3）当工作区至电信间的水平光缆延伸至设备间的光配线设备（BD/CD）时，主干光缆的容量应包括所延伸的水平光缆的容量在内。

3. 干线子系统接合方法

干线子系统接合方法主要有点对点终接法和分支递减终接法。点对点终接是最简单、最直接的连接方法，即干线子系统的每根电缆直接延伸到指定的电信间配线架。

（1）点对点终接法　点对点终接法布线如图 9-13 所示。首先要选择 1 根对绞电缆或光缆，其数量（电缆对数、光缆芯数）可以满足一个楼层的全部信息点的需要，而且这个楼层只需设一个电信间。然后从设备间引出这根缆线，经过干线通道，终接于该楼层的一个指定电信间内的连接硬件上。缆线到此为止，不再往别处延伸。

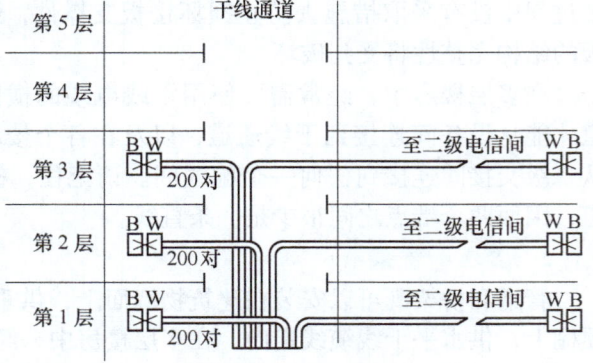

图 9-13　点对点终接法布线

在点对点终接方法中，各条干线缆线的长度各不相同（每根缆线的长度只要足以延伸到指定的电信间即可），而且粗细也可能不同。在设计阶段，缆线的材料清单反映出这一情况。此外，还要在施工图样上详细说明哪根缆线接到哪一楼层的哪个电信间。

点对点终接方法的主要优点是可以在干线中采用较小、较轻、较灵活的缆线，不必使用昂贵的绞接盒。缺点是穿过设备间附近楼层的缆线数目较多。

(2) 分支递减终接法　分支递减终接法布线如图 9-14 所示，是指干线中的 1 根多对电缆或多芯光缆可以支持若干个电信间的通信，经过绞接盒后分出若干根小电缆或几芯光纤，它们再分别延伸到每个电信间，并终接于目的地连接硬件上。

这种接合方法通常用于支持 5 个楼层的通信需要（以每 5 层为 1 组）。一根主干缆线向上延伸到中点（第 3 层），安装人员在该楼层的电信间里装

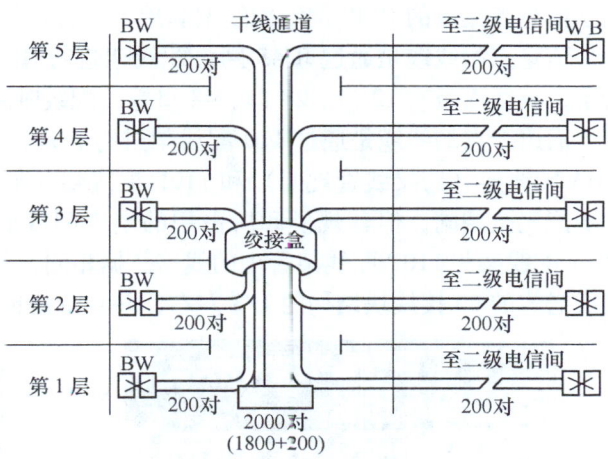

图 9-14　分支递减终接法布线

上一个绞接盒，然后用它把主干缆线与粗细合适的各根小缆线连接起来后再分别连往上两层楼和下两层楼。

分支递减终接方法的优点是干线中的主干缆线总数较少，可以节省一些空间。在某些情况下，分支递减终接法的成本低于点对点终接方法。对一座建筑物来说，这两种接合方法中究竟哪一种最适宜，通常要根据缆线成本和所需的工程费用通盘来考虑。

9.4　管理间子系统的设计

管理间子系统由交连/互联的配线架、信息插座式配线架、相关跳线组成，管理间子系统结构如图 9-15 所示。管理间子系统为连接其他子系统提供连接手段。交连和互联允许将通信线路走位或重定位到建筑物的不同部分，以便能更容易地管理通信线路。

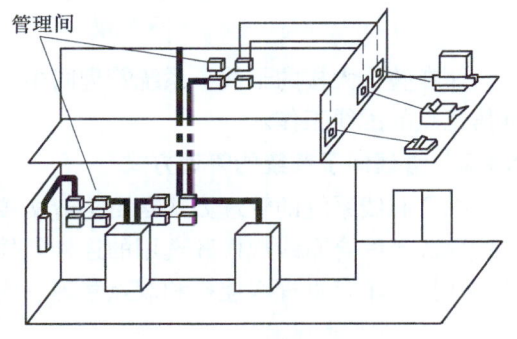

图 9-15　管理间子系统结构

9.4.1　管理间子系统部件

现在，许多大楼在综合布线时都考虑在每一层楼都设立一个管理间，用来管理该层的信息点，摒弃了以往几层共享一个管理间子系统的做法，这也是布线的发展趋势。管理间一般有以下设备：机柜、配线间、光纤跳线及尾纤、集线器、光纤适配器、信息点集线面板（RJ45 网络配线架）、语音点 110 集线面板（110 配线架）、集线器的整压电源线。

管理间子系统的设备如图 9-16 所示，在这些设备中，重要的是管理间子系统的交连硬件部件，即集线面板或配线架。在楼层中的水平子系统管理间主要有

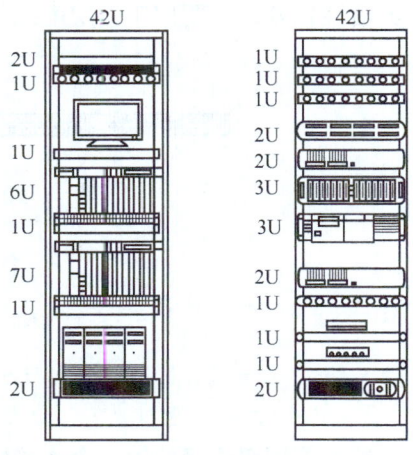

图 9-16　管理间子系统的设备

用于信息点集成的 RJ45 网络配线架和用于语音点集成的 110 配线架。

信息点的线缆是通过 RJ45 网络配线架进行管理的，RJ45 网络配线架的使用如图 9-17 所示，集线面板有 12 口、24 口、48 口等，配线时应根据信息点的多少配备集线面板。

而语音点的线缆是通过 110 配线架进行管理，110 配线架的使用如图 9-18 所示，分为 110A 配线架（跨接线管理架）和 110P 配线架（插入线管理架）两大类。这两种硬件的电气功能完全相同，但其规模和所占用的墙空间或面板大小有所不同，每种硬件各有优点。110A 配线架与 110P 配线架管理的线路数据相同，但 110A 配线架占有的空间只有 110P 配线架或老式的 66 接线块结构的 1/3 左右，并且价格也较低。

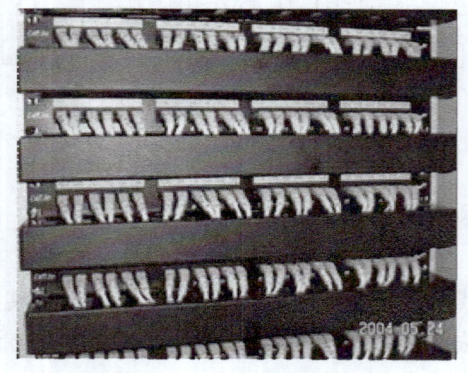

图 9-17　RJ45 网络配线架的使用

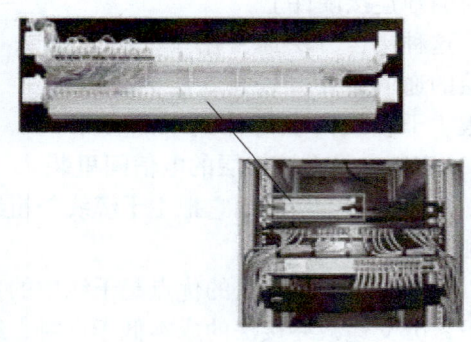

图 9-18　110 配线架的使用

而在整个大楼的干线子系统管理间中，主要使用 110 配线架，可以综合实现语音点和数据信息点的配线工作。

9.4.2　管理间子系统的管理方式

综合布线系统的管理方式是由构造交接场的硬件的地点、结构和类型决定的，交接场的结构取决于综合布线规模和选用的连接硬件。在不同的建筑物中管理间子系统常采用单点管理单连接、单点管理双连接和双点管理双连接 3 种方式。

1. 单点管理单连接

单点管理单连接位于设备间的交接设备或互联设备附近，直接连至用户工作区，故布线的灵活性较差，主要用于楼层配线管理，单点管理单连接示意如图 9-19 所示。

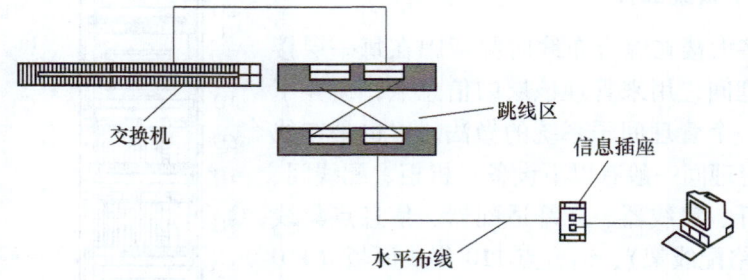

图 9-19　单点管理单连接示意

2. 单点管理双连接

单点管理双连接的第一个连接区位于设备间里面的交换设备或互联设备附近，线路可进行跳线管理；第二个连接区位于用户工作区或楼层管理间。如果没有楼层配线间，第二个交连可放在用户间的墙壁上，单点管理双连接示意如图 9-20 所示。

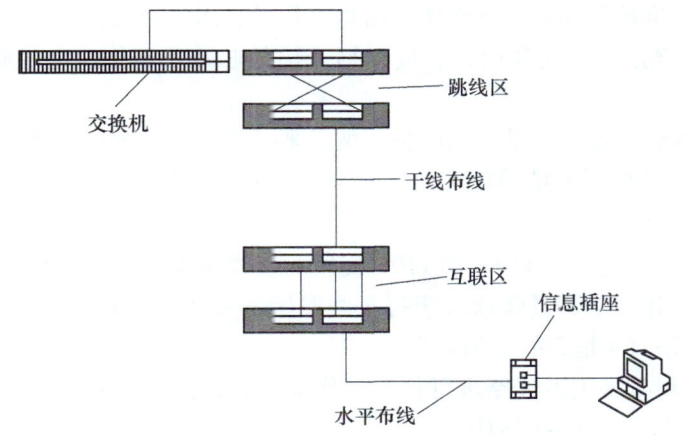

图 9-20　单点管理双连接示意

3. 双点管理双连接

当低矮而又宽阔的建筑物管理规模较大、复杂时（如机场、大型商场），多采用二级交接间，设置双点管理双连接。双点管理除了在设备间里有一个管理点（一级管理交接）之外，在二极交接间或用户房间的墙壁上还有第二个可管理的交接，称为二级交接设备。双连接要经过二级交接设备。第二个交接可能是一个连接块，它对一个接线

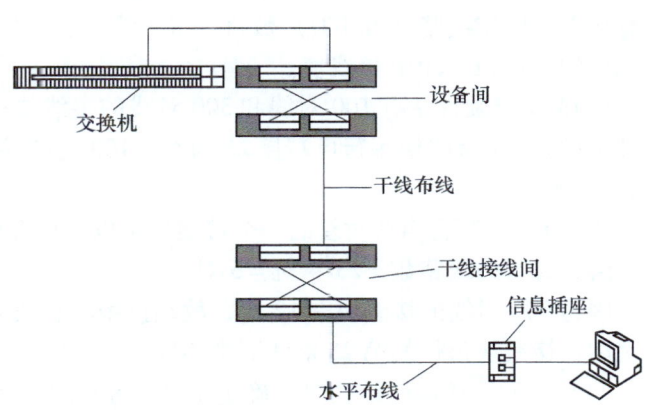

图 9-21　双点管理双连接示意

块或多个终端块（其配线场与站场各自独立）的配线场和站场进行组合，双点管理双连接示意如图 9-21 所示。

9.4.3　管理间的设计原则和流程

1. 管理间的设计原则

1）管理间中干线配线管理宜采用双点管理双交接。
2）管理间中楼层配线管理应采用单点管理。
3）管理配线间的结构取决于信息点的数量、综合布线系统网络性质和选用的硬件。在配线架上应具有用于标记管理的插槽或标牌。110A 配线架适用于用户不经常对楼层的线路进行修改、移位或重组。110P 配线架适用于用户经常对楼层的线路进行修改、移位或重组。
4）端接线路模块化系数合理。基本型综合布线系统设计中的干线电缆端采用 2 对线；增加型综合布线系统设计中的干线电缆端接采用 3 对线；工作站点对点端接采用 4 对线。
5）交接设备或跳线连接方式要符合下列规定：
① 对配线架上相对稳定一般不经常进行修改、移位或重组的线路，宜采用卡接式接线方法。
② 对配线架上经常需要调整或重新组合的线路，宜使用快接式插接线方式。

③ 根据信息点（TO）的分布和数量确定交接间及楼层配线架（FD）的位置和数量，FD 的接线模块应有 20%～30% 的余量。

④ 建筑物配线设备的规模宜根据楼内信息点数量、用户交换机门数、外线引入线对数、主干线缆的对数来确定，对光纤而言，应根据光缆的芯数及规格、型号确定光缆端接箱规格、类型。

⑤ 在交接间留有一定的余量空间以备容纳未来扩充的交接硬件设备。

6）列管理间的墙面材料清单应全面，并画出详细的墙面结构图。

2. 管理间的设计流程

(1) **首先选择 110 硬件** 110A 和 110P 使用的接线块均是每行端接 25 对线。它们都使用 3、4 或 5 对线的连接块，具体取决于每条线路所需的线对数目，2 对线的线路也可以使用 4 对线的连接块（4 是 2 的整倍数）。

如果客户不想对楼层上的线路进行修改、移位或重组，选择 110A 接线块；如果用户今后需要重组线路，选择 110P 接线块。

(2) **确定接线块的数目** 对于站的端接和连接电缆来说，确定所需要的接线块数目，这意味着要确定线路（或 I/O）数目、每条线路所含的线对数目（模块化系数），并确定合适规模的 110A 或 110P 接线块。

110A 交连硬件备有 100 对线和 300 对线的接线块；110P 接线块有 300 对线和 900 对线两种类型。1 个接线块每行可端接 25 对线，100 对线接线块的接线有 4 行，300 对线的接线块有 12 行。

例 9-1 计算含 300 对线的一个接线块可以端接多少条 4 对线线路？

解：每行的线路数 = 25/4 对 = 6 对。

因为 300 对线的接线块有 12 行，故端接线路总数为 12×6 条 = 72 条。

注：接线块每行的第 25 对线通常不同。

(3) **绘制端接墙面结构图** 确定水平子系统和干线子系统所需要的接线块数目，即可列出材料清单，并画出详细的墙面结构图，包括以下信息：

1）干线电缆孔。

2）电缆和电缆孔的位置。

3）电缆布线的空间。

4）房间进出管道和电缆孔的位置。

5）根据电缆直径确定的干线子系统接线间和水平子系统接线间的馈线管道。

6）管道内要安装的电缆。

7）硬件安装细节。

8）110 型硬件空间。

9）其他设备（如电源）的安装空间。

为了保证绘制的图样可有效进行使用，在绘图之前，还应该核查以下项目：

1）主设备间、干线接线间和卫星接线间的底板区实际尺寸能否容纳配线场所硬件，为此，应对比一下接线块的总面积和可用墙板的总面积。

2）电缆孔的数目和电缆井的大小是否足以让那么多的电缆穿过干线接线间，如果现成电缆孔数目不够，应安排楼板钻孔工作。

9.4.4 管理标记

管理标记是综合布线系统的一个重要组成部分。综合布线系统应在需要管理的各个部位设置标签，表示相关的管理信息。标志符可由数字、英文字母、汉语拼音或其他字母组成，布线系统内各同类型的器件与缆线的标志符应具有同样特征（相同数量的字母和数字等）。

一般情况下，管理标记方案由用户的网络系统管理员和综合布线系统设计人员共同制订。管理标记方案应规定各种参数和识别方法，以便查清配线架上交连场的各条线路和终端设备的终接点。记录信息包括所需信息和任选信息，各部位相互间接口信息应统一。要求如下：

1）管理记录包括管道的标志符、类型、填充率、接地等内容。

2）缆线记录包括缆线标志符、缆线类型、连接状态、线对连接位置、缆线占用管道类型、缆线长度、接地等内容。

3）连接器件及连接位置记录包括相应标志符、安装场地、连接器件类型、连接器件位置、连接方式、接地等内容。

4）接地记录包括接地体与接地导线标志符、接地电阻值、接地导线类型、接地体安装位置、接地体与接地导线连接状态、导线长度、接地体测量日期等内容。

1. 电缆管理标记

综合布线系统的电缆管理通常使用电缆标记、插入标记和场标记3种标记。

（1）电缆标记　电缆标记是塑料标牌或不干胶，可以系在电缆端头或直接贴到电缆表面。其尺寸和形状根据需要而定，在交连场安装和做标记之前，电缆的两端应标明相同的编号，以此来辨别电缆的来源和去处。例如，一根电缆从三楼的311房的第1个数据信息点拉至电信间，则该电缆的两端可以标记上"311-D1"这样的标记，其中"D"表示数据信息点。

（2）插入标记　插入标记又称区域标记，是一种色标标记。在设备间、进线间、电信间的各种配线设备上，应用色标区分配线设备连接的缆线是干线电缆、配线电缆还是设备终接点；同时，还应采用标签表明终接区域、物理位置、编号、容量、规格等，以便维护人员在现场一目了然地加以识别。

（3）场标记　场标记的背面是不干胶，可以贴在建筑物布线场的平整表面上。色标的规定及应用场合如下：

1）橙色：用于分界点，连接入口设施与外部网络的配线设备。

2）绿色：用于建筑物分界点，连接入口设施与建筑群的配线设备。

3）紫色：用于与信息通信设施（程控交换机、计算机网络、传输等设备）连接的配线设备。

4）白色：用于连接建筑物内主干缆线的配线设备（一级主干）。

5）灰色：用于连接建筑物内主干缆线的配线设备（二级主干）。

6）棕色：用于连接建筑群主干缆线的配线设备。

7）蓝色：用于连接水平缆线的配线设备。

8）黄色：用于报警、安全等其他线路。

9）红色：预留备用。

色标应用位置示意如图9-22所示。

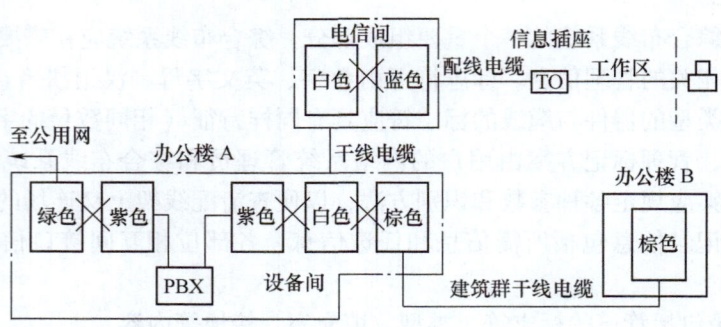

图9-22　色标应用位置示意

2. 光缆管理标记

综合布线系统的光缆部分采用两种标记，即交连标记和光缆标记。

（1）交连标记　交连标记标在交连点，提供光纤远端的位置和光纤本身的说明（即光纤识别码），交连标记格式如图9-23所示。

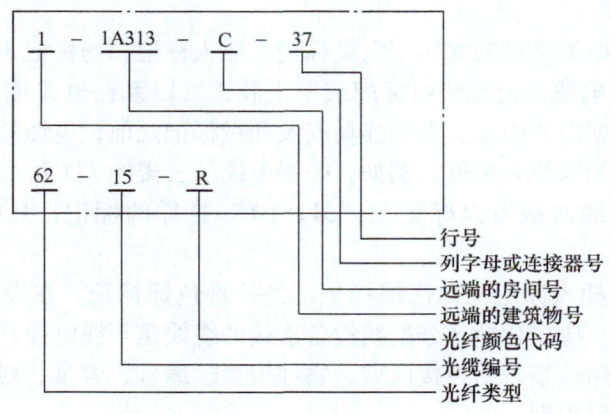

图9-23　交连标记格式

（2）光缆标记　除了交连标记提供的信息之外，每条光缆上还有标记，以提供光缆远端的位置和该光缆的特殊信息，光缆标记格式如图9-24所示。第1行表示光缆的远端所在房间号，第2行表示启用光纤数、备用光纤数和光缆长度。

光缆管理除了利用标记来提供信息外，还应向用户提供一套永久性的记录。永久性记录应至少包括以下信息：

1）建筑物、房间和电信间的编号方法。

2）距离编号方法。

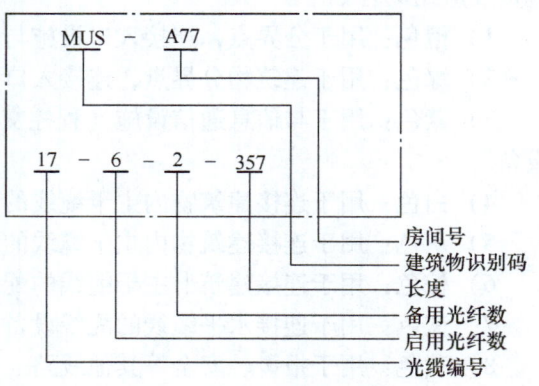

图9-24　光缆标记格式

3）光缆编号方法。
4）各条光纤的测试结果和用途。

3. 线路管理设计

在每个配线区，实现线路管理的方式是在各色标区域之间按应用的要求，采用跳线连接。

设备间的主布线交连场把来自共用系统设备的线路连接到干线和建筑群子系统的输入线对。主布线场通常包括 2～4 个色场：白场、棕场、紫场和黄场。为便于线路管理和未来的扩充，应安排交连场的位置和布局。理想的交连场结构应使插接线可以连接该场的任何两点。在小的交连场安装中，只要把不同颜色的场一个接一个安装在一起即可；在大的交连场安装中，因插线长度有限，常需要将一个较大的交连场一分为二，放在另一个交连场的两边。

设备间典型配线方案如图 9-25 所示。

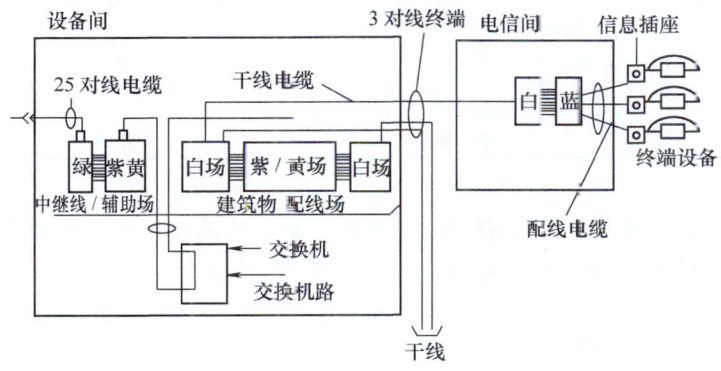

图 9-25　设备间典型配线方案

9.5　设备间子系统的设计

设备间子系统由设备室的电缆、连接器和相关支撑硬件组成，通过电缆把各种共用系统设备互联起来，设备间子系统的外观如图 9-26 所示。设备间的主要设备有数字程控交换机、计算机网络设备、服务器、楼宇自控设备主机等。它们可以放在一起，也可分别设置。在较大型的综合布线系统中，可以将计算机设备、数字程控交换机、楼宇自控设备主机分别设置机房，把与综合布线系统密切相关的硬件设备放置在设备间，计算机网络设备的机房放在离设备间较近的位置。

9.5.1　设备间的面积确定

设备间的主要设备有数字程控交换机、计算机等，对于它的使用面积，必须有一个通盘的考虑。目前，对设备间的使用面积有两种方法来确定。

图 9-26　设备间子系统的外观

1）方法一：　　　　　面积 $S = K\sum S_i$　　$i = 1, 2, \cdots, n$

式中，S 是设备间使用的总面积（m²）；K 是系数，每一个设备预占的面积，K 一般选择 5、6、7 三种（根据设备大小来选择）；$\sum$ 表示求和；S_i 代表设备件。

2）方法二： 面积 $S = KA$

式中，S 是设备间使用的总面积（m²）；K 是系数，同方法一；A 是设备间所有设备的总数。

9.5.2 设备间的环境因素

1. 温度和湿度

设备间的温度、湿度对微电子设备的正常运行及使用寿命有很大的影响。一般将温度和湿度分为 A、B、C 三级，设备间温度和湿度指标见表 9-3，设备间可按某一级执行，也可按某级综合执行。

表 9-3 设备间温度和湿度指标

	A 级		B 级	C 级
	夏季	冬季		
温度/℃	22 ± 4	18 ± 4	12 ~ 30	8 ~ 35
相对湿度（%）	40 ~ 65	35 ~ 70	30 ~ 80	
温度变化率/℃·h⁻¹	< 5		> 0.5	< 15
	要不凝露		要不凝露	要不凝露

2. 尘埃

尘埃或纤维型颗粒积聚，会影响通信的质量，微生物的作用还会导致线缆被腐蚀断掉。设备对设备间的尘埃量的要求可分为 A、B 两级，尘埃度量见表 9-4。

表 9-4 尘埃度量

	A 级	B 级
直径大于 0.5μm 的粒子密度/（个/m³）	< 10000	< 18000

3. 照明

设备间内在距地面 0.8m 处，照明不应低于 200lx，同时还应设事故照明，在距地面 0.8m 处，照度不应低于 5lx。

4. 噪声

设备间的噪声应小于 70dB。

5. 电磁场干扰

设备间内无线电干扰强，在频率为 0.15 ~ 1000MHz 范围内不大于 120dB，设备间内磁场干扰强度不大于 800A/m（相当于 10Oe）。

6. 供电

设备间供电电源应满足下列要求：50Hz 频率，380V/220V 电压，相数为三相五线制、三相四线制或单相三线制。

根据设备的性能允许相关参数在一定范围内变动，供电系统参数要求见表 9-5。

表 9-5 供电系统参数要求

	A 级	B 级	C 级
电压变动（%）	-5 ~ 5	-10 ~ 7	-15 ~ 10
频率变化/Hz	-0.2 ~ 0.2	-0.5 ~ 0.5	-1 ~ 1
波形失真率绝对值（%）	< 5	< 5	< 10

设备间内供电容量：将设备间存放的每台设备用电量的标称值相加后，再乘以系数。从电源室（房）到设备间使用的电缆，除应符合 GB 50149—2010《电气装置安装工程 母线装置施工及验收规范》中配线工程规定外，载流量应减少 50%。设备间内设备用的配电柜应设置在设备间内，并应采取防触电措施。

设备间内的各种电力电缆应为耐燃铜芯屏蔽的电缆。各电力电缆（如空调设备、电源设备等所用的电缆）不得与双绞线走向平行。交叉时，应尽量以接入垂直的角度交叉，并采取防燃烧措施。各设备应选用铜芯电缆，严禁铜、铝混用。

7. 物理安全

设备间的安全要求比较严格，主要是防止失窃与损坏。

设备间的安全可以分为 3 个基本类别：

1）对设备间的安全有严格的要求，有完善的设备间安全措施（A 级）。
2）对设备间的安全有较严格的要求，有较完善的设备间安全措施（B 级）。
3）对设备间有基本的要求，有基本的设备间安全措施（C 级）。

设备间的安全要求见表 9-6。

表 9-6 设备间的安全要求

安全要求参数	C 级	B 级	A 级
场地选择	无	可要求	可要求
防火	可要求	可要求	可要求
内部装修	无	可要求	强制要求
供配电系统	可要求	可要求	强制要求
空调系统	可要求	可要求	强制要求
火灾报警及消防系统	可要求	可要求	强制要求
防水	无	可要求	强制要求
防静电	无	可要求	强制要求
防雷电	无	可要求	强制要求
防鼠害	无	可要求	强制要求
电磁波的防护	无	可要求	可要求

8. 建筑物防火与内部装修

建筑物的耐火等级不应低于三级耐火等级。设备间进行装修时，装饰材料应选用难燃材料或阻燃材料。根据设备间的安全等级，可选择不同的耐火材料：

1）A 类：其建筑物的耐火等级必须符合 GB 50016—2014《建筑设计防火规范》中规定的一级耐火等级。
2）B 类：其建筑物的耐火等级必须符合 GB 50016—2014《建筑设计防火规范》中规定的二级耐火等级。
3）C 类：其建筑物的耐火等级应符合 GB 50016—2014《建筑设计防火规范》中规定的三级耐火等级。

同时，与 A、B 类安全设备间相关的其余工作房间及辅助房间，其建筑物的耐火等级不应低于 GB 50016—2014《建筑设计防火规范》中规定的二级耐火等级。

9. 地面

为了方便表面敷设电缆线和电源线,设备间地面最好采用抗静电活动地板,其系统电阻应为 1~10Ω。

带走线口的活动地板称为异型地板。其走线应做到光滑,防止损伤电线、电缆。设备间地面所需异型地板的块数可根据设备间所需引线的数量来确定。

设备间地面切忌铺地毯。其原因一是容易产生静电,二是容易积灰。

放置活动地板的设备间的建筑地面应平整、光洁、防潮、防尘。

10. 墙面

墙面应选择不易产生尘埃,也不易吸附尘埃的材料。目前大多数是在平滑的墙壁上涂阻燃漆,或在平滑的墙壁覆盖耐火的胶合板。

11. 顶棚

为了吸收噪声及布置照明灯具,设备顶棚一般是在建筑物下加一层吊顶。吊顶材料应满足防火要求。目前,我国大多数采用铝合金或轻钢作龙骨,安装吸声铝合金板、难燃铝塑板,1.2m 以上安装 10mm 厚玻璃。

12. 火灾报警及灭火设施

在机房内、基本工作房间、活动地板下、吊顶上方、主要空调管道及易燃物附近部位应设置烟感和温度探测器,A、B 类设备间应设置火灾报警装置。

灭火装置禁止使用水、干粉或泡沫等易产生二次破坏的灭火剂,一般设置卤代烷自动消防系统,备有手提式卤代烷灭火器。

9.6 建筑群子系统的设计

建筑群子系统也称为楼宇管理间。一个企业或某政府机关可能分散在几幢相邻建筑物或不相邻建筑物内办公,但彼此之间的语音、数据、图像和监控等系统可用传输介质和各种支持设备(硬件)连接在一起,这就是建筑群子系统,建筑群子系统位置如图 9-27 所示。

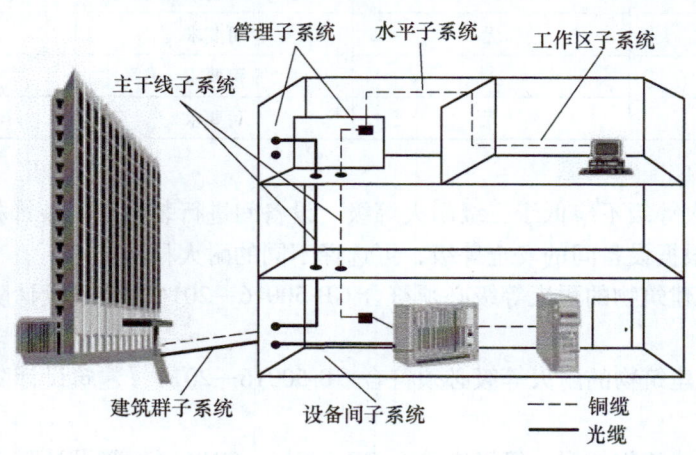

图 9-27 建筑群子系统位置

9.6.1 建筑群子系统设计方案

建筑群子系统的设计步骤大致分为以下几步:

1. 确定敷设现场的特点

1) 确定整个工地的大小。
2) 确定工地的地界。
3) 确定共有多少座建筑。

2. 确定电缆敷设的一般参数

1) 确认起点位置。
2) 确认端接点位置。
3) 确认涉及的建筑物和每座建筑物的层数。
4) 确定每个端接点所需的双绞线对数。
5) 确定有多少个端接点、每座建筑物所需要的双绞线总对数。

3. 确定建筑物的电缆入口

1) 对于现有建筑物,要确定各个入口管道的位置;每座建筑物有多少入口管道可供使用;入口管道数目是否满足系统的需要。

2) 如果入口管道不够用,则需要确定在移走或重新布置某些电缆时是否能腾出某些入口管道;在不够用的情况下应另装多少入口管道。

3) 如果建筑物尚未建起来,则要根据选定的电缆路由完善电缆系统设计,并标出入口管道的位置。选定入口管道的规格、长度和材料,在建筑物施工过程中安装好入口管道。

建筑物入口管道的位置应便于连接共用设备,根据需要在墙上穿过一根或多根管道。查阅当地的建筑法规,了解对承重墙穿孔有无特殊要求。所有易燃材料(如聚丙烯管道、聚乙烯管道)应端接在建筑物的外面。外线电缆的聚丙烯护皮可以例外,只要它在建筑物内部的长度(包括多余电缆的卷曲部分)不超过15m。如果外线电缆延伸到建筑物内部的长度超过15m,就应使用合适的电缆入口器材,在入口管道中填入防水和气密性很好的密封胶,如 B 型管道密封胶。

4. 确定明显障碍物位置

主要步骤如下:

1) 确定土壤类型:砂质土、黏土、砾土等。
2) 确定电缆的布线方法。
3) 确定地下共用设施的位置。
4) 查清拟定的电缆路由中沿线各个障碍物位置或地理条件,包括铺路区、桥梁、铁路、树林、池塘、河流、山丘、砾土石、截留井、人孔等。
5) 确定对管道的要求。

5. 确定主电缆路由和备用电缆路由

主要步骤如下:

1) 对于每一种待定的路由,确定可能的电缆结构。
2) 所有建筑物共有一根电缆。
3) 对所有建筑物进行分组,每组单独分配一根电缆。
4) 每座建筑物单用一根电缆。
5) 查清在电缆路由中哪些地方需要获准后才能通过。
6) 比较每个路由的优缺点,从而选定最佳路由方案。

6. 选择所需电缆类型和规格

主要步骤如下：

1）确定电缆长度。

2）画出最终的结构图。

3）画出所选定路由的位置和挖沟详图，包括共用道路图或任何需要经审批才能动用的地区草图。

4）确定入口管道的规格。

5）选择每种设计方案所需的专用电缆。

6）应保证电缆可进入管道口。

7）如果需用管道，应选择其规格和材料。

7. 确定每种方案所需的劳务成本

主要步骤如下：

1）确定布线时间，其中包括迁移或改变道路、草坪、树木等所花的时间。

2）如果使用管道区，应包括敷设管道和穿电缆的时间。

3）确定电缆接合时间。

4）确定其他时间，例如拿掉旧电缆、避开障碍物所需的时间。

8. 确定每种方案所需的材料成本

1）确定电缆成本。

2）确定所有支承结构的成本，查清并列出所有的支承结构，根据价格表查明每项用品的单价，将单价乘以所需的数量。

3）确定所有支承硬件的成本，对于所有的支承硬件，根据价格表查明每项用品的单价，将单价乘以所需的数量。

9. 选择最经济、最实用的设计方案

1）把每种选择方案的劳务费用成本加在一起，得到每种方案的总成本。

2）比较各种方案的总成本，选择成本较低者。

3）确定比较经济的方案是否有重大缺点，以致抵消了经济上的优点。如果发生这种情况，应取消此方案，考虑经济性比较好的设计方案。

9.6.2 建筑群子系统中电缆敷设方法

在建筑群子系统中电缆布线方法有以下 4 种：

1. 架空电缆布线

架空电缆布线方式如图 9-28 所示，通常只用于现成电线杆，而且电缆的走法不是主要考虑的内容。注意从电线杆至建筑物的架空线距离不超过 30m 为宜。建筑物的电缆入口可以是穿墙的电缆孔或管道，入口管道的最小口径为 50mm，建议另设一根同样口径的备用管道。如果架空电缆的净空有问题，可以使用天线杆型的入口。该天线的支架一般不应高于屋顶 1200mm。如果再高，就应使用拉绳固定。此外，天线型入口杆高出屋顶的净空间应小于 2400mm，该高度正好使工人可摸到电缆。

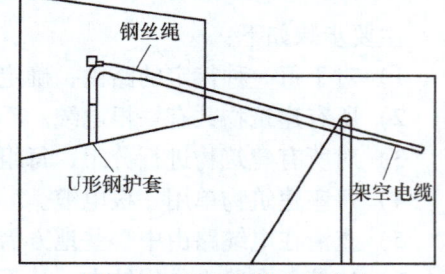

图 9-28 架空电缆布线方式

架空电缆通常穿入建筑物外墙上的 U 形钢护套，然后向下（或向上）延伸，从电缆孔进入建筑物内部，入口管道的最小口径一般至少为 50mm，建筑物到最近处的电线杆通常相距应小于 30m。

2. 直埋电缆布线

直埋电缆布线方式如图 9-29 所示，该方法优于架空电缆布线，影响选择此方法的主要因素有初始价格、维护费、服务可靠、安全性和外观。

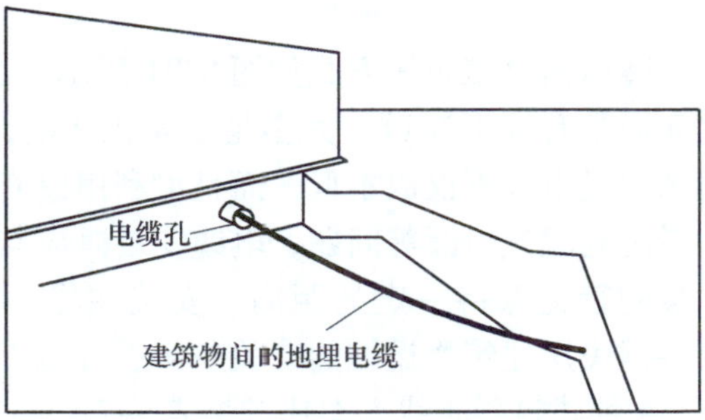

在选择最灵活、最经济的直埋布线线路时，主要的物理因素如下：

1）土质和地下状况。

2）天然障碍物，如树林、石头以及不利地形。

图 9-29　直埋电缆布线方式

3）其他共用设施（如下水道、水、气、电）的位置。

4）现有或未来的障碍，如游泳池、表土存储场或修路。

在直埋电缆时，若需要涉及如下工程，需要向当地主管部门申请许可证书。

1）挖开街道路面。

2）关闭通行道路。

3）把材料放在街道上。

4）使用炸药。

5）在街道和铁路下面敷设钢管。

6）电缆穿越河流。

切记不要把任何一个直埋施工结构的设计或方法看作是提供直埋布线的最好方法或唯一方法。在选择某个设计或几种设计的组合时，重要的是采取灵活的、思路开阔的方法，这种方法既要适用，又要经济，还能可靠地提供服务。直埋电缆布线的选取地址和布局实际上是针对每项作业对象专门设计的，而且必须对各种方案进行工程研究后再做出决定。工程的可行性决定了哪种为最实际的方案。

3. 管道系统电缆布线

管道系统电缆布线方式如图 9-30 所示，该设计方法就是把直埋电缆设计原则与管道设计步骤结合在一起，当考虑建筑群管道系统时，还要考虑接合井。

在建筑群管道系统中，接合井的平均间距约为 180m，或者在主接合处设置接合井。接合井可以是预制的，也可以是现场浇筑的，应在结构方案中标明使用哪一种接合井。

预制接合井是较佳的选择。现场浇筑的接合井只在下述几种情况下才允许使用：

1）该处的接合井需要重建。

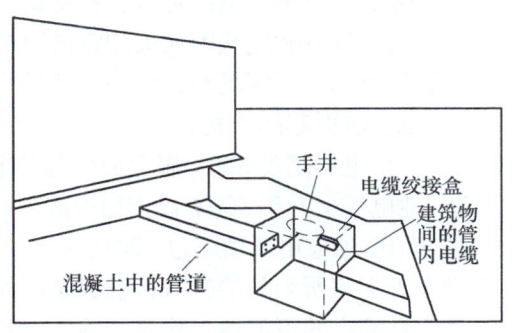

图 9-30　管道系统电缆布线方式

2）该处需要使用特殊的结构或设计方案。
3）该处的地下或头顶空间有障碍物，因而无法使用预制接合井。
4）作业地点的条件（例如土壤不坚固等）不适于安装预制孔。

4. 隧道内电缆布线

隧道内电缆布线方式如图9-31所示，由于在建筑物之间通常有地下通道，大多是供暖供水的，利用这些通道来敷设电缆不仅成本低，而且可利用原有的安全设施。如考虑到暖气泄漏等问题，电缆安装时应与供气、供水、供暖的管道保持一定的距离，安装在尽可能高的地方，可根据民用建筑物设施的有关条例进行施工。

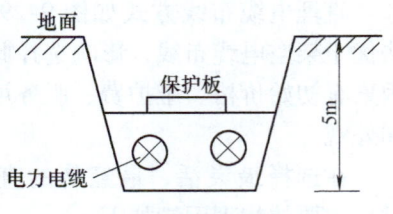

图9-31　隧道内电缆布线方式

4种建筑群布线方案比较见表9-7。

表9-7　4种建筑群布线方案比较

布线方案	优　点	缺　点
管道系统电缆布线	提供最佳的机构保护，任何时候都可敷设；电缆的敷设、扩充和加固都很容易；保持建筑物的外貌	挖沟、开管道和人孔的成本很高
直埋电缆布线	提供某种程度的机构保护；保持建筑物的外貌	挖沟成本高，难以安排电缆的敷设位置；难以更换和加固
架空电缆布线	若本来就有电线杆，则成本最低	没有提供任何机械保护；灵活性差；安全性差；影响建筑物美观
隧道内电缆布线	保持建筑物的外貌，如果本来就有隧道，则成本最低、安全	热量或泄漏的热水可能会损害电缆；可能被水淹没

9.6.3　电缆线的保护

当电缆从一建筑物到另一建筑物时，要考虑易受到雷击、电源碰地、电源感应电压或地电压上升等因素，必须用保护器去保护这些线对。如果电气保护设备位于建筑物内部（不是对电信共用设施实行专门控制的建筑物），那么所有保护设备及安装装置都必须有UL安全标记（美国最权威的安全鉴定机构颁发的标记）。

有些方法可以确定电缆是否容易受到雷击或电源的损坏，也可以知道有哪些保护器可以防止建筑物、设备和连线因火灾和雷击而遭到破坏。

当发生下列任何情况时，线路就被暴露在危险的环境中：

1）雷击所引起的干扰。
2）工作电压超过300V以上而引起的电源故障。
3）地电压上升到300V以上而引起的电源故障。
4）60Hz感应电压值超过300V。

当出现上述所列的情况时，就都应对其进行保护。

确定被雷击的可能性。除非下述任一条件存在，否则电缆就有可能遭到雷击：

1）该地区每年遭受雷暴雨袭击的次数只有5天或更少，而且大地的电阻率小于$100\Omega\cdot m$。
2）建筑物的直埋电缆小于42m（140ft），而且电缆的连续屏蔽层在电缆的两端都接地。

3）电缆处于已接地的保护伞内，而且保护伞是由临近的高层建筑物或其他高层结构所提供。

9.7 接地系统的设计

综合布线系统作为建筑智能化不可缺少的基础设施，其接地系统的好坏将直接影响到综合布线系统的运行质量，故而显得尤为重要。

9.7.1 接地结构的6个要素

综合布线系统接地的结构包括接地线、接地母线（层接地端子）、接地干线、主接地母线（总接地端子）、接地引入线、接地体6部分，在进行系统接地的设计时，可按上述6个要素分层次地进行设计。

1. 接地线

接地线是指综合布线系统各种设备与接地母线之间的连线。所有接地线均为铜质绝缘导线，其截面积应不小于4mm^2。当综合布线系统采用屏蔽电缆布线时，信息插座的接地可利用电缆屏蔽层作为接地线连至每层的配线柜。若综合布线的电缆采用穿钢管或金属线槽敷设时，钢管或金属线槽应保持连续的电气连接，并应在两端具有良好的接地。

2. 接地母线

接地母线是水平布线与系统接地线的共用中心连接点。每一层的楼层配线柜均应与本楼层接地母线相焊接，与接地母线同一配线间的所有综合布线用的金属架及接地干线均应与该接地母线相焊接。接地母线均应为铜母线，其最小的尺寸应为6mm×50mm（厚×宽），长度视工程实际需要来确定。接地母线应尽量采用电镀锡以减少接触电阻，如不是电镀，则在将导线固定到母线之前，须对母线进行清理。

3. 接地干线

接地干线是由总接地母线引出，连接所有接地母线的接地导线。在进行接地干线的设计时，应充分考虑建筑物的结构形式、建筑物的大小以及综合布线的路由与空间配置，并与综合布线电缆干线的敷设相协调。接地干线应安装在不受物理和机械损伤的保护处，建筑物内的水管及金属电缆屏蔽层不能作为接地干线使用。当建筑物中使用两个或多个垂直接地干线时，垂直接地干线之间每隔三层及顶层需用与接地干线等截面的绝缘导线相焊接。接地干线应为绝缘铜芯导线，最小截面积应不小于16mm^2。在接地干线上，当其接地电位差大于1V（有效值）时，楼层配线间应单独用接地干线接至接地母线。

4. 主接地母线

一般情况下，每幢建筑物有一个主接地母线。主接地母线作为综合布线接地系统中接地干线及设备接地线的转接点，其理想位置宜设于外线引入间或建筑配线间。主接地母线应布置在直线路径上，同时考虑从保护器到主接地母线的焊接导线不宜过长。接地引入线、接地干线、直流配电屏接地线、外线引入间的所有接地线以及与主接地母线同一配线间的所有综合布线用的金属架均应与主接地母线良好焊接。当外线引入电缆配有屏蔽或穿金属保护管时，此屏蔽和金属管也应焊接至主接地母线。主接地母线应采用铜母线，其最小截面积为6mm×100mm（厚×宽），长度可视工程实际需要而定。与接地母线相同，主接地母线也应尽量采用电镀锡以减少接触电阻。如不是电镀，则主接地母线在固定到导线前必须进行清理。

5. 接地引入线

接地引入线是指主接地母线与接地体之间的连接线，宜采用40mm×4mm（宽×厚）或50mm×5mm的镀锌扁钢。接地引入线应进行绝缘防腐处理，在其出土部位应有防机械损伤措施，且不宜与暖气管道同沟布放。

6. 接地体

接地体分自然接地体和人工接地体两种。当综合布线采用单独接地系统时，接地体一般采用人工接地体，并应满足以下条件：

1）距离工频低压交流供电系统的接地体不宜小于10m。
2）距离建筑物防雷系统的接地体不应小于2m。
3）接地电阻不应大于40Ω。

当综合布线采用联合接地系统时，接地体一般利用建筑物基础内钢筋网作为自然接地体，其接地电阻应小于1Ω。在实际应用中通常采用联合接地系统，这是因为与前者相比，联合接地方式具有以下几个显著的优点：

1）当建筑物遭受雷击时，楼层内各点电位分布比较均匀，工作人员及设备的安全能得到较好的保障。同时，大楼的框架结构对中波电磁场能提供10～40dB的屏蔽效果。
2）容易获得较小的接地电阻。
3）可以节约金属材料，占地少。

9.7.2 接地系统设计应注意的几个问题

接地系统设计时，应注意如下几个问题：

1）综合布线系统采用屏蔽措施时，所有屏蔽层应保持连续性，并应注意保证导线间相对位置不变。屏蔽层的配线设备（FD或BD）端应接地，用户（终端设备）端视接地情况接地，两端的接地应尽量连接至同一接地体。当接地系统中存在两个不同的接地体时，其接地电位差应不大于1V。

2）当电缆从建筑物外面进入建筑物内部，容易受到雷击、电源碰地、电源感应电动势或地电动势上浮等外界因素的影响时，必须采用保护器。

3）当线路处于以下任何一种危险环境中时，应对其进行过电压、过电流保护。
① 雷击引起的危险影响。
② 工作电压超过250V的电源线路碰地。
③ 地电动势上升到250V以上而引起的电源故障。
④ 交流50Hz感应电压超过250V。

4）综合布线系统的过电压保护宜选用气体放电管保护器。因为气体放电管保护器的陶瓷外壳内封有两个电极，其间有放电间隙，并充有惰性气体。当两个电极之间的电位差超过250V交流电压或700V雷电浪涌电压时，气体放电管开始出现电弧，为导体和地电极之间提供了一条导电通路。

5）综合布线系统的过电流保护宜选用能够自动恢复的保护器。由于电缆上可能出现这样或那样的电压，如果连接设备为其提供了对地的低阻通路，则不足以使过电压保护器放电，而其产生的电流却可能损坏设备或引起着火。例如20V电力线可能不足以使过电压保护器放电，但有可能产生大电流进入设备内部造成破坏，因此在采用过电压保护的同时必须采用过电流保护。要求采用能自动恢复的过电流保护器，主要是为了方便维护。

随着智能建筑的不断发展,人们必将对其接地系统提出更为严格的要求。对于广大工程技术人员而言,提高综合布线系统接地系统的稳定性和可靠性将是一项长期而艰巨的任务。

9.8 图样设计

在综合布线工程中,设计与施工人员自始至终在和图样打交道,设计人员首先通过建筑图样来了解和熟悉建筑物结构并设计结构图和施工图,施工人员根据设计图样组织施工,最后验收阶段将相关技术图样移交给建设方。因此,识图、绘图能力是综合布线工程设计与施工组织人员必备的基本功。综合布线工程中主要采用两种制图软件:中望 CAD 和 Microsoft Visio,也可利用综合布线系统厂商提供的布线系统绘制软件进行绘制。

9.8.1 绘图软件简介

1. 中望 CAD

中望 CAD 是国产 CAD 平台软件的领导品牌,其界面、操作习惯和命令方式与 AutoCAD 保持一致,文件格式也可高度兼容,并具有国内领先的稳定性和速度,是当今最流行的绘图软件,已被广泛地应用于机械设计、建筑设计、电气设备设计以及 Web 数据开发等多个领域,具有强大的二维和三维设计功能以及绘图、编辑、剖面线、图案绘制、尺寸标注以及二次功能开发等。中望 CAD 操作界面如图 9-32 所示。

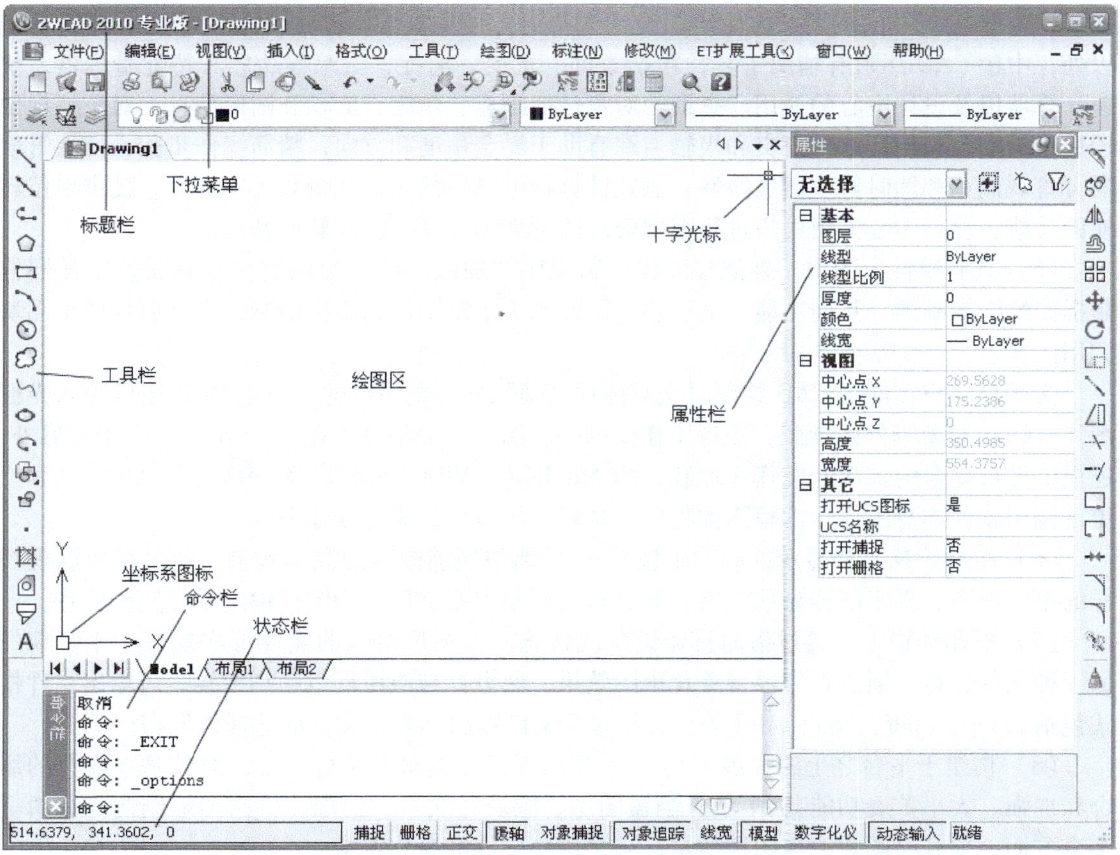

图 9-32 中望 CAD 操作界面

中望CAD的主要优势及特点如下：

（1）文件存储和格式转换　中望CAD的文件存储格式基于OpenDWG标准，主要支持.dwg和.dxf，另有模板格式.dwt。由于版本差异，.dwg和.dxf格式还分为若干个版本，通过另存可以实现版本格式的转换。

（2）资源性文件的支持和兼容　在运用CAD软件进行绘图设计的过程中，还会运用到一些相关的资源性文件，如字体、填充图案（.pat）、线型（.lin）、打印样式（.ctb）以及支持简化命令自定义的.pgp文件。其中，字体文件又分为系统本身所包含的TrueType字体（.ttf）和CAD字体文件（.shx）。

（3）绘图、编辑的操作方式比较简便　应用中望CAD绘图一般可分为两种方式。一是运用鼠标通过点选集成到菜单中的功能命令实现绘图操作，对于使用频繁的绘制与修改命令还可以直接单击位于绘图区域上方和两侧的界面图标执行。二是熟练掌握各功能命令及其快捷键，利用键盘输入触发命令。

一般的绘图设计主要是运用绘图菜单中各项绘制图形对象的功能，如圆、矩形、多段线、多边形等，并且在适当的区域填充图案或添加文本。通过标注菜单可对各种图形实体标以尺寸，注以说明。根据需要可调用编辑和修改菜单中的命令对图形执行进一步操作，实现如移动、复制、陈列、偏移或者删除等编辑。通过格式菜单可对新建或已有的文本和标注样式、线型、线宽、图层信息、单位以及图形界限等做相应的规定和设置。

（4）辅助工具的应用　为使绘图设计变得更方便和高效，除了常规的绘图和编辑功能以外，中望CAD还附有辅助工具，包括查询、正交、捕捉、追踪等功能和特性管理器，快速计算器以及设计中心的使用。查询的对象包括距离、角度、面积和图形信息；对象捕捉便于用户拾取各种特征点；正交和极轴追踪有助于界定角度和方向，精简操作步骤；特性管理器可直观浏览和即时修改对象特性；快速计算器可执行数字、变量和文本运算，提供单位转换的功能；设计中心方便用户进行图样资源的管理和共享，提升软件易用性。

（5）具有属性、图块、外部参照和应用程序的加载功能　块的制作及其属性定义同样是提高绘图效率的一系列功能。通过块的制作减少重复图形的多次绘制，定义属性便于图块调用。

为满足客户在使用CAD绘图时交互使用其他软件、调用数据，中望CAD还可插入光栅图片、OLE对象等外部参照，使得工作中的一些图片、表格可以在CAD中继续沿用。另外，还提供接口吻合的二次开发程序加载，如AutoLISP、VBA、SDS以及DRX（类ARX）。客户更可调用软件本身的命令编写脚本程序，减轻工作负担，满足专业需求。

（6）布局、视口和显示控制　中望CAD可调整当前图样的显示效果，通过视口展现图样的不同视图，界定图样显示区域；通过布局调整视图比例，为图样输出做好充分准备。

（7）打印和输入　通过指向打印设备或转化其他图形格式的文件可实现有别于常规的另一种文件保存。通过打印设置美化出图效果，使设计与应用得以顺利衔接。可输出文件格式包括.bmp、.pdf、.plt、.dwf等，支持单个文件输出和多个文件的选择性发布。

（8）构筑于平台之上的扩展工具　ET扩展工具是构筑在平台之上，对其基本命令的组合和加强。大小扩展功能共87项，涵盖图层、图块、文本、标准、特殊图形绘制与编辑等多个方面，提升绘图效率与图样质量，满足用户设计的深化需求。

中望CAD可应用于综合布线系统设计绘图工作。在具有建筑物CAD建筑设计图样电子文档后，设计人员可在其图样上直接进行布线系统的设计，起到事半功倍的效果。目前中望CAD 主要用于绘制综合布线的管线设计图、楼层信息点分布图和布线施工图等。

综合布线系统设计中，绘制网络拓扑图、布线系统拓扑图等结构性图样时需要大量的专业符号和图标，应用中望 CAD 可完成标准图库建立，节省制图时间和成本，并实现标准化。有关中望 CAD 的技术及应用细节，请读者参阅相关书籍和资料。

2. Microsoft Visio

Microsoft Visio 是 Microsoft Office 系列软件之一，是一款易学易用的图形设计绘制软件，适用于许多工程领域的工程设计图样的绘制。Microsoft Visio 的版本有 Visio 2003、Visio 2007，目前常用版本是 Visio 2010，2010 年 5 月发布。

Microsoft Visio 绘图软件最大性能特点是易学易用，并配备有各类工程设计绘图用到的各类元件、器件和部件等标准图库。Microsoft Visio 能使专业技术人员和工程管理人员快捷、灵活、方便地绘制各种建筑平面图、电子电路图、机械工程设计图、工程规划及项目流程图、网络综合布线图、各种组织管理的机构图以及审计流程图等，其适用范围很广。一般用户通过较短时间的学习就能够上手进行设计和绘制各类工程图样了。同时，Visio 还提供了对 Web 页面的支持，用户能够很容易地将所绘制的图样发布到 Web 页面上，便于在互联网上浏览。

另外，高级用户还可在 Visio 用户界面中直接对其他应用软件的文件（如 Microsoft Office 系列和中望 CAD 等）进行调用、编辑和修改，完成较复杂的图样设计和绘制工作。

Microsoft Visio 主要有以下几个特点：

（1）易用的集成环境　Visio 使用了 Microsoft Office 环境平台与界面。由于实现了与众多 Microsoft 技术的集成，使得绘图的可视化过程变得轻松快捷，Microsoft Visio 2003 主界面如图 9-33 所示。

（2）丰富的图标类型　Microsoft Visio 2003 包含 14 种图标类型，打开 Visio 后，"任务窗格"的主要部分就显示出来，分别是 Web 图表、地图、电气工程、工艺工程、机械工程、建筑设计图、框图、灵感触发、流程图、软件、数据库、图表和图形、网络、项目日程、业务进程、组织结构图。

（3）直观的绘制方式　Visio 提供一种直观的方式进行图表绘制，不论是制作一幅简单的流程图还是制作一幅非常详细的技术图样，都可以通过程序预定义的图形，轻易地组合出图表。在"任务窗格"视图中，用鼠标单击某个类型的某个模板，Visio 即会自动产生一个新的绘图文档，文档的左边"形状"栏显示出经常用到的各种 SmartShapes 图表元素符号，Visio 图表型号如图 9-34 所示。

在绘制图表时，只需要用鼠标选择相应的模板，单击不同的类别，选择需要的形状，拖动 SmartShapes 符号到绘图文档上，加上一定的连接线，进行空间组合与图形排列对齐，再加上新引入的边框、背景和颜色方案，步骤简单迅速快捷方便。也可以对图形进行修改或者创建自己的图形，以适应不同的业务和不同的需求，这也是 SmartShapes 技术带来的便利，体现了 Visio 的灵活。甚至，还可以为图形添加一些智能，如通过在电子表格（像 SmartSheet 窗口）中编写公式，使图形意识到数据的存在或以其他的方式来修改图形的行为。例如一个代表门的图形被放到了一个代表墙的图形上，就会自动地适当地进行一定角度的旋转，互相嵌合。

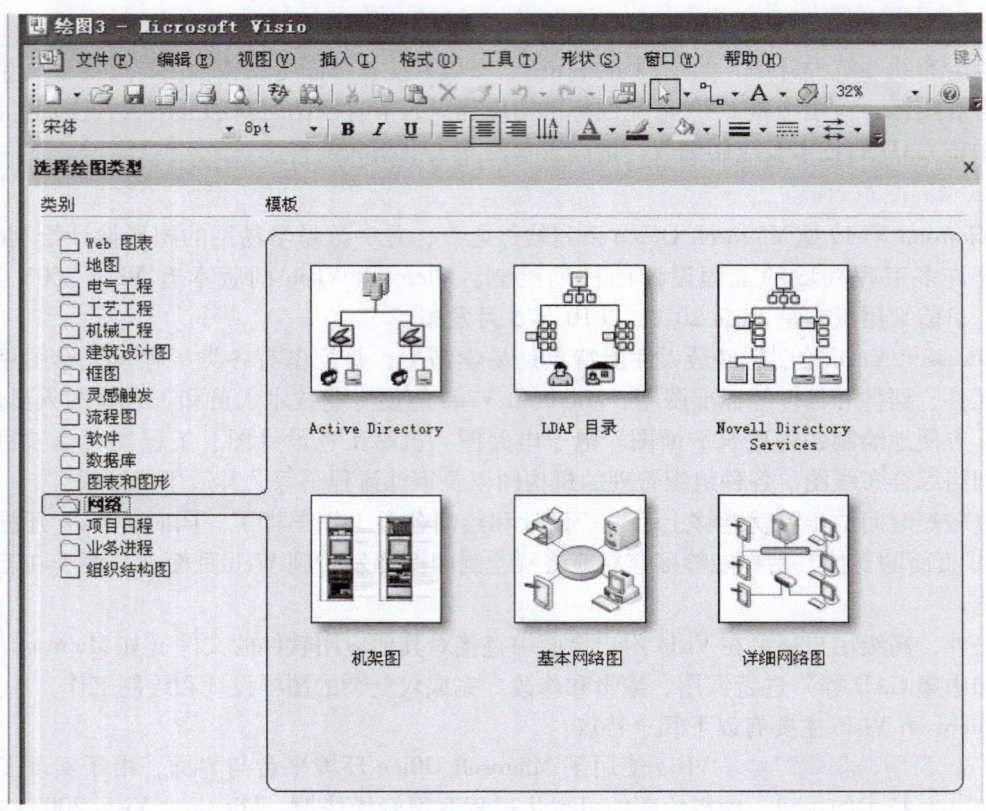

图 9-33　Microsoft Visio 2003 主界面

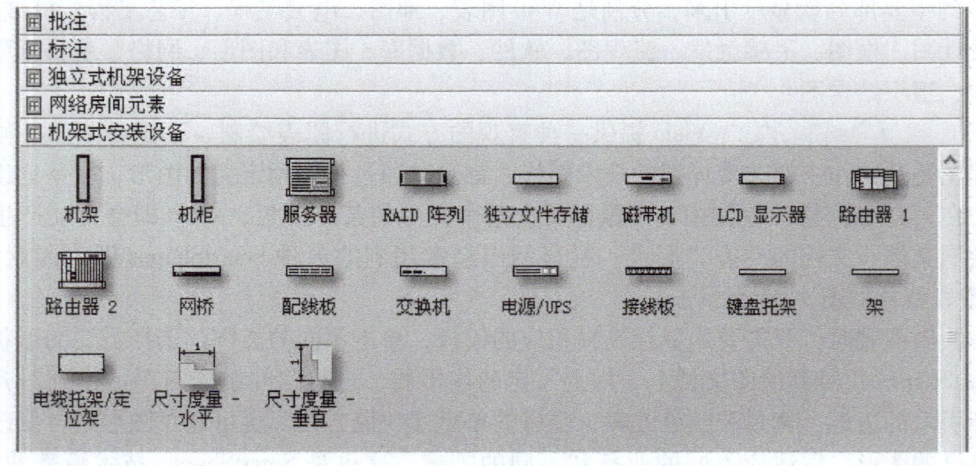

图 9-34　Visio 图表型号

综合布线系统设计中，常用 Visio 绘制网络拓扑图、布线系统拓扑图、信息点分布图等。Visio 绘制的楼层平面示意图如图 9-35 所示，Visio 绘制的办公室平面示意图如图 9-36 所示。

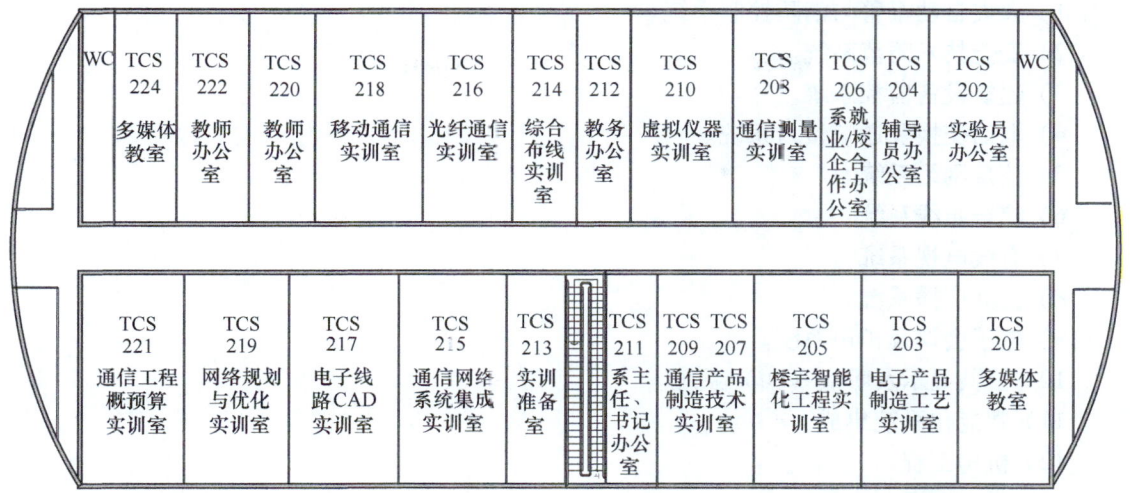

图 9-35 Visio 绘制的楼层平面示意图

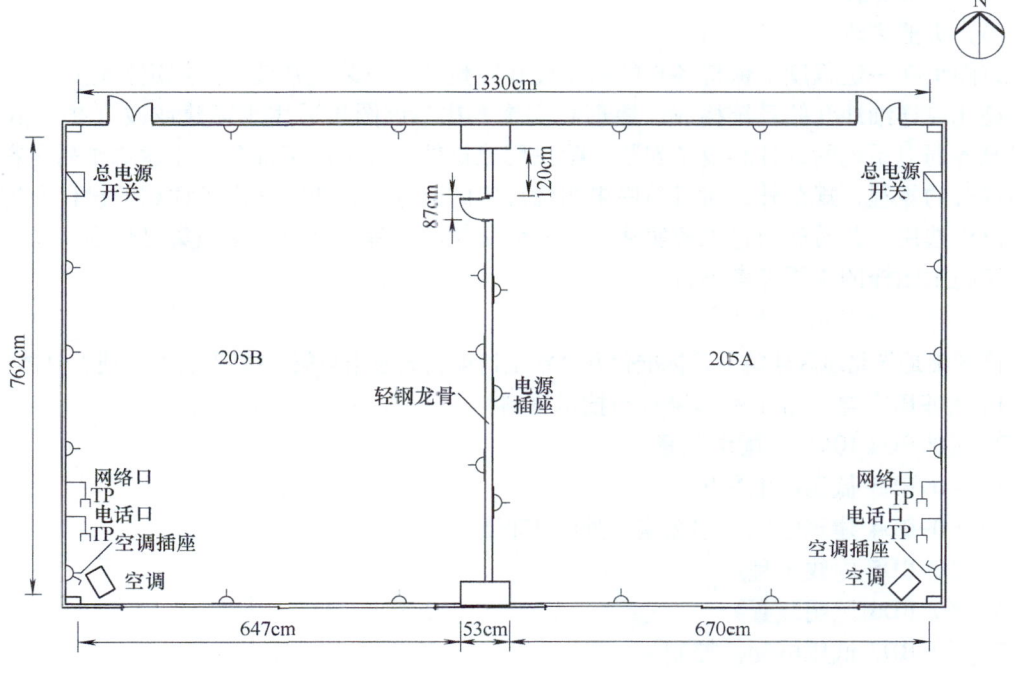

图 9-36 Visio 绘制的办公室平面示意图

9.8.2 设计参考图集

这里简单介绍综合布线系统图样设计中所采用的主要参考图集。

1.《智能建筑弱电工程设计施工图集（09×700）》

此书由中国建筑标准设计研究所与全国工程建设标准设计分会弱电专业专家委员会联合主编，由中华人民共和国住房和城乡建设部 2009 年 6 月 1 日批准。该图集包括智能建筑弱电系统共 16 个系统的设计：

1）火灾自动报警与消防控制系统。

2）安全技术防范系统。

3）建筑设备监控系统。

4）电话交换及通信接入系统。

5）信息网络系统。

6）综合布线系统。

7）有线电视系统。

8）公共广播系统。

9）电子会议及扩声系统。

10）公共显示及呼应（叫）系统。

11）智能化系统集成。

12）机房工程。

13）供电电源。

14）线缆敷设。

15）设备安装。

16）防雷接地。

该图集在一定程度上保持各自的独立性和完整性，对某些系统，除规定特定的图形符号外，还比较详细地介绍系统构成、原理和实施方法。该图集适用于新建或改（扩）建的智能建筑各弱电系统的设计和设备安装，除民用建筑外，也考虑了部分工业建筑所列内容。除遵循现有的规程、规范外，对目前尚未明确规定的部分，也研究确定了详细的设计及施工方法，以供选用，并希望通过工程实践，促进编制新的规程、规范。该图集可作为智能住宅的设计和施工图样的主要参考书目。

2.《建筑电气通用图集》

该图集是华北地区建筑设计标准化办公室主持编制的通用图集。该图集共15册，具体如下：

1）《09BD1 电气常用图形符号与技术资料》

2）《09BD2 10kV 变配电装置》

3）《09BD3 低压配电装置》

4）《09BD4 建筑电气通用图集 外线工程》

5）《09BD5 内线工程》

6）《09BD6 照明装置》

7）《09BD7 低压电动机控制》

8）《09BD8 通用电器设备》

9）《09BD9 火灾自动报警与联动控制》

10）《09BD10 建筑设备监控》

11）《09BD11 有线广播电视系统工程》

12）《09BD12 广播、扩声与会议系统》

13）《09BD13 建筑物防雷装置》

14）《09BD14 安全技术防范工程》

15）《09BD15 综合布线系统》

3.《建筑电气安装工程图集》

该图集主要内容如下：

1）弱电（通信）工程设计图形标准。

2）建筑与建筑群的综合布线，包括智能建筑的设计要求及智能大厦的开关、插座、多功能配件的安装。

3）基于综合布线技术的布线槽系统。

4）民用建筑的声像、呼叫对讲、扩声、仪表自控、计算机管理、监视等系统的安装与布线。

5）土建工程中建筑内墙与布线的构造方法。

6）自备电源、蓄电池室等的安装方法。

7）标准电能计量柜的选型。

8）常用国家标准图形标志的使用与制作。

9）新型抹灰接线盒的安装与金属管的接地做法等。

9.8.3 图样设计内容

图样设计主要包括布线系统图和平面图两个部分。

1. 布线系统图的设计

布线系统图是所有配线架和电缆线路的全部通信空间的立体图，其主要内容如下：

1）工作区的系统图，主要包括各层的插座型号和数量。

2）水平子系统的系统图，主要包括各层的水平电缆型号和根数。

3）干线子系统的系统图，主要包括从主跳线连接配线架到各水平跳线连接配线架的干线电缆（铜缆或光缆）的型号和数量。

4）管理间的系统图，主要包括主跳线连接配线架和水平跳线连接配线架所在楼层、型号和数量。

布线系统图作为全面概况布线系统全貌的示意图，在布线系统图中应当反映如下几点：

1）总配线架、楼层配线架以及其他种类配线架、光纤互联单元数的分布位置。

2）水平线缆的类型（屏蔽或非屏蔽）和垂直线缆的类型（光纤还是多对数双绞线）。

3）主要设备的位置，包括电话交换机（PBX）和网络设备（Hub或网络交换机）。

4）垂直干线的路由。

5）电话局电话进线位置。

6）图例说明。

2. 平面图的设计

在设计之前首先应该弄清楚系统采用的是什么厂家的设备，以确定所需线槽的尺寸，结合所使用的产品，可以确定新建楼宇施工图样设计中应当注意以下一些问题：

1）确定预埋管线的管径，具体可以参照如下标准：1～2根双绞线穿管所需的管口直径为15～20mm钢管；3～4根双绞线穿管所需的管口直径为20～25mm钢管；5～8根双绞线穿管所需的管口直径为25～32mm（管口直径为32mm钢管建议不要穿10根以上双绞线）；8根以上双绞线最好走线槽；单根管口直径为32mm的钢管可以由两根管口直径为20mm的钢管代替。

2）水平系统和垂直系统采用金属线槽或金属梯架。

3）由电话局到电话交换机机房要设计走线线槽，线槽可敷设在弱电井中。

4）当有源设备放置在竖井中时，应当注意为竖井解决照明、设备用电（UPS 不间断电源设备）、通风、接地、设备防盗防破坏等一系列问题。

综合布线系统的施工平面图是施工的依据，综合布线的平面图可以和其他弱电系统的平面图在一张图样上表示，通过平面图的设计应该明确以下一些问题：

1）电话局进线的具体位置、标高、进线方向、进线管道数量、管径。

2）电话机房和计算机房的位置，由机房引出线槽的位置。

3）电话局进线到电话机房的路由，采用托线盘的尺寸、规格、数量。

4）每层信息点的分布、数量，插座的样式（单孔、双孔还是多孔，墙上型还是地面型）、安装标高、安装位置、预埋底盒。

5）水平线缆的路由（应由线槽到信息插座之间管道的材料、管径、安装方式、安装位置确定），如果采用水平线槽，那么应该标明线槽的规格、安装位置、安装形式。

6）弱电竖井的数量、位置、大小，是否提供照明电源、220V 设备电源、地线，有无通风设施。

7）当管理区设备需要安装在弱电竖井里，需要确定设备的分布图。

8）弱电竖井中的金属梯架的规格、尺寸、安装位置。

设计平面图需要考虑两方面的因素：弱电避让强电线路、暖通设备、给水排水设备；线槽的路由和安装位置应便于设备提供厂商的安装调试。

课后练习题

1. 填空题

（1）对于建筑物的综合布线系统，一般可以根据基本复杂程度定义为 3 种不同的布线系统等级，分别为_____、_____、_____。

（2）信息插座在综合布线系统中主要用于连接_____和_____。

（3）双绞线一般以箱为单位订购，一箱双绞线长度为_____m。

（4）管理间子系统由_____等设备组成。

（5）一条超 5 类双绞线电缆的线对有 4 种本色，即_____。

（6）设备间应有足够的设备安装空间，一般设备间的面积不应小于_____m²。

（7）干线子系统的接合方法有_____和_____。

（8）布线系统的工作区，如果使用 4 对非屏蔽双绞线电缆作为传输介质，则信息插座与计算机终端设备的距离一般保持在_____m 以内。

（9）信息插座与周边电源插座应保持的距离为_____。

（10）在管理间子系统的管理色标中，橙色用于_____，绿色用于_____，紫色用于_____，白色用于_____，灰色用于_____，棕色用于_____，蓝色用于_____，黄色用于_____。

（11）设备间内的照明要求是：在距地面 0.8m 处，照明不应低于_____，同时还应设_____；在距地面 0.8m 处，_____。

（12）在建筑群子系统中，采用的布线方法有_____、_____、_____、_____4 种。

(13) 接地结构的 6 个要素为 _____、_____、_____、_____、_____、_____。

2. 选择题

(1) 水平子系统的主要功能是实现信息插座和管理间的连接，其拓扑一般为（　　）结构。
    A. 总线型　　　B. 星形　　　C. 树形　　　D. 环形

(2) 综合布线系统中安装有线路管理器件及各种公共设备，实现对整个系统集中管理的区域属于（　　）。
    A. 管理间　　　B. 干线子系统　　　C. 设备间子系统　　　D. 建筑群子系统

(3) 综合布线系统中用于连接两幢建筑物的子系统是（　　）。
    A. 管理间　　　B. 干线子系统　　　C. 设备间子系统　　　D. 建筑群子系统

(4) 干线子系统的设计范围包括（　　）。
    A. 管理间与设备间之间的电缆
    B. 信息插座与管理间、配线架之间的连接电缆
    C. 设备间与网络引入口之间的连接电缆
    D. 主设备间与计算机主机房之间的连接电缆

(5) 有一个公司，每个工作区需要安装两个信息插座，并且要求公司局域网不仅能够支持语音/数据的应用，而且应支持图像、影像、影视、视频会议等，对于该公司应选择（　　）。
    A. 基本型综合布线系统　　　B. 增强型综合布线系统
    C. 综合型综合布线系统　　　D. 以上都可以

(6) 综合布线系统中用于连接信息插座与楼层管理间子系统的是（　　）。
    A. 管理间　　　B. 干线子系统　　　C. 设备间子系统　　　D. 建筑群子系统

(7) 综合布线系统中用于连接楼层配线间和设备间的子系统的是（　　）。
    A. 管理间　　　B. 干线子系统　　　C. 设备间子系统　　　D. 建筑群子系统

(8) 建筑物中的下列通道中，不能用来敷设垂直干线的是（　　）。
    A. 通风通道　　　B. 电缆孔　　　C. 电缆井　　　D. 电梯通道

(9) 下列关于垂直干线子系统设计的描述，错误的是（　　）。
    A. 干线子系统的设计主要确定垂直路由的多少和位置、垂直部分的建筑方式和垂直干线系统的连接方式
    B. 综合布线干线子系统的线缆并非一定是垂直分布的
    C. 干线子系统垂直通道分为电缆孔、管道、电缆竖井 3 种方式
    D. 无论是电缆还是光缆，干线子系统都不受最大布线距离的限制

(10) 根据管理方式和交连方式的不同，交接管理在管理间中常采用下列一些方式，其中错误的是（　　）。
    A. 单点管理单交连　　　B. 单点管理双交连
    C. 双点管理单交连　　　D. 双点管理双交连

3. 简答题

(1) 水平子系统有几种布线方法？试分别叙述。
(2) 如何确定设备间的位置和大小？
(3) 干线子系统有几种布线方法？试分别叙述。
(4) 设备间对环境有哪些要求？
(5) 建筑群子系统布线有几种方法？试比较它们的优缺点。
(6) 管槽规格的确定可以采用哪两种方法？请简要说明计算公式。
(7) 设备间的温度和湿度要求分为哪几个等级？简述每个等级的具体要求。

第10章 综合布线工程验收

10.1 工程验收的要求、阶段和主要内容

综合布线工程经过施工阶段后进入测试、验收阶段。工程验收是全面考核工程的建设工作，检验设计和工程质量，是施工方向建设方移交的正式手续，也是用户对工程的认可。工程验收是一项系统性的工作，它不仅包含前面所述的链路连通性、电气和物理特性测试，还包括对施工环境、工程器材、设备安装、线缆敷设、缆线终接、竣工技术文档等的验收。验收工作贯穿于整个综合布线工程中，包括施工前检查、随工检验、初步验收、竣工验收等几个阶段，对每一个阶段都有其特定的内容。

10.1.1 工程验收要求

在竣工验收之前，建设单位为了充分做好准备工作，需要有一个自检阶段和初检阶段。加强自检和随工检查等技术管理措施，建设单位的常驻工地代表或工程监理人员必须按照上述工程质量检查工作，力求消灭一切因施工质量而造成的隐患。

由建设单位负责组织现场检查、资料收集与整理工作，设计单位、施工单位具有提供资料和竣工图样的责任。

工程的验收主要以《综合布线系统工程验收规范》（GB/T 50312—2016）作为技术验收规范。由于综合布线工程是一项系统工程，不同项目会涉及其他一些技术规范，因此，综合布线工程验收工程还需符合下列技术规范：

1) YD/T 926.1—2009《大楼通信综合布线系统 第1部分：总规范》。
2) YD/T 1013—2013《综合布线系统电气特性通用测试方法》。
3) YD/T 1019—2013《数字通信用聚烯烃绝缘水平对绞电缆》。
4) YD 5121—2010《通信线路工程验收规范》。
5) YD 5103—2003《通信道路工程施工及验收技术规范（附条文说明）》。

在综合布线工程施工与验收中，当遇到上述各种规范未包括的技术标准和技术要求时，可按有关设计规范和设计文件要求办理。由于综合布线技术日新月异，技术规范内容经常在不断地进行修订和补充，因此在验收时，应注意使用最新版本的技术标准。

10.1.2 工程验收阶段

1. 开工前检查

工程验收应从工程开工之日起就开始。从工程材料的验收开始，从严把产品质量关，保证工程质量，开工前检查包括设备材料检验和环境检查。设备材料检验包括查验产品的规格、数量、型号是否符合设计要求，检验线缆的外护套有无破损，抽检线缆的电气性能指标是否符合技术规范。环境检查包括检查土建施工情况，包括地面、墙面、门电源插座及接地装置、机房面积和预留孔洞等环境。

2. 随工验收

在工程中为随时考核施工单位的施工水平和施工质量，对产品的整体技术指标和质量有一定了解，部分验收工作应随工进行，如布线系统的电气性能测试工作、隐蔽工程等。这样可及早发现工程质量问题，避免造成人力、财力的浪费。

随工验收应对工程的隐蔽部分边施工边验收，在竣工验收时，一般不再对隐蔽工程进行复查，由建设方工地代表和质量监督员负责。

3. 初步验收

对所有的新建、扩建和改建项目，都应在完成施工调测之后进行初步验收。初步验收的时间应在原计划的建设工程期内进行，由建设方组织设计、施工、监理和使用等单位人员参加。初步验收工程包括检查工程质量，审查竣工资料，对发现的问题提出处理的意见，并组织相关责任单位落实解决。

4. 竣工验收

综合布线系统接入电话交换系统、计算机局域网或其他弱电系统，在试运行后的半个月内，由建设方向上级主管部门报送竣工报告（包含工程的初步预算及试运行报告），并请示主管部门组织对工程的验收。

工程竣工验收为工程建设的最后一个程序，一般综合布线系统工程完工后，在尚未进入电信、计算机网络或其他弱电系统的运行阶段，应先期对综合布线系统进行竣工验收。对综合布线系统各项检测指标认真考核审查，如果全部合格，且全部竣工图样资料等文档齐全，即可对综合布线系统进行单项竣工验收。

10.1.3 工程验收主要内容

对综合布线系统工程验收的主要内容为环境验收、设备安装验收、线缆敷设和布线器材安装验收、线缆保护验收、线缆终接验收和工程电气测试。

1. 环境验收

1) 房屋地面平整、光洁，门的高度和宽度不妨碍设备和器材搬运，门锁和钥匙齐全。
2) 房屋预埋地槽、暗管、孔洞和竖井的位置、数量、尺寸均应符合设计要求。
3) 铺面为活动地板的场所，活动地板防静电措施与接地应符合设计要求。
4) 交接间、设备间应提供 220V 单相带接地电源插座。
5) 交接间、设备间应提供可靠的接地装置，设置接地体时，检查接地电阻值及接地装置应符合设计要求。
6) 交接间、设备间的面积、通风及环境温度、湿度应符合设计要求。

2. 设备安装验收

（1）机柜、机架安装验收要求　机柜、机架安装垂直偏差度应不大于 3mm。机柜、机架安装位置应符合设计要求，如有抗震要求，应按施工图的抗震设计进行加固。机柜、机架的各种零件不得脱落和碰坏，漆面如有脱落应予以补漆，各种标志应完整、清晰。

（2）各类配线部件安装验收要求　各部件应完整，安装就位，标志齐全，安装螺钉需拧紧，面板应保持在一个平面上。

（3）模块插座安装验收要求　模块插座安装在活动地板或地面上，应固定在接线盒内，插线面板采用直立和水平等形式。接线盒可开启，并应具有防水、防尘、抗压功能，接线盒盖面应与地面齐平。8 位模块式通用插座、多用户信息插座或集合点配线模块，安装位置应符合设计要求。8 位模块式通用插座底座盒的固定方法按施工现场条件而定，宜采用预置扩张螺钉固定等方式。固定螺钉需拧紧，不应产生松动现象。

各种插座面板应有标志，以颜色、图形、文字表示所接终端设备类型。

（4）电缆桥架及线槽的安装验收要求

1）桥架及线槽的安装位置应符合施工图规定，桥架及线槽节与节间应接触良好，安装牢固，左右偏差不超过50mm，水平度每米偏差不超过2mm。

2）垂直桥架及线槽应与地面保持垂直，并无倾斜现象，垂直度偏差不应超过3mm。

3）线槽截断处及两线槽拼接处应平滑、无飞边。

4）吊架和支架安装应保持垂直，整齐牢固，无歪斜现象。

3. 线缆敷设和布线器材安装验收

（1）线缆敷设的验收要求

1）线缆的类型、规格应与设计规定相符。

2）线缆的布放应自然平直，不得产生扭绞、打圈接头等现象，避免外力的挤压而损伤。

3）线缆两端应贴有标签，标明编号，标签书写清晰、端正、正确，标签应避免损害材料。

4）线缆终接后，应留有余量。交接间、设备间对绞电缆预留长度宜为0.5~1.0m，工作区为10~30mm。光缆布放宜盘留，预留长度宜为3~5m，有特殊要求的应按设计要求预留长度。

5）线缆的弯曲半径应符合规定。

6）电源线、综合布线系统线缆应分隔布放，线缆间的最小净距符合设计要求，建筑物内电缆、光缆、暗管敷设与其他管线最小净距应符合规定。在暗管或线槽敷设完毕后，宜在信道两端口出口处用填充材料进行封堵。

（2）预埋线槽和暗管的验收要求

1）敷设线槽的两端宜用标志表示出编号和长度等内容。

2）敷设暗管宜采用钢管或阻燃硬质PVC管。

3）布放多层屏蔽电缆、扁平线缆和大对数主干光缆时，直线管道的管径利用率为50%~60%，弯管道应为40%~50%。

4）暗管布放4对对绞电缆或4芯以下光缆时，管道的截面积利用率应为25%~30%。

5）预埋线槽宜采用金属线槽，线槽的截面积利用率不应超过50%。

（3）电缆桥架和线槽的验收要求

1）电缆线槽、桥架宜高出地面2.2m以上。

2）线槽和桥架顶部距楼板不宜小于30mm，在过梁或其他障碍物处，不宜小于50mm。

3）槽内线缆布放应顺直，尽量不要交叉，在线缆进出线槽部位、转弯处应绑扎固定，其水平部分线缆可以不绑扎。

4）在垂直线槽内布放线缆应每间隔1.5m固定在线缆支架上。

5）在电缆桥架内线缆垂直敷设时，在线缆的上端和每间隔1.5m处应固定在桥架的支架上；水平敷设时，在线缆的首、尾、转弯及每间隔5~10m处进行固定。

6）在水平、垂直桥架和垂直线槽中敷设线缆时，应对线缆进行绑扎。

7）对绞电缆、光缆及其他信号电缆应根据线缆的类别、数量、缆径、线缆芯数分束绑扎，绑扎间距不宜大于1.5m，间距应均匀，松紧适度。

8）楼内光缆宜在金属线槽中敷设，在桥架敷设时应在绑扎固定段加装垫套。

（4）吊顶支撑柱的验收要求 采用吊顶支撑柱支撑线槽在顶棚内敷设线缆时，每根支撑柱所辖范围内的线缆可不设置线槽进行布放，但应分束绑扎，线缆护套应阻燃。

(5) 建筑群子系统的验收要求　建筑群子系统采用架空、管道、直埋、墙壁及暗管敷设电、光缆的施工技术要求应按照本地网通信线路工程验收的相关规定执行。

4. 线缆保护验收

(1) 水平子系统线缆保护方式验收要求

1) 预埋金属线槽保护方式验收要求。在建筑群中预埋线槽，宜按单层设置，每一路由预埋线槽不应超过3根，线槽截面高度不宜超过25mm，总宽度不宜超过300mm。

线槽直埋长度超过30m或在线槽路由交叉、转弯时，宜设置过线盒，以便于布放线缆和维修。过线盒盖能开启，并与地面齐平，盒盖处应具有防水功能。

2) 预埋暗管保护方式验收要求。预埋墙体中间的最大管径不宜超过50mm，楼板中暗管的最大管径不宜超过25mm。直线布管每30m处应设置过线盒。暗管的转弯角度应大于90°，在路径上每根暗管的转弯角不得多于两个，并不应有"S"弯出现。有弯头的管道段长度超过20m时，应设置管线过线盒。在有两个弯时，不超过15m应设置过线盒。

暗管转弯的曲率半径不应小于该管外径的6倍，如暗管外径大于50mm时，不应小于10倍。暗管管口应光滑，并加有护口保护，管口伸出部位宜为25~50mm。

3) 网络地板线缆敷设保护方式验收要求。线槽之间应有沟通，线槽盖板应可开启，并采用金属材料。主线槽的宽度由网络地板盖板的宽度而定，一般宜在200mm左右，支线槽宽不宜小于70mm。活动地板下敷设线缆时，活动地板内净空高度应为150~300mm，地板块应抗压、抗冲击和阻燃。

4) 设置线缆桥架和线缆线槽保护方式验收要求。桥架水平敷设时，支承间距一般为1.5~3m，垂直敷设时固定在建筑物结构体上的间距宜小于2m，距地1.8m以下部分加金属盖板保护。

金属线槽敷设时，在下列情况下需设置支架或吊架：

① 线槽接头处。

② 每间距3m处。

③ 离开线槽两端出口0.5m处。

④ 转弯处。

金属线槽、线缆桥架穿过墙体或楼板时，应有防火措施，接地符合设计要求，塑料线槽槽底固定点间距一般宜为1m。

采用共用立柱作为顶棚支承柱时，可在立柱中布放缆线。立柱支承点宜避开沟槽和线槽位置，支承应牢固。立柱中电力线和综合布线线缆一起布放时，中间应有金属板隔开，间距应符合设计要求。

(2) 干线子系统线缆保护方式验收要求　线缆不得布放在电梯或供水、供气、供暖管道竖井中，也不应布放在强电竖井中，干线通道间应相通。

(3) 建筑群子系统线缆保护方式验收要求　线缆敷设保护方式应符合设计要求，并按照本地网通信线路工程验收的相关规定执行。

5. 线缆终接验收

(1) 双绞电缆芯线终接验收要求

1) 终接时，每对双绞线应保持扭绞状态，扭绞松开长度对于5类双绞线不应大于

13mm。双绞线在与 8 位模块式通用插座相连时，必须按色标和线对顺序进行卡接。

2）屏蔽双绞电缆的屏蔽层与接插件终接处屏蔽罩必须可靠接触，线缆屏蔽层应与接插件屏蔽罩 360°圆周接触，接触长度不宜小于 10mm。

(2) 光缆芯线终接验收要求

1）采用光缆连接盒对光纤进行连接、保护，在连接盒中光纤的弯曲半径应符合安装工艺要求。光纤熔接处应加以保护和固定，使用连接器以便于光纤的跳接。

2）光纤连接盒面板应有标志。

3）光纤连接损耗值应符合光纤连接损耗表中的规定，光纤连接损耗见表 10-1。

表 10-1　光纤连接损耗

熔接	光纤连接损耗/dB	
	平均值	最大值
	0.15	0.3

(3) 各类跳线的终接验收规定　各类跳线和接插件间接触应良好，接线无误，标志齐全，跳线选用类型应符合系统设计要求。各类跳线长度符合设计要求，双绞电缆跳线不应超过 5m，光缆跳线不应超过 10m。

6. 工程电气测试

符合国家有关建筑物及机房电气设施标准中的电气测试部分的要求，主要测试指标包括：

1）连接图。
2）长度。
3）衰减。
4）近端串音。
5）近端串音功率和。
6）衰减串音比。
7）衰减串音比功率和。
8）等电平远端串音。
9）等电平远端串音功率和。
10）回波损耗。
11）传播时延。
12）传播时延偏差。
13）插入损耗。
14）直流环路电阻。
15）设计中特殊规定的测试内容。
16）屏蔽层的导通。

10.2　竣工验收

10.2.1　竣工验收的组织

按照综合布线行业的国际惯例，大、中型的综合布线工程主要是由国家注册具有行业资质的第三方认证服务提供商来提供竣工测试验收服务。

国内当前综合布线工程竣工验收有以下几种情况：

1）施工单位自己组织验收。
2）施工监理机构组织验收。
3）第三方测试机构组织验收，包括质量监察部门提供验收服务和第三方测试认证服务提供商提供验收服务。

10.2.2 竣工验收的程序

通常，工程竣工验收应具备以下前提条件：

1）隐蔽工程和非隐蔽工程在各个阶段的随工验收已经完成，且验收文件齐全。
2）综合布线系统中的各种设备都已自检测试，测试记录齐备。
3）综合布线系统和各个子系统已经试运行，且有试运行的结果。
4）工程设计文件、竣工资料及竣工图样均完整、齐全。此外，设计变更文件和工程施工监理代表签字等重要文字依据均已收集汇总，装订成册。

工程竣工后，施工方应在工程计划验收 10 日前，通知验收机构，同时送达一套完整的竣工报告，并将竣工技术资料一式三份交给建设方。竣工资料包括工程说明、安装工程量、设备器材明细表、随工测试记录、竣工图样、隐蔽工程记录等。

联合验收之前成立综合布线工程验收的组织机构，建设方可以聘请相关专业的专家，对于防雷及地线工程等关系到计算机网络系统安全的工程部分，还应申请有关主管部门协助验收（比如气象局、公安局等）。通常的综合布线工程验收领导小组可以考虑聘请以下人员参与工程的验收：

1）工程双方单位的行政负责人。
2）工程项目负责人及直接管理人员。
3）主要工程项目监理人员。
4）建筑设计施工单位的相关技术人员。
5）第三方验收机构或相关技术人员组成的专家组。

在验收中，有些工程项目是由工程双方认可，但另外有一些内容并非双方签字盖章就可以通过，比如涉及消防、地线工程等项目的验收，通常要由相关主管部门来进行。

验收的一般程序通常是由双方的单位领导阐明工程项目建设的重要意义和作用；然后听取双方项目主管和有关技术人员着重就项目设计规划和实施过程中采用的各种方案进行介绍，并就实施过程中遇到的问题、相应的解决措施及可能的利弊等进行说明，其中应当出示由第三方专家签认的关于本综合布线工程的各种测试数据、图表等文档；接着，听取验收现场各位专家的意见，在形成一致意见的基础上拟定验收报告，并由有关验收组的人员签字盖章后生效。对于公安、消防等主管部门的意见，往往具有强制性，因而在形成报告后通常还应当附带所有的相关文件、标准及数据说明存档。

10.2.3 竣工验收的技术资料

项目竣工文档的移交是每一个工程最重要又是容易被忽略的细节，设计科学而完备的文档不仅可以为用户提供帮助，更重要的是为集成商和施工方吸取经验和总结教训提供了可能。工程竣工后，施工方应在工程验收以前，将工程竣工技术资料交给建设方。竣工技术文件要保证质量，做到外观整洁，内容齐全，数据准确。

1. 项目竣工文档

主要的项目竣工文档包括：

1）技术设计方案。
2）项目施工图。
3）设备技术说明书。
4）设计修改变更单。
5）现行的技术验收规范。

2. 竣工技术资料的要求

综合布线系统工程竣工验收技术文件和相关资料应符合以下要求：

1）竣工验收的技术文件中的说明和图样，必须配套并完整无缺，文件外观整洁，文件应有编号，以利登记归档。

2）竣工验收技术文件最少一式三份，如有多个单位需要或建设单位要求增加份数时，可按需要增加文件份数，以满足各方要求。

3）文件内容和质量要求必须保证做到内容完整齐全无漏、图样数据准确无误、文字图表清晰明确、叙述表达条理清楚，不应有互相矛盾、彼此脱节、图文不清和错误遗漏等现象发生。

4）技术文件的文字页数和其排列顺序以及图样编号等，要与目录对应，并有条理，做到查阅简便，有利于查考。文件和图样应装订成册，取用方便。

课后练习题

1. 填空题

（1）综合布线系统的验收一般分两部分进行：第一部分是_____；第二部分是_____。
（2）依据验收方式，综合布线系统工程的验收，可分为_____、_____、_____和_____ 4 个阶段。
（3）综合布线工程竣工验收主要包括的 3 个阶段是_____、_____、_____。

2. 选择题

（1）综合布线系统工程的验收内容中，（　　）是环境要求验收的内容。
A. 电缆电气性能测试　　B. 施工电源　　C. 外观检查　　D. 地板铺设
（2）综合布线系统竣工验收中，以下哪项不是要提交的资料？（　　）
A. 技术设计方案　　　　　　　　B. 项目施工图
C. 设备技术说明书　　　　　　　D. 设计修改变更单
E. 项目合同

3. 简答题

（1）在随工验收中，主要的检验项目有哪些？
（2）在竣工验收中，主要的检验项目有哪些？

第11章 综合布线工程设计案例

11.1 案例1：家庭居室综合布线系统

某装潢公司承接了一个新开楼盘3户业主的综合布线系统工程，3户业主具有相同的房型布局，门牌号为201、301、401。

1. 初步方案

装潢公司为3户业主设计了一个家装布线方案（见图11-1），供业主参考。

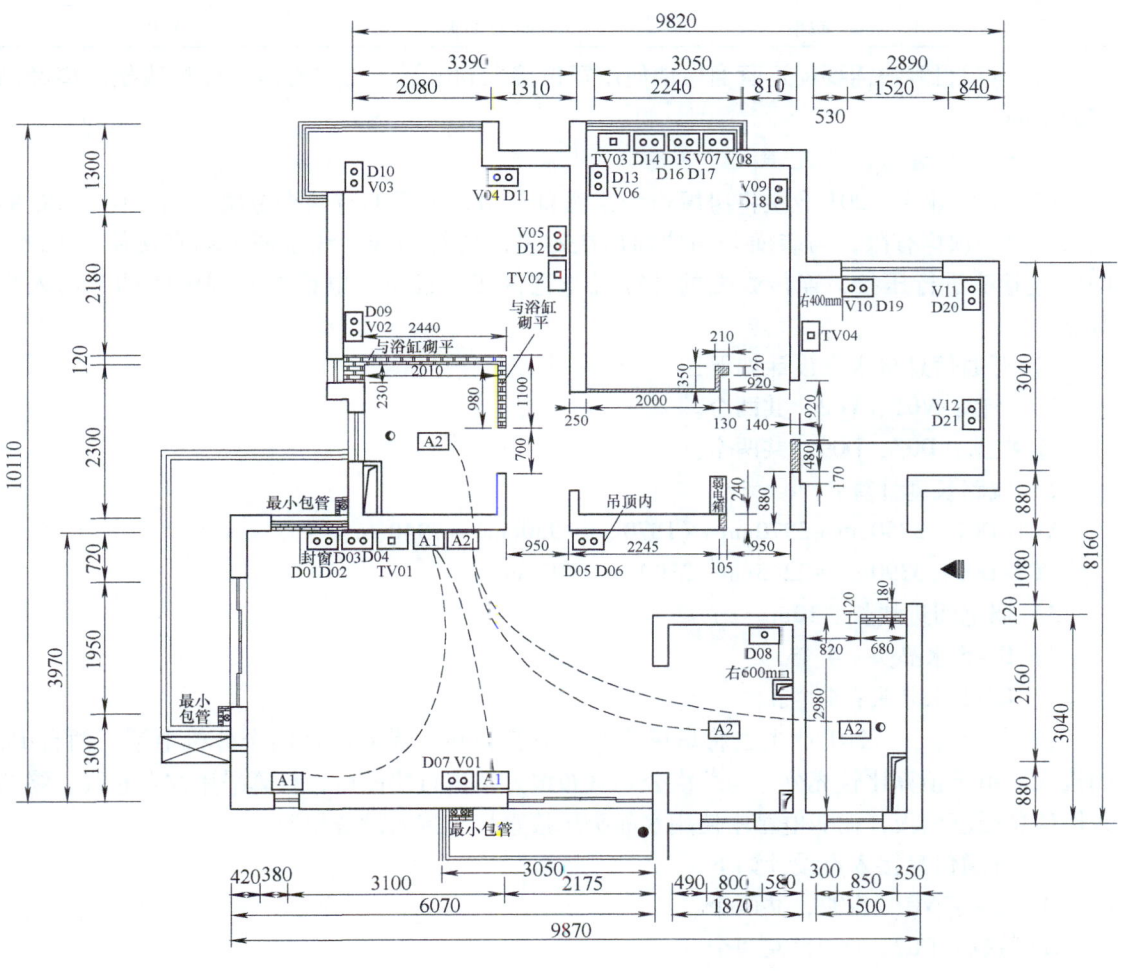

图11-1 家装布线方案

图样说明如下：

1）平面图中D××为数据信息接入点，V××为语音信息接入点，所有线路在弱电箱中汇聚。

2）材料报价见表11-1。

表11-1 材料报价表

编　号	材料名称	规　格	报价/元
1	超5类双绞线	305m/箱	750
2	1类电话线	150m/卷	100
3	RJ45 水晶头	100个/盒	80
4	RJ11 水晶头	50个/盒	25
5	信息插座	RJ11 + RJ45	60
5	信息插座	RJ45 + RJ45	60
6	网络配线架	24口，RJ45	750
7	机柜	0.5m墙柜	900

3）本项目客户需要向运营商申请使用宽带接入和电话，用户至运营商配线架距离经测定为10m。

2. 与业主协商，确定正式方案

（1）201业主　201业主将房屋作为家庭自住房，需要拥有两个分机电话、两台PC的接入。由于预算有限，与装潢公司协商后决定采用传统布线。线缆两边均直接使用RJ45/RJ11连接头进行压接，连接终端的计算机与宽带接入设备、电话机与弱电间的电话入户节点。

1）开通信息接入点设计如下：

① 语音：V01、V02，共两个。

② 数据：D07、D09，共两个。

2）线路长度计算：

V01/D07：3050cm + 3970cm + (1870cm − 950cm) = 7940cm；

V02/D09：3390cm + 2245cm + 2300cm = 7935cm。

3）弱电间进线长：10m。

4）RJ45 水晶头：4个。

5）RJ11 水晶头：4个。

（2）301业主　301业主也将房屋作为家庭自住房，需要满足两个分机电话、两台PC的接入。由于预算比较充分，与装潢公司就布线方案进行协商后，打算采用综合布线。终端采用信息插座面板，而弱电箱中使用水晶头压接直接与接入设备相连。

1）开通信息接入点设计如下：

① 语音：V01、V02，共两个。

② 数据：D07、D09，共两个。

2）备用信息接入点设计如下：

① 语音：V04、V06、V09、V12，共4个。

② 数据：D01、D03、D05、D11、D13、D18、D21，共6个。

3）线路长度计算：

D01/D03：3390cm + 2245cm = 5635cm；

D05：2245cm；

V01/D07：7940cm；

V02/D09：7935cm；

V04/D11：2300cm + 120cm + 2180cm + 1310cm + 2245cm = 8155cm；

V06/D13：2300cm + 120cm + 2180cm + 1300cm + 2245cm = 8145cm；

V09/D18：2300cm + 120cm + 2180cm + 1300cm + 950cm = 6850cm；

V12/D21：2890cm + 880cm + 480cm = 4250cm。

4）RJ45 水晶头：8×2 个 = 16 个。

5）RJ11 水晶头：6×2 个 = 12 个。

6）信息面板：语音/数据面板 6 个，数据/数据面板 3 个。

(3) **401 业主** 401 的业主需要将房屋作为家装办公室来使用，语音业务要求能满足 3 门外线、7 门内线的商住办公要求，数据业务要求满足 10 台 PC 的接入，并组建内部的计算机局域网。由于需要按照公司办公室的风格进行装修，与装潢公司协商后，决定采用更高标准的综合布线。在每个信息接入点留有备用线对，并在弱电间设置管理配线架、电话交换机和以太网交换机，完成所有的计算机、电话与接入系统的连接。

1）开通信息接入点设计如下：

① 语音：V01、V02、V03、V04、V06、V07、V08、V09、V10、V12，共 10 个。

② 数据：D01、D03、D05、D07、D09、D10、D11、D14、D15、D21，共 10 个，其中 D05 位置作为 WiFi 无线设备安装位置。

2）备用信息接入点：

① 语音：V05、V11，共两个。

② 数据：D02、D04、D06、D08、D12、D13、D16、D17、D18、D19、D20，共 11 个。

3）线路长度计算：

D01/D02/D03/D04：5635cm；

D05/D06：2245cm；

V01/D07：7940cm；

D08：1080cm + 120cm = 1200cm；

V02/D09：7935cm；

V03/D10：2300cm + 120cm + 2180cm + 3390cm + 2245cm = 10235cm

V04/D11：8155cm；

V05/D12：2300cm + 120cm + 2180cm + 2245cm = 6845cm

V06/D13：8145cm；

D14/D15/D16/D17：2300cm + 120cm + 2180cm + 1300cm + 2245cm = 8145cm；

V09/D18：6850cm；

V10/D19：2890cm + 880cm + 480cm + 340cm + 360cm = 4950cm

V11/D20：2890cm + 880cm + 480cm + 340cm = 4590cm

V12/D21：4250cm；

根据 3 个业主的设计要求，可统计本项目所需的各类设备与材料，并计算用线量，线缆长度依据公式计算。

11.2 案例2：教师办公室综合布线系统改造工程

11.2.1 项目概述

通信工程系教师办公室（TCS205）由原来的实训室改造而成，分为两间：TCS205A和TCS205B，每间办公室原有布线系统包含语音信息点和数据信息点各一个，教师办公室平面图如图11-2所示。目前在使用中存在如下问题：

1）每间办公室仅能放置一台内线电话，教师经常在接听电话的同时需要使用放置在办公桌上的计算机，但电话离办公桌太远，造成工作的不便利。

2）每间办公室仅有一个数据信息点，从墙上原有的数据信息点用一根网线接到6口交换机，然后从交换机分出多根网线分别接到几位老师的台式计算机、网络打印机及无线路由器上。虽然网线都用扎带理好，但是裸露的网线还是影响到办公室的整体美观。另外随着办公室人员的增多，网速逐步下降，无法满足上网需求。

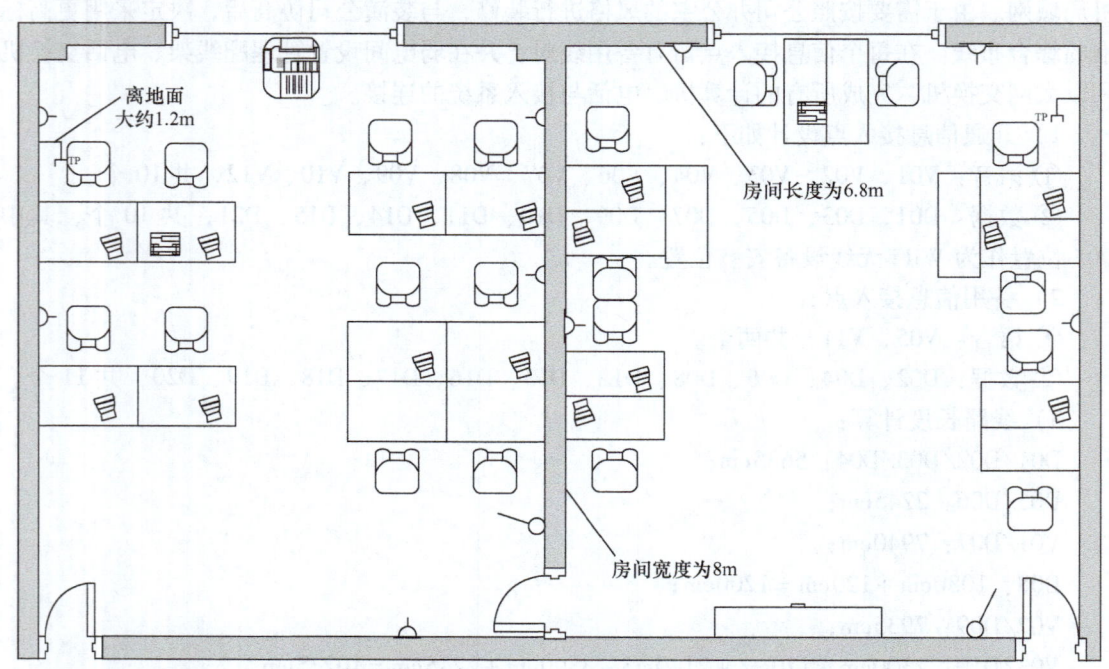

图11-2 教师办公室平面图

11.2.2 项目设计方案

1. 总体方案

在保留教师办公室原有语音、数据使用环境的基础上，增加语音程控交换机为语音通信系统平台扩容，增加一台24口数据交换机为数据网络平台扩容，在每一个办公桌旁边增加一个语音信息点和一个数据信息点，保证每位教师拥有一个独立的内线电话和有线上网接口。为了保证上网速度，改造后的数据网络采用6类线布线系统，整个项目按照综合布线的标准进行重新布线，使用线槽和桥架将所有通信线缆隐蔽到封闭空间中。

通过此次项目改造，既改善了办公室的整体美观，又给教师办公提供了更便利的通话和上网的条件。

2. 项目具体设计——设备间选择

TCS208 与 TCS205 是面对面的两间房间，将 TCS208 定为设备间，其理由如下：

1）TCS208 离 TCS205 距离最近，设备间设在 TCS208，从综合布线施工的成本、施工进度等方面考虑，都是最合适的。

2）因 TSC209 教务办公室、TCS211 系领导办公室、TCS204 辅导员办公室以及 TCS202 实验室四间办公室在其左右两边，机柜安放于 TCS208 也是最合理，方便后期改造。

3）在前期沟通中得知，通信系在近期的机房规划中 TCS208 会改造成计算机房，在机房改造时可以利用本次添加的机柜，使得本次项目的部分设备物尽其用。

3. 项目具体设计——布线方式

数据信息点和数据信息点的所有通信线缆全部通过交换机连接到数据配线架或语音配线架，然后从 TCS208 机柜出来通过 PVC 线槽至走廊，借用原有的桥架到 TCS205A 门口，在大门上方打洞后穿入线缆，距地 30cm 安装水平线槽，并在离地 1.2m 处安装信息点，TCS205A 信息点数量为 5 个，其中靠窗的信息点安装两个 RJ45 模块，其余四个信息点各安装一个 RJ11 模块和一个 RJ45 模块。TCS208 有另几路线缆通过线槽及桥架至 TCS205B，同样采用大门上方打洞后穿入线缆的方式进入室内，采用与 TCS205A 相同的方式布线，TCS205B 共放置 5 个信息点，每个信息点有两个信息模块，均为一个 RJ11 模块和一个 RJ45 模块。布线系统图如图 11-3 所示。

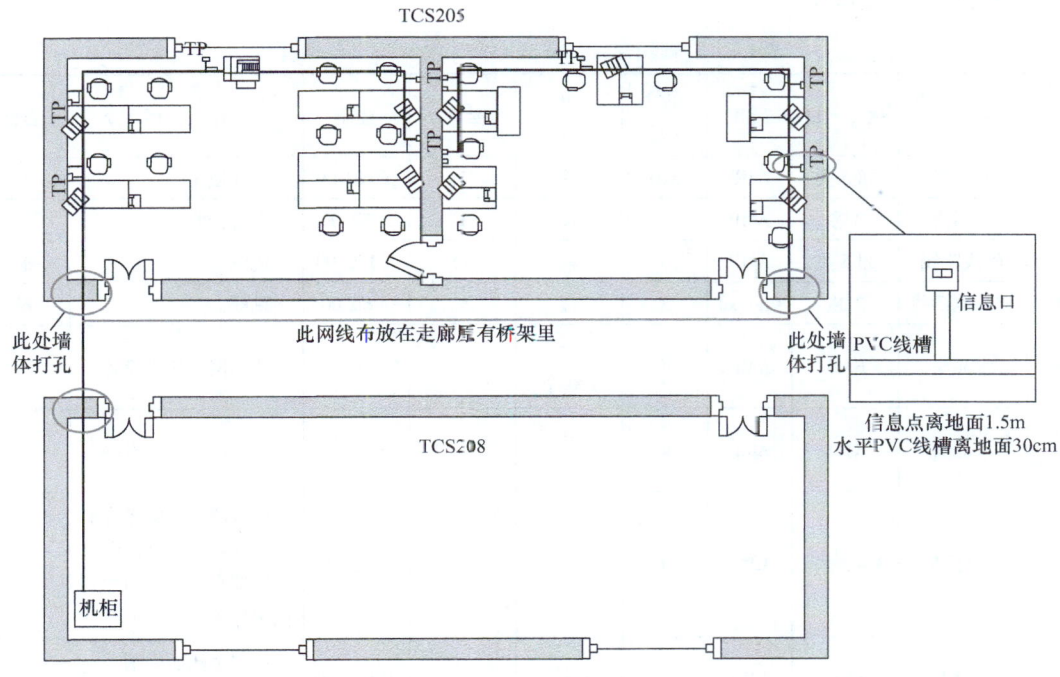

图 11-3 布线系统图

11.2.3 工程施工计划

施工总工期：5 月 14 日—6 月 15 日，共计 32 天。为了不影响学院教师的正常办公，尽量减少对客户工作影响的原则，主要在晚上和周末进行施工，对客户的影响减少到最小。

施工日程计划：

1）5月14日—5月18日：根据设计院完成的设计方案图，和本次施工相关的学院有关部门接洽并与监理人员一起开施工前协调会，共同协商施工细节，确定施工方案，完善施工细节。

2）5月21日—5月28日：根据施工设计方案图样安装机柜、布放PVC线槽、敷设线缆、安装信息模块，并通过福禄克网络测试仪对每条链路进行测试。

3）5月30日—6月2日：将本次改造工程中涉及到的线路和信息终端整理并贴上标签，方便客户后期进行维护和升级。

4）6月4日—6月8日：业务开通。根据前期的规划，为每个电话终端及数据信息点分配内线短号及IP地址，实现通信系内线电话短号互通，教师可以通过有线或者无线的方式访问Internet。

5）6月11日—6月13日：工程验收。由通信系有关人员和第三方监理公司监理员共同组织工程验收，检测线缆链路是否符合标准，工程是否达到预期要求。

6）6月14日—6月15日：竣工验收。由学院相关部门和第三方监理公司监理员共同组织竣工验收，移交相关设备和文档。

在施工各个阶段，按照规范填写工程洽商会议记录、工程开工报告、施工日志等相关表格并发至院方相关人员及第三方监理公司监理员。

11.2.4　工程预算

工程预算见表11-2。

表11-2　教师办公室综合布线系统改造工程预算

序号	名称	规格	品牌	单价/元	单位	数量	金额	作用	备注
1	双绞线	超5类	AMP	320	箱	1	￥320.00	布线使用	
2	电话线	2芯	AMP	50	箱	1	￥50.00	语音传输	
3	网线跳线	超5类	AMP	5	根	30	￥150.00	跳线	一根3m
4	成品电话线	2芯	Choseal	3	根	20	￥60.00	跳线	一根3m
5	水晶头	RJ45	AMP	30	盒（100个）	1	￥30.00	常用网络接口设备	
6	水晶头	RJ11	AMP	30	盒（100个）	1	￥30.00	常用语音接口设备	
7	膨胀螺钉	304材质	BRT	16	包	2	￥32.00	通过墙体、膨胀管及螺钉后端的圆锥体间形成摩擦自锁，进而达到固定作用	
8	线槽	PVC	AMP	5	m	30	￥150.00	用于走线的管槽，绝缘性能好	
9	小型机柜	WM6406	TOTEN		台	1	￥0.00	安放设备、配线架	已有
10	小型语音配线架	110	AMP	90	个	1	￥90.00	用于配线间和设备间的语音缆线的端接、安装和管理	25口

(续)

序号	名称	规格	品牌	单价/元	单位	数量	金额	作用	备注
11	小型语音信息模块	110	AMP	2	个	30	¥60.00	语音传输端接	
12	数据配线架	24口、超5类线	AMP	100	个	1	¥100.00		
13	扎带	ALL	Avery	20	包	1	¥20.00	捆扎线缆	
14	标签贴纸	ALL	Avery	10	卷	1	¥10.00	设备标注	
15	明盒	G06T102	AMP	3	个	20	¥60.00	数据、语音接线端口	
16	信息模块	RJ45	AMP	5	个	40	¥200.00	布放在信息点	
17	信息模块	RJ11	AMP	5	个	40	¥200.00	布放在信息点	
18	信息面板	数据+语音双孔面板	AMP	10	个	20	¥200.00	底盒、保护模块	
	机柜与综合布线费用总计:						¥1762		

11.3 案例3：×××小区内部综合布线工程（电缆工程）

11.3.1 设计概述

1. 设计依据

1）×××通信公司通信集团工程部发《关于××××年×××通信公司第 X 批家庭数据专线配套传输接入工程的设计委托书》的函。
2）《数字通信用聚烯烃绝缘水平对绞电缆》（YD/T 1019—2013）。
3）《综合布线系统工程设计规范》（GB 50311—2016）。
4）建设单位提供的相关设计基础资料。
5）现场勘查取得的有关数据和资料。

2. 工程概述

×××小区位于×××市×××区×××路×××号，小区规模10万 m^2，共21幢楼宇，71个单元，楼宇层高为4~6层，一层2户，共有371户。本小区采用GPON（FTTB+LAN）的方式接入。本工程为×××小区内部超5类线工程，小区内需敷设室外超5类线2.34km，安装室内分线箱38个。

本工程所敷设超5类线采用管道、挂墙、室内通道等方式。

本工程为×××小区内部布放超5类线工程，依据FTTB+LAN（光纤到大楼+局域网）的方式，根据设计图样，从综合业务接入箱敷设2根25对对绞电缆至相应楼层，在该处安装室内分线箱（箱内自带接线模块），并将2根25对对绞电缆卡接在室内分线箱的模块上，卡接顺序依据EIA-TIA 568B标准中规定的线对色谱顺序。

3. 主要工作量

主要工作量见表11-3。

表 11-3　×××小区内部综合布线工程主要工作量

序　号	项目名称	单　位	数　量
1	打穿楼墙洞（砖墙）	个	71
2	架设吊线式墙壁电缆（200 对以下）	100m·对	15.72
3	穿放大对数对绞电缆（屏蔽双绞线 50 对以下）	100m·对	7.6
4	卡接大对数对绞电缆（配线架侧双绞线 + 屏蔽双绞线）	100 对	19
5	安装接线盒	个	38

11.3.2　施工要求和注意事项

1. 施工要求

施工要求如下：

1） 5 类线的规格程式、走向、路由应符合设计文件规定，不宜与电力电缆交越，若无法满足时，必须采取相应的保护措施。

2） 5 类线布放应顺直，无明显扭绞和交叉，不得溢出槽道，并且不得堵住送风通道。槽道 5 类线必须绑扎牢固，外观平直整齐，松紧适度，绑扎间距应均匀。

3） 配线架内 5 类线布放应顺直，出线位置准确、预留弧长一致，并做适当的绑扎。

4） 每条 5 类线在进线孔、进入箱体两端和拐弯处应有统一的标识，标识上宜注明 5 类线两端连接的位置并符合资源管理对 5 类线标识的要求。标签书写应清晰、端正和正确。标签尺寸为 2cm×1.5cm，标牌按原格式定做。

5） 敷设工艺必须符合《本地通信线路工程验收规范》（YD/T 5138—2005）的要求。

6） 5 类线与建筑物内其他弱电系统的线缆应分开布放。各线缆间的最小净距应符合设计，见表 11-4 和表 11-5。

表 11-4　楼内布线线缆与电气设备的最小净距

名　称	最小净距/m	名　称	最小净距/m
配电箱	1	电梯机房	2
变电室	2	空调机房	2

表 11-5　墙上敷设的 5 类线及管线与其他管线的间距

管线种类	最小平行净距/mm	最小垂直交叉净距/mm
电力线	150	50
避雷引下线	1000	300
保护地线	50	20
热力管（不包封）	500	500
热力管（包封）	300	300
给水管	150	20
煤气管	300	20
压缩空气管	150	20

7） 楼道垂直与平行交叉处 5 类线布放，应做保护处理。

8） 楼道内垂直部分 5 类线的布放应每隔 1.5m 进行捆绑固定，以防下坠力对线芯带来的伤害。

9）室内分线箱必须安装在建筑物的公共部位，5类线应进出方便，应安全可靠、便于维护。

10）室内分线箱内每对线均应标识5类线走向、对应服务地址，标识要符合资源管理要求。

11）当采用墙挂时，室内分线箱的安装工艺应符合墙挂设备安装要求，不得有悬垂现象。

12）项目验收标准为TD/T 5138—2005（本地通信线路工程验收规范）。

2. 注意事项

注意事项如下：

1）本工程施工前须与业主协商，确定施工范围及施工周期后，方可施工。

2）超5类线在井内暴露部分，须用黄色塑料保护管包扎保护，两端与子管接口处各包扎10cm。

3）超5类线敷设占用的管孔，请施工班组及时做好随工记录，上下人井注意井内是否有煤气等有毒气体泄漏现象并注意保护井内原有设备，防止发生人身及设备事故。

4）施工时应做好工程施工标志，注意小区道路来往车辆，保证施工和行人的安全。

5）本工程涉及的有关超5类线工程项目不包括超5类线的测试。

6）为保证传输质量，应尽量减少接头，管道内超5类线引入后不得任意切断。

7）超5类线敷设前应进行单盘检查，注意超5类线外护层有无裂缝，核对超5类线端别。

8）超5类线敷设前，根据设计施工图进行配盘，避免任意砍断超5类线。

9）本工程所选用的超5类线、室内分线箱及接线模块均由×××通信公司指定。

10）请施工单位及时做好管孔占用竣工记录。

11.3.3 项目预算

1. 项目投资结构

本项目的预算是为××××年×××通信公司第X批家庭数据专线配套传输接入工程，×××小区内部超5类线工程一阶段设计所编制。本单项工程预算总投资为98703元人民币。

本工程预算投资结构见表11-6。

表11-6 ×××小区内部超5类线工程预算投资结构表

项　　目	投资额/元
建筑安装工程费	83802
工程建设其他费	11104
预备费	3797
合计	98703

2. 项目预算编制依据

1）中华人民共和国工业和信息化部2008年发布的《通信建设工程预算编制办法》。

2）中华人民共和国工业和信息化部2017年发布的《通信建设工程费用定额》。

3）中华人民共和国工业和信息化部2017年发布的《通信建设工程施工机械、仪表台班费用定额》。

4）中华人民共和国工业和信息化部2017年发布的《通信建设工程预算定额》。

5) ×××通信公司印发的"关于印发《×××通信公司2017年通信建设工程概、预算编制要求》的通知"。

6) ×××通信公司印发的"关于印发《×××通信公司2017年通信建设工程概、预算编制要求(专业补充规定)》的通知"。

3. 预算表

(1) 概算总表　概算总表见表11-7。

表11-7　概算总表

序号	表格编号	费用名称	小型建筑工程费/元	需要安装的设备费/元	不需安装的设备、工器具费/元	建筑安装工程费/元	其他费用/元	预备费/元	总价值	
									人民币/元	其中外币( )
1	090600275Y-GCF	建筑安装工程费				83802			83802	
2	090600275Y-QT	工程建设其他费					11104		11104	
3		预备费[合计×4%]						3797	3797	
4		总计				83802	11104	3797	98703	

(2) 建筑安装工程费　建筑安装工程费计算见表11-8。

表11-8　建筑安装工程费表

序号	费用名称	依据和计算方法	合计/元	序号	费用名称	依据和计算方法	合计/元
	建筑安装工程费	一+二+三+四	83801.99	3.	工地器材搬运费	人工费×5.00%	439.45
一	直接费	(一)+(二)	72952.41	4.	工程干扰费	相关人工费×6.00%	527.34
(一)	直接工程费	1.+2.+3.+4.	68157.09	5.	工程点交、场地清理费	人工费×5.00%	439.45
1.	人工费	(1)+(2)	8788.95				
(1)	技工费	技工工日×48元/日	6477.6	6.	临时设施费	人工费×10.0%	878.90
(2)	普工费	普工工日×19元/日	2311.35	7.	工程车辆使用费	人工费×6.00%	527.34
2.	材料费	(1)+(2)	59368.14	8.	夜间施工增加费	相关人工费×3.00%	263.67
(1)	主要材料费	见表11-10	59190.54	9.	冬雨季施工增加费	相关人工费×2.00%	175.78
(2)	辅助材料费	主要材料费×0.30%	177.60	10.	生产工具用具使用费	人工费×3.00%	263.67
3.	机械使用费		0				
4.	仪表使用费		0	11.	施工生产用水电蒸汽费	人工费×0%	0
(二)	措施费	1.~16.之和	4795.32				
1.	环境保护费	人工费×1.50%	131.83	12.	特殊地区施工增加费	总工日×3.2元/日	0
2.	文明施工费	人工费×1.00%	87.89				

(续)

序号	费用名称	依据和计算方法	合计/元	序号	费用名称	依据和计算方法	合计/元
13.	已完工程及设备保护费	按实计列	0	1.	工程排污费	按实计列	
14.	运土费	按实计列	0	2.	社会保障费	人工费×26.81%	2356.32
15.	施工队伍调遣费	2×[定额×调遣人数]	1060	3.	住房公积金	人工费×4.19%	368.26
16.	大型施工机械调遣费	2×[总吨位×运距×0.62]	0	4.	危险作业意外伤害保险费	人工费×1.00%	87.89
二	间接费	(一)+(二)	5449.16	(二)	企业管理费	人工费×30.0%	2636.69
(一)	规费	1.+2.+3.+4.	2812.47	三	利润	人工费×30.0%	2636.69
				四	税金	(一+二+三)×3.41%	2763.73

(3) 人工费 人工费计算见表11-9。

表11-9 人工费表

序号	定额编号	项目名称	单位	数量	单位定额值/元		合计值/元	
					技工	普工	技工	普工
1	TXL4-035	打穿楼墙洞（砖墙）	个	71	0.2	0.2	14.2	14.2
2	TXL4-052	架设吊线式墙壁电缆（200对以下）	100m·对	15.72	5.23	5.23	82.22	82.22
3	TXL7-036	穿放大对数对绞电缆（屏蔽双绞线50对以下）	100m·对	7.6	1.32	1.32	10.03	10.03
4	TXL7-048	卡接大对数屏蔽对绞电缆（配线架侧）	100对	19	1.5	0	28.5	0
5	TXL7-024	安装接线盒	个	38	0	0.4	0	15.2
		合计					134.95	121.65

(4) 材料费 主要材料费见表11-10。

表11-10 主要材料费表

序号	名称	规格程式	单位	数量	单价/元	合计/元	备注
1	对绞电缆	25对屏蔽双绞线	m	2362.004	15	35430.06	
	[1].运杂费（器材原价×1.50%）					531.45090	
	[2].运输保险费（器材原价×0.10%）					35.43006	
	[3].采购保管费（器材原价×1.10%）					389.73066	
	[4].采购代理服务费					0	
	小计1					36386.67162	
2	水泥	425#	kg	71	0.337	23.93	
	[1].运杂费（器材原价×18.00%）					4.3074	
	[2].运输保险费（器材原价×0.10%）					0.02393	
	[3].采购保管费（器材原价×1.10%）					0.26323	
	小计2					28.52456	

（续）

序号	名 称	规 格 程 式	单位	数量	单价/元	合计/元	备注
3	中粗砂		kg	142	0.08	11.36	
4	吊缆环	2～1/2in	只	3238	0.81	2623.78	
5	U形卡子	6#	kg	220.08	1.36	299.31	
6	拉线衬环		个	63	2.3	146.07	
7	膨胀螺栓	M16	副	475	3.66	1739.86	
8	中间支撑物		套	127	12	1524.21	
9	镀锌铁线	φ1.5mm	kg	2.484	8.19	20.34	
10	镀锌钢绞线	7/2.2	kg	361.56	9.5	3434.82	
11	拉攀	1#	副	31	17.25	542.34	
12	室内分线箱	含接线模块	只	38	300	11400	
	[1].运杂费（器材原价×3.60%）					782.68860	
	[2].运输保险费（器材原价×0.10%）					21.74135	
	[3].采购保管费（器材原价×1.10%）					239.15485	
	小计3					22784.93480	
	合计（小计1～3之和）					59200.13098	

（5）工程建设其他费 工程建设其他费见表11-11。

表11-11 工程建设其他费表

序号	费用名称	计算依据及方法	金额/元	备 注
1	建设用地及综合赔补费		0	
2	建设单位管理费		0	
3	可行性研究费		0	
4	试验研究费		0	
5	勘察设计费		7088.21	
6	环境影响评价费		0	
7	劳动安全卫生评价费		0	
8	建设工程监理费		2876.41	
9	安全生产费	建安费×1.0%	838.12	
10	工程质量监督费	建安费×0.07%	0	
11	工程定额测定费	建安费×0.14%	0	
12	引进技术及引进设备其他费		0	
13	工程保险费		0	
14	工程招投标代理费		0	
15	专利及专利技术使用费		0	
16	光缆信息录入费	光缆长度×2元/m	0	
17	造价审计费		301.72	
	合计		11104.46	
18	生产准备及开办费（运营费）	设计定员×生产准备费指标（元/人）	(0)	

课后练习题

1. 简述综合布线工程实施步骤。
2. 简述各子系统设计思路。

学习领域 3

综合布线工程管理与招投标

第 12 章　综合布线工程管理

12.1　综合布线工程的项目管理体制

12.1.1　设立项目管理体制

1. 项目的概念

项目是一种一次性的工作，它应当在规定的时间内，由专门组织起来的人员来完成。它应有一个明确的预期目标，还要有明确的可利用的资源范围，它需要运用多种学科的知识来解决问题。项目具有以下特点：

1）项目可由多个部分组成，跨越多个组织，因此需要多方合作才能完成。
2）通常是为了追求一种新产物才组织项目。
3）可利用资源预先要有明确的预算。
4）可利用资源一经约定，不再接受其他资源。
5）有严格的时间界限，并公之于众。
6）项目的构成人员来自不同专业的不同职能组织，项目结束后原则上仍回原职能组织中。
7）项目产物的保全或扩展通常由项目参加者以外的人员来进行。

2. 项目管理的定义

与项目的概念相对应，项目管理是指以项目为管理对象，在既定的约束条件下，为最优实现项目目标，根据项目的内在规律，对项目寿命周期全过程进行有效地计划、组织、指挥、控制和协调的系统管理活动。项目管理的全过程包括以下工作：

1）组建项目组，项目组成员必须具有实施项目的专长。
2）确定技术目标。
3）指定项目计划。
4）处理变化范围。
5）控制实际进度，使之能按期完成并且不超过预算。

3. 项目管理的特点

项目管理具有以下基本特点：

1）项目管理是一项复杂的工作。
2）项目管理具有创造性。
3）项目有其寿命周期。
4）项目管理需要集权领导和建立专门的项目组织。

项目管理工作是进展性的，它将生产出终极产物的过程与计划、处理变化、控制、采取的预防及整改措施等的过程糅合在一起。项目管理开始于将资源用于某项工作努力的决定做出之时，直到取得期望的结果为止。

项目管理不是为机构内项目的日常活动的管理和控制而设计的。日常的计划、工作及人员管理是职能经理的事，是在现有设备及技术的条件下完成的。对工作进行技术指导也是职能经理的责任。职能经理起支持项目管理的作用，但不是项目管理的组成部分。用来计划和控制职能领域工作的手工或计算机技术，应该能够与项目管理技术联合使用。职能工作的计划和管理应起到充实项目管理所需信息的作用。

12.1.2　综合布线项目管理的要素

综合布线项目管理要素如下：

1. 充分关注接口规范

要完成网络信息系统的综合布线，应注意一个重要的技术问题，即接口问题。接口问题在综合布线系统中大量存在，因为综合布线的实质就是让不同产品、不同设备互联，让不同网络、不同系统互联。例如，在进行网络平台层集成时，不但要解决各种网络设备之间的接口问题，而且要解决不同网络技术之间以及不同网络信息系统之间的接口问题。

接口之所以成为综合布线中的关键点，主要是因为现在的产品设备和技术往往是已经开发出来的"实体"，综合布线时无需对这些"实体"重新开发。然而为了使各"实体"能集合成为一个整体，但仍需对具体应用做相应的调整或剪裁，而这就需要在接口处进行再设计。因此综合布线的技术关键不是对具体产品设备的研究开发，而是解决产品、设备之间的接口问题。

2. 协调与优化系统

在大型网络信息系统的建设中，综合布线者往往会遇到这样的问题，当系统的信息平台建立起来，应用系统加载在其上之后，整个系统的运转不够理想，甚至极为糟糕，离设计目标相去甚远，系统指标令人无法接受。即使系统运行在低负荷条件下，系统的响应速度也极低，这种问题的实质可能是系统的整体协调和优化问题。

在综合布线过程中，人们开始时总是关注产品、设备、技术、功能的集成或局部的优化和调整，一旦系统规模较大、结构较复杂，就很难找到优化系统的有效方法了。而作为一个合格的综合布线者，不仅应具备建设系统的能力，而且要对所建成的系统进行优化和协调，这应成为综合布线项目的验收指标之一。

3. 重视工程规范和质量管理

综合布线应对工程管理规范化和系统化极为重视，这是关系到网络信息系统建设质量的大问题。综合布线本身是一项系统工程，必须以科学化、系统化、规范化的管理手段来实现。应做到所建的任何网络信息系统都有完备的文档和规范的数据，这也是目前其他行业大型工程项目建设行之有效的方法。

4. 建立良好的客户关系

综合布线系统的成败主要取决于技术、管理和客户关系三个因素。其中技术是基础，管理是保障，良好的客户关系是关键。因为综合布线系统建设方不是代表设备厂商的利益，而是代表客户的利益来建设系统的。系统建成后，将交付给客户直接使用，因此加强与客户的沟通和交流，增进双方的理解与协调，是在整个综合布线过程中必须要坚持的。

综合布线的客户服务与客户关系要注意如下几个问题：

1）将设计方案、工程管理规范向客户做全面、详尽的介绍，并反复讨论，征得客户的理解和支持。

2）在工程实施过程中，综合布线技术人员和客户方技术人员共同工作在一线。客户方遇到问题或不解之处，技术人员应耐心讲解，这使综合布线者不仅能得到客户方的大力支持，保证了工程的顺利进行，同时还为客户培养了一支技术较过硬的队伍，为以后的系统维护和管理奠定了基础，减少了综合布线方的开销。

实践证明，这种开放式的客户服务不仅能建立良好的客户关系，锻炼自己的队伍，加强为客户服务的观念，而且能保证工程实施过程中与用户保持良好和谐的合作关系，大大加强了工程进展。

12.1.3 资质经验

《计算机信息系统集成资质管理办法》将计算机信息综合布线资质等级分为一～四级共四个等级，综合布线资质等级评定要求见表12-1。

表12-1 综合布线资质等级评定要求

等级	注册资本 /万元	近3年累计工 程量/万元	技术人员		技术负责人		可独立承担的项目 集成项目
			人数/人	本科以上	职称	综合布线经验年限/年	
一	1200	20000	100	80%	高级	5	国家级
二	500	10000	50	80%	高级	4	省级
三	100	4000	20	70%	中级	3	中小企业
四	30	1000	10	70%	中级	2	小企业

综合布线资质等级一、二级资质向中华人民共和国工业和信息化部申请，三、四级资质向省信息产业厅申请。

申请资质认证的条件有以下几个：

1）具有独立法人地位。

2）独立或合作从事计算机信息综合布线业务两年以上（含两年）。

3）具有从事计算机信息综合布线的能力，并完成过3个以上（含3个）计算机信息综合布线项目。

4）具有胜任计算机信息综合布线的专职人员队伍和组织管理体系。

5）具有固定的工作场所和先进的信息系统开发、集成的设备环境。

6）选择合格集成商，凡需要建设计算机信息系统的单位，应选择具有相应等级资质证书的计算机信息综合布线单位来承建计算机信息系统。

12.2 综合布线工程的施工管理

12.2.1 综合布线工程项目生命期

每个项目的过程都有其特定的发展阶段，准确地了解这些阶段有利于项目管理层或上层管理更好地控制企业的资源，实现项目目标和企业既定目标。这些发展阶段被称为项目生命期。综合布线工程项目生命期阶段如图12-1所示，图中显示了每个阶段投入的相关资源和时间资源的分布情况。在项目生命期的运行过程当中的不同阶段里，由不同的人、组织和相关资源扮演主要角色。

各种类别的项目，其生命期可能有所不同，但总体而言，项目生命期可以分为4个大的阶段：概念阶段（Conceive）、开发阶段（Develop）、执行阶段（Execute）、结束阶段（Finish）。根据其英文含义，目前多简写为CDEF4各阶段，对应了图12-1的启动、计划、实施、收尾4个阶段。

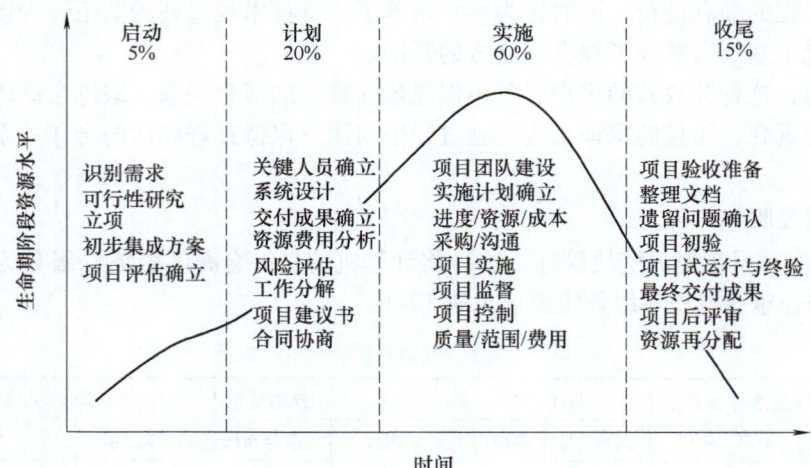

图 12-1　综合布线工程项目生命期阶段

1. 项目的启动阶段

项目的启动阶段，即提出概念的阶段，包括识别需求、可行性研究分析和项目评估等。该阶段是客户和承包商在项目前期交互，使需求清晰化的一个过程。客户根据自身需求，向个人、项目团队或承包商提出需求分析说明书（或建议书）、相关技术和实施方案等，同时双方都要完成可行性分析、项目立项、项目评估等。

2. 项目的计划阶段

项目的计划阶段，也就是开发阶段。该阶段对前一阶段的各要素进行提炼，确立解决需求或相关问题的具体技术的、管理的或实施的方案，将会有一个或多个承包商向客户提交书面项目建议书（需求申请书或需求分析说明书等），其中应该包含项目背景描述、目标确认、工作范围界定、资源计划、进度计划、质量控制计划和承诺、费用估算、相关技术及实施方案等。如果是竞标项目，还要确定是否投标，其项目建议书可转化为总投标书。当然在这一阶段，所有的文件及其标准，都将产生并确认，如合同、验收使用、沟通及控制的标准等文件。

3. 项目的实施阶段

项目的实施阶段，即执行阶段。在该阶段客户已经选择了能更好地满足其需求的个人或承包商，并与该个人或承包商签订了项目合同。项目团队已经组建后，根据项目建议书，进一步详细制订实施计划，然后执行该计划，对项目合同、采购、质量、沟通、费用、进度、资源、变更、阶段审计等进行实际的管理与控制，以实现控制目标，达到客户的需求，获得用户的认可。

4. 项目的收尾阶段

项目的收尾阶段，即结束阶段。该阶段是在项目实施完成后的一个检查和交付的过程，包括对项目范围的确认、项目交付的质量、文档资料的验收、项目交接与清算、项目审计与评估。

收尾一般强调投资方的项目审计和评估，但实际上承包商除了要参与投资方的项目审计和评估外，其自身应该从项目可行性、项目管理及实施等角度来审计和评估项目完成的情况、实施及管理情况。这是因为客户的接受或验收通过只能作为项目完成的依据，还不能作为承约方的项目实施及管理成功的依据，有可能在成本、进度、质量等方面有重大缺陷，比如项目质量和进度绩效非常好，但成本严重超支，导致合同利润的严重下降或已无利润可言，那么该项目就不能算是成功的项目。

虽然项目生命期可以划分为以上 4 个阶段，但每个项目依据其业务需求、实施内容、复杂程度和规模大小等因素，项目生命期的时间长短也会因此有很大的跨度，可能是几天，也可能是几年。项目生命期只是描述了项目从开始到结束所经历的各个阶段，实际工作中需要根据不同领域或方法再进行具体的划分。

12.2.2 综合布线工程项目启动

项目启动主要是由客户（投资方）主导的项目过程。客户（投资方）通过市场行为（比如市场调研）发现（或寻找）商业机会，提出实现商业机会的需求，并向选定的相关承包商提交需求建议书。承包商根据需求与客户交流并完成需求分析，提交需求分析说明书和技术解决方案。客户会根据承包商的方案加以可行性分析，最终选定理想的承包商，启动项目。

1. 项目启动的典型活动

各种类型的项目根据客户（或投资方）和承包商的不同，其启动过程也不一样，普遍认为项目启动包含以下几个主要的活动

1）识别需求。
2）项目目标的确定。
3）项目可行性分析。
4）项目立项。
5）项目的初步方案。
6）项目章程的确定。

2. 识别需求

对客户而言，识别需求是项目启动过程中和整个项目生命期的最初活动，客户通过识别商业或市场需求、机会，确定投资方向和项目机会。在这个过程中，将为项目的目标确定、可行性分析和项目立项提供直接、有效的依据，为需求建议书的撰写提供依据。

当然，客户在识别需求、机会和问题的时候，必须清晰地定义问题和需求，这也就意味着要从事大量的问题信息、资料的收集工作。一旦确定了相关问题和需求，并证实了项目将会获得很大利益，客户（或投资方）就可以开始准备需求建议书了。

对承包商而言，识别需求是得到客户的需求建议书后，或者只是得到客户初步需求意向后，项目团队从技术实现、应用和项目实施的角度识别客户实际存在的问题、基本意图和真实想法，从而与客户有效地沟通，准确分析需求和问题，为制订可行、合理、正确的技术及实施解决方案提供依据，为公司立项决策提供参考。承包商可以提交一份清晰的需求分析说明书，请客户予以确认，从而达到最终的需求共识。

指定需求建议书的目的，就是从客户的角度进行全面、详细的论述，论述为了达成确定的需求应需要做何具体的准备。对于一个项目而言，特别是对于较复杂的项目而言，需求建议书（RFP）应当是全面的，并且能够提供足够而详细的信息，以使承包商或项目团队能针对客户的具体需求相应地准备一份有竞争力的、合理的项目申请书或项目建议书。

3. 项目目标的确定

承包商需要向客户提交项目建议书或其中的主要部分，其详细程度视项目的复杂度和客户的 RFP 内容而定。承包商或项目团队在研究、分析客户的需求建议书后，结合当前市场情况与客户充分交流，针对分析和沟通的结果，设计、制订并回复技术/实施解决方案。

方案通常包含**技术方案、管理和项目费用** 3 个方面的主要内容。

(1) **技术方案部分**　项目建议书中该部分的目的是使客户认识到，承包商已正确理解需求或问题，并且能够提供风险最低且收益最大的解决方案。技术方案一般包括以下组成部分：

1) 理解问题。承包商应当用自己的方式来表明对客户的问题或需求的理解，这一部分等同于需求分析说明，在识别需求时就应该完成。

2) 提出解决方案。针对需求和分析结果，承包商或项目团队提出和制订问题解决和相关功能实现的技术方案。而且，该方案必须使客户认识到整个系统的设计、开发、集成的方式和方法是合理的、富有逻辑的，可以实现且满足客户的合理需求。

3) 客户的收益。承包商要着重体现其方案会给客户带来哪些方面的收益，是系统质量方面、性能稳定方面、运行成本方面还是商业的服务方面等。客户将之与其他承包商的方案相比较后，发现项目建议书的价值所在，决定项目建议书的取舍。

如果承包商不能满足客户的需求，或者无法满足客户不合理、不恰当的需求，那么应当在项目建议书中说明或提出替换选择，确认无法完成的原因和理由。如对于一个网络综合布线项目，客户提出集成商必须提供电源的设计、采购和安装，可能由于集成商没有专项技术或费用太大而提出异议。但承包商应该仔细分析不同的情况，考虑后而定，以免丧失机会。

(2) **管理部分**　管理部分的目的是客户确信承包商有能力做好项目所提出的工作，组织好项目的实施，并能收到预期结果。管理部分一般包括以下组成部分：

1) 工作任务描述。承包商应根据对需求的分析和理解，界定在项目中将要执行的主要任务，并且提供每个主要任务的简单描述。最好不要体现每个任务的详细活动单元清单，这应该在合同签订后，具体计划制订时完成，而且不要照本宣科，应该有所扩展。

2) 交付物。项目涉及的一系列交付物，包括项目进行中各个阶段或过程产生的结果，如项目计划阶段的总体计划书等。

3) 明确项目进度计划。项目承包商可以以图表形式，如甘特图、网络图等，向客户提出完成项目主要任务的进度计划，其进度计划必须清楚表明能在客户要求的范围内完成。

4) 相关经验的描述。承包商应该简洁描述过去曾承包和实施的每一个类似项目，并解释说明将类似项目中得来的经验如何有效地、成功地利用到客户项目中，同时最好列出原类似项目的承包金额和原客户的评价、新闻，展示给客户其自身的能力。

5) 项目组织。承包商应当描述如何组织、规划各项工作和人力、物力资源，以便执行项目。对于大型的项目，应该设计一个项目组织结构图，包含各部分主要任务（或子项目）的组织单元、负责人和沟通渠道。

6) 项目设备和工具。项目会要求承包商使用特定或特殊设备，如光时域反射仪（OTDR）、光纤熔接机等。这种情况下，承包商应提供自己拥有相关设备和工具的说明，以便使客户确信承包商拥有必备的资源。

(3) **项目费用部分** 该部分的目的是使客户确信，承包商的项目建议书所提出的项目费用是符合实际的、合理的。当然，根据客户的需求不同，对项目费用的表述也有所不同，有些项目需要提供一个总价，有些项目需要给出总价的明细。

4. 项目可行性分析

项目可行性分析的目的就是为决策层提供判断项目是否可行和投资决策的依据，其结果应该有可行或不可行两种。如果限定必须证明可行，那么可行性分析就失去了意义。现实中，有些项目经过合理分析，发现不可行的结果比可行的结果收益还要大，这不但减少了盲目投资，还避免了巨大的浪费。

针对项目不同的主体，客观上客户和承包商都应该对项目进行有效的可行性分析。可行性分析一般都包括机会研究、初步可行性分析、正式可行性分析3个阶段。每个阶段都是一个独立的分析过程，根据项目情况也可以跨越阶段来进行。

5. 项目立项

这里的立项不包含市场行为后的项目选择，而是指经过项目可行性分析后，确立具体的可投资项目（客户方）或可承接项目（承包商）的过程。

项目立项的目的，就是决策层对项目投资、实施的认可，其前提是完成项目的可行性研究，并且结果是可行的。但可行的项目可能不止一个，因此在这个前提下，还需要根据具体情况做进一步的筛选和决策。客户（或承包商）需要向本企业公开说明项目立项的情况，并完成立项的审批过程。

6. 项目启动过程的结束标志

项目立项完成后，项目章程的制订和发布将是项目启动过程的一个结束标志，但并非是必要的标志。

12.2.3 综合布线工程项目计划

计划是项目管理中基础、重要的组成部分。由于项目是去做没有做过的事情，或是对原有工作的革新，因此计划编制对项目来说非常重要，没有一个有效的计划，项目的成功概率将会大打折扣。项目计划是一个综合的概念，凡是为实现项目目标而进行的活动都应该纳入计划之中。

项目计划确定具体需要做什么，明确由谁来做和需要什么支持，确定用多长时间以及对项目成本进行具体规划。

1. 项目计划包括的典型活动

项目计划的制订是贯彻项目生命期的持续不断的工作，计划过程是一个反复的过程。计划工作应该与项目的规模及计划所提供资料和信息的用途的大小相适应。一个详细的项目计划过程包括以下内容：

确定和定义项目工作范围、确定为执行项目而需要进行的工作范围内的特定活动、明确每项活动的职责、确定这些活动的逻辑关系和完成顺序、估算每项活动的历时时间和资源；制订项目计划及其辅助计划。

2. 项目计划的作用

在现代项目管理中，项目计划阶段的工作越来越重视，它已成为项目组织管理工作的重点之一。项目计划也是项目经理的一项基本职责，是项目经理进行项目管理的核心，它要求项目经理的项目管理团队通过合理使用企业的资源、费用、时间，有效地把握项目的未来，实现预期的目标。

项目计划阶段通过对项目的定义和各项计划的制订过程，可以明确项目实施的各项职能发挥的资源来源，明确任务执行责任对象和接口，确定清晰的项目组织结构。

项目各项工作的实际实施者一定要参与计划制订。如果参与了项目计划制订，就能够调动项目团队成员的积极性，团队中的每个成员就会更加积极主动地完成他们各自的任务。当然，对于一个大的复杂项目，特别是对于有子项目的项目，子项目负责人参与计划制订有利于计划的合理性体现，便于实际控制。

在项目计划的制订过程中，项目经理应该是一个协调和沟通的枢纽，与客户及其相关项目关系人进行充分的交流和沟通。这一过程中，项目经理应该与多方面专业人员（如技术、财务、商务等）接触，同时要使项目团队成员务必充分认识到项目计划的重要性，因为有些技术人员往往忽略计划的地位。

3. 项目计划的确认

项目经理在项目计划制订完成后，应该对项目计划予以确认，只有已被确认的项目计划才能作为项目实施和控制的现实性的指导文件。

项目计划的确认应该包含以下3个方面：

1）项目管理团队对计划的认可，是项目实施的有效依据和团队的共同约定，能保证项目团队管理的有效性。

2）企业管理层和项目职能涉及的相关部门对计划的认可，为项目实施提供资源基础和行政保障。

3）项目客户和最终用户对项目计划的认可，可以明确项目管理及其实施的分工界面，明确项目的具体目标，清楚地界定双方责任，从而增强项目的透明度，提高客户满意程度。

只有达到以上3个方面，特别是后两个，才能将项目总体计划付诸行动。其中项目总体计划也可称为指导项目实施的基准计划。

12.2.4　综合布线工程项目实施与控制

项目生命期进入实施阶段后，资源利用随之增加，控制力度不断加强，这时就需要进行控制调整，以保证项目不偏离目标，综合布线工程项目管理流程如图12-2所示。

1. 项目实施

项目实施是为了实现项目目标、完成项目规定的最终交付成果，依据项目基准计划，通过一系列具体、实际的活动准则，及时地完成项目中的各项工作，并得到客户满意和认可的过程。

项目实施过程主要包括的典型活动有项目团队的建设和发展、项目信息系统的建设、项目按计划执行的过程和项目的采购管理。

以上4个活动只代表了项目实施阶段的几个普遍存在的典型过程，具体的项目可根据项目的特点和实际情况分成不同的实施过程。

2. 项目控制

项目控制，即有效地控制项目，其关键是及时、定期地监测项目的实际进展，并与基准进程相比较，如有必要应采取纠正措施，处理隐患，降低项目的各种风险。

对于项目的任何变化情况，都应该加以重视。希望不必采取措施干预问题就自动消失的想法是幼稚的，只是针对不同的变化情况重点不同，处理的力度不同而已。

虽然项目控制在项目的实施过程中显得尤为突出和重要，但是也只是项目管理过程中整体控制的一部分。在项目启动开始时，项目的控制就应该启动，及早地进行项目规划和控制，可降低项目的实施风险，便于执行项目和实现项目目标。理想情况下，若项目控制得当，项目实施过程应该完全遵照项目计划发展，但实现并非如此。

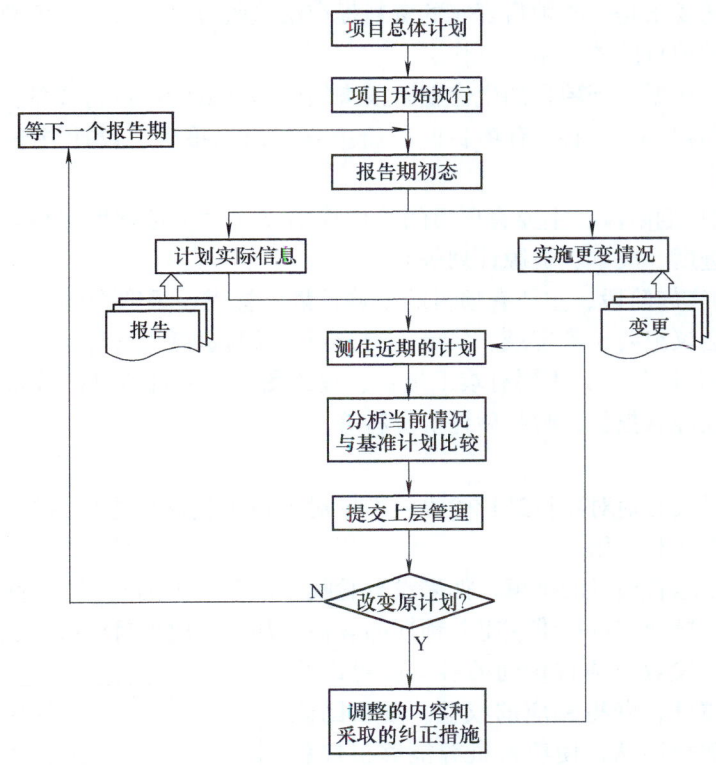

图 12-2　综合布线工程项目管理流程

12.2.5　综合布线工程项目收尾

收尾阶段开始于项目的交付物和工作绩效已经符合了客户的要求，客户已经认可项目交付成果的时候。项目的收尾也是项目的相关合同收尾和项目管理收尾的过程。合理有序地结束项目可以从项目中获得相关经验，以便指导和改善未来项目，同时完成项目交付成果的检验和交接。

项目的收尾工作一般包含项目工作范围的确认、项目的相关文件准备、项目的验收、项目的验收后评价等几个典型活动。

1. 项目工作范围的确认

项目的收尾阶段对工作范围的确认，是以合同中规定的项目工作内容和实际的工作成果、相关文件成果为依据的。它主要有两个方面：一是项目目标承包商是否按照要求完成，已经形成客户方可接受的交付成果；二是项目的工作范围是否有大的变更或变化，这是项目最终审计的依据之一，也是合同履行情况的证明。

对于合同双方确认的内容，双方应该签署正式的书面文件予以确认，并同时确认项目验收后的服务情况。

2. 项目的相关文件准备

项目的相关文件准备为项目验收打基础，是项目收尾阶段非常重要的一个环节。因为项目文件是项目整个生命期的详细记录和项目成果的重要体现形式。项目文件既是项目评价和验收的标准，也是项目交接、维护和验收后评价的重要原始证明。

对项目文件的要求是，必须将真实的资料提交给验收方，只有在对资料验收合格后，项目验收方才能开始项目的竣工验收工作。

项目文件主要根据不同项目的生命期阶段来划分，并分阶段进行准备：

1）在项目启动阶段，主要有项目的科研报告、论证报告、设计方案、决策报告（立项）、项目章程等。

2）在项目的计划阶段，主要有项目的总体计划书（含项目背景资料、项目目标、项目工作分解结构、进度、成本、资源计划等）。

3）在项目的实施阶段，主要有项目的采购计划、标书、采购合同、供应商资料、各种变更文件、现场会议纪要、备忘录、质量检测记录、项目进度报告等。

4）在项目的收尾阶段，主要有竣工报告、竣工图样、项目质量验收报告、项目文件验收报告、项目验收确认报告、验收后评价资料等。

3. 项目的验收

在项目收尾时及时地对项目进行验收，不论对项目承包商还是项目投资方和项目本身，都有非常重要的意义和作用。

项目的验收标志着项目的结束，如果没有验收（或有很大的延误），就可能造成项目达不到服务的目的，投资方将很难获得其预期的效益，甚至造成项目没有存在的意义的后果。

若项目顺利地验收，项目合同的各方就可以终止各自的义务和责任，获得相应的权益。项目团队可以总结经验，解散团队，使项目资源能够很快利用于其他项目。

项目的竣工验收是保证合同完成、提高质量水平的最后关口，可以及时发现和解决一些影响正常运营的问题，确保项目能够按设计要求的技术、经济指标正常地交付使用。对于投资方而言，可使项目很快投入使用，发挥投资效益。

综合布线项目验收程序如图12-3所示，从图中可以看出，项目的验收是以交付成果为验收依据的有阶段性的验收，该综合布线项目将验收分为3个阶段，即系统初步验收、系统试运行、系统最终验收。

在实际中，不同的项目有不同的验收方式，有的是按照生命期分阶段验收，有的是按照整体交付

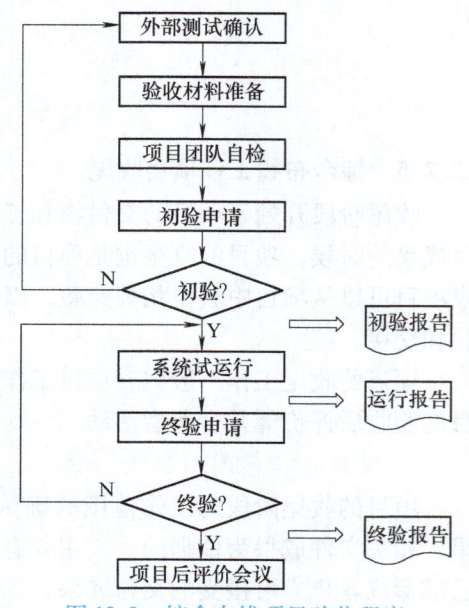

图12-3 综合布线项目验收程序

成果进行一次验收，有的是按照项目验收的范围和项目的特点制订验收方式。不论哪种验收方式，项目质量验收和项目文件验收都是项目验收中必要的、不可分割的重要组成部分。

（1）项目质量验收　项目质量验收是考察和评价项目成功与否的重要方面，是依据项目计划阶段制订的质量计划中的范围划分、指标要求和相关合同中的质量条款，遵循相关的质量评定标准，对项目的质量进行认可评定和办理验收交接手续的过程。

在项目管理中，对质量没有一个统一的标准和概念，对于不同的项目及其特点，质量验收的标准也不一样。但当前业界一个共识是质量应是一个过程而非一个产品，质量验收也是质量的全过程验收。在项目的规划、实施、竣工等不同时期对项目的质量都要验收，以保证项目合格。在项目质量评定中，不但要考虑交付成果（或各阶段性的工作成果）的质量情况，还要考虑项目管理和控制的质量。

项目质量验收的结果将产生项目质量评定报告和项目技术资料。项目质量评定的主要内容有详细评定项目各组成部分的质量等级、不同阶段的质量检测结果、项目质量的最终评价等。

（2）项目文件验收　项目团队应根据项目进行的不同阶段，按照合同条款有关资料验收的范围及清单，准备完成项目文件。文件准备完成后，项目经理应该组织项目团队进行自检和预验收，合格后将文件装订成册，按照文档管理方式妥善保管，并送交项目验收方进行验收。

项目验收方在收到项目交验的申请及文件后，应组织人员按照合同资料清单或档案法规的要求，对项目文件进行验收、清点，对合格的文件立卷、归档，对不合格或有缺损的文件，通知项目团队（或承包商）采取措施进行修改或补充。只有项目文件验收完全合格后，才进行项目的整体验收。

对于承包商要注意的一点是，当所有项目文件验收合格后，承包商应该与投资方对项目文件的验收报告进行确认和签字，形成项目文件验收结果。

项目文件验收结果一般包括项目文件档案和项目文件验收报告。项目文件档案详细记录了项目的整个过程；而项目文件验收报告表明了项目文件质量的客观评价，是项目验收成果的证明之一。

4. 项目的验收后评价

很多项目在收尾阶段往往认为，项目验收完成了，项目也就结束了。但项目完成了并不代表项目是成功的，有可能还存在某些缺失之处，也有可能存在未来项目值得借鉴的经验。因此不论是承约方，还是投资方的项目团队，在项目收尾阶段都要做的一个重要的工作就是项目的验收后评价工作。验收后评价的目的是评估项目绩效，总结项目的得与失，以确定预期应从项目中获得的收益是否确实达到了，并确定为改善将来的项目绩效应该做些什么。

完成项目后的评价工作主要通过项目的评估会议来实现。这些会议应在内部举行，由项目团队及其客户参加。

当然，项目也可能由于客户不满意而被迫停止。如果由于客户不满意而使项目提前结束，那么对承包商而言，无论在经济利益上、声誉上和信誉上还是将来的发展空间上，都将产生很大的影响。

课后练习题

1. 填空题

（1）综合布线工程项目的生命期共分为_____个阶段，分别是_____。

（2）工程建设监理制对于_____、_____和_____，以及_____上都发挥了主要的作用。

（3）综合布线的项目施工管理包含_____管理、_____管理和_____管理。

（4）综合布线系统项目生命周期大致可以分为_____、_____、_____、_____四个阶段。

（5）项目的收尾工作一般包含_____、_____、_____、_____等几个典型活动。

2. 选择题

（1）《计算机信息系统集成资质管理办法》规定，一级资质的项目承接商其注册资本为（　　）。

A．￥1200万　　B．￥1000万　　C．￥2000万　　D．￥500万

（2）以下不是综合布线工程技术/实施解决方案的主要内容的是（　　）。

A．技术方案　　B．管理　　C．项目费用　　D．项目合同

3. 简答题

（1）简述综合布线工程项目计划的主要内容及其作用。

（2）简述综合布线项目实施过程中的典型活动。

第 13 章　综合布线工程招投标

工程招投标的目的是为了在建设市场中引入竞争机制，也是国际上采用的较为完善的工程项目承包方式。综合布线工程招投标可以是建筑弱电系统项目中的子项，也可以作为独立的项目进行，主要包括项目设计方案、施工方案和管理方案。

13.1　招投标概述

工程项目招标是指业主对自愿参加工程项目投标的投标者及其所提供的投标书进行审查、评议，确定中标单位的过程。业主对项目的建设地点、规模容量、质量要求和工程进度等予以明确后，向社会公开招标、邀请招标或邀请议标。根据投标者的资质、业绩、技术方案、工程报价、技术水平、人员组成及素质、施工能力和措施、工程经验、企业财务及信誉等方面进行综合评价、全面分析，择优选择中标单位。投标者是响应招标、参加投标竞争的法人或其他组织。

1. 招标方式

工程招标的方式主要有公开招标和邀请招标两种形式。

（1）公开招标　公开招标即无限竞争招标，指招标单位通过在国家制定的报刊、信息网络或其他媒介发布招标公告，所有符合招标要求的法人或其他组织均可参加投标的招标方式。这种招标方式为所有系统集成商提供了一个平等竞争的平台，有利于选择优良的施工单位，有利于控制工程的造价和施工质量。但由于投标单位较多，因此，会增加资格预审和评标的工作量。

（2）邀请招标　邀请招标属于有限竞争招标，是招标单位向其认为有承建能力、资信良好的承建单位直接发出投标邀请的招标形式。根据工程的大小不同，一般邀请5~10家单位参加投标，但不能少于3个单位参加，条件许可的话，应邀请不同地区、不同系统的承建单位参加。这种招标方式存在一定的局限性，但会显著地降低工程评标的工程量，因此目前综合布线工程的投标还是以邀请招标方式为主。

2. 招标程序

任何一种招标方式，业主都必须按照规定的程序进行招标，并要制订统一的招标文件。

招标程序包括编制招标文件、投标者资格预审、发放招标文件、开标、评标与定标、签订合同6个步骤。

3. 投标程序

投标程序包括从填写资格预审表开始至将正式投标文件交付业主为止的全部工作，主要包括以下内容：

1）购买招标书。
2）分析招标文件、进行现场勘查、编制方案、确定工程投标报价。
3）编制投标文件。
4）封送投标书。
5）参加开标（及问题解答）。

13.2 招标文件的编制

《中华人民共和国招标投标法》第十九条规定：招标者应当根据招标项目的特点和需要编制招标文件。招标文件应当包括招标项目的技术要求、对投标者资格审查的标准、投标报价要求和评价标准等所有实质性要求和条件以及拟签订合同的主要条款。

1. 招标文件的编制原则

工程招标文件是由建设单位编写的用于项目建设招标的文档，它是投标单位编制投标书的依据，评标的准绳。编制招标文件必须做到系统、完整、准确、明了，其编制原则如下：

1）按照《中华人民共和国招标投标法》规定，招标单位应该具备下列条件：
① 是依法成立的法人或其他组织；
② 有与招标工程相适应的经济；
③ 招标项目按照国家有关规定需要履行项目审批手续的，应当先履行审批手续，取得批准。

2）招标文件必须符合国家的合同法、经济法、招标法等多项有关法规。

3）招标文件应准确、详细地反映项目的客观真实情况，减少签约和履约过程中的争议。

4）招标文件涉及投标者须知合同条件、规范、工程量表等多项内容，力求统一和规范用语。

5）坚持公正原则，不受部门、行业、地区限制，招标单位不得有亲有疏，特别是对于外部门、外地区的投标单位应提供方便，不得借故阻挠。

6）在编制招标文件的部分，综合布线系统应作为一个单项子系统分列。

2. 招标文件内容

招标文件是招标者向承包商提供的书面文件，旨在为其提供编写投标文件所需的资料，并向其通报招标将依据的规则和程序等内容。招标文件主要包括投标邀请书、投标者须知、合同条款、规范、图样、工程量、投标文件格式、补充资料表、合同协议书及各类保证等。其中，招标项目的技术要求、对投标者资格审查的标准、投标报价要求和评价标准等是招标文件的实质性要求和条件。

（1）**投标邀请书**　投标邀请书应包含以下内容：
1）建设单位招标项目性质。
2）资金来源。
3）工程简况（综合布线系统功能要求、信息点数量分布情况）。
4）技术规格。
5）发售招标文件的时间、地点、售价。
6）投标书送交的地点、份数（正本和副本）和截止时间。
7）提交投标保证金的规定幅度和时间。
8）开标的日期、时间和地点。
9）现场考察和召开说明会议的日期、时间和地点。

（2）**投标者须知**　投标者须知是招标文件的重要内容，每个条款都是投标者应该知晓和遵守的规则的说明，包括：

1）资格要求，包含投标者的资质等级要求、投标者的施工业绩、设备及材料的相关证明、施工技术人员的相关材料等。

2）投标文件要求，包括投标书及其附件、投标保证金、辅助资料表等。

3）投标报价，是投标者评标时衡量的重要因素，一般应要求投标者对要完成的项目做出明确报价，作为今后合同履行的价格。

4）投标有效期，从投标截止日起到中标日为止的一段时间。

5）投标保证，投标方一般根据项目的规模要求在开标前预交部分资金作为竞标的保证，一般不超过投标总价的2%，中标人确定后，对落标的投标者应在7天内及时将其投标保证金退还给他们。

6）评标的标准和方法，给出评标时将采用的评判方式，如低价中标、综合评分高者中标等。

（3）**主要合同条款** 合同条款应明确要完成的工程范围、供货范围。其中主要是商务性条款，有利于投标者了解中标后签订合同的主要内容，明确双方各自的权利和义务。除一般合同条款外，合同中还应包括招标项目和特殊合同条款。

13.3 投标文件的编制

根据《中华人民共和国招标投标法》第二十七条规定：投标者应当按照招标文件的要求编制投标文件，并做出实质性的响应。所谓投标文件的实质性响应就是投标文件应该与招标文件的所有实质性要求相符，无显著性差异或保留。如果投标文件与招标文件规定的实质性要求不相符，即可认定投标文件不符合招标文件的要求，招标者可以拒绝该投标，并不允许投标者修改或撤销其不符合要求的差异或保留使之成为实质性响应的投标。

1. 投标文件的组成

投标文件的组成通常包括投标书、投标书附件、投标保证金、法定代表人资格证明书、授权委托书、具有标价的工程量清单与报价表、完成项目的组织计划、资格审查表、对招标文件的合同协议条款内容的确认与响应和招标文件规定提交的其他资料。

2. 投标文件的编制过程

（1）**编写前的准备** 投标文件是承包商参与投标竞争的重要凭证；是评标、中标和订立合同的依据；是投标者素质的综合反映和能否获得经济效益的重要因素。因此，投标者对投标文件的编制应引起足够的重视。

主要准备工作包括：

1）现场考察。要结合招标书调查了解工程主体情况、工地及周边环境、电力情况、本工程与其他工程间的关系和工地附近住宿及加工条件，然后分析招标文件、校核工程量、编制完成工程的组织计划。

2）研究招标文件。应重点考虑投标须知、合同条款、设计图样和工程量。

3）工程量确定。投标者根据工程规模核准工程量，并进行询价与市场调查，根据自己的情况对于工程的费用做出正确核算，以便做出合适的报价。

4）编制完成工程的组织计划。一般包括人力、物力组织计划和采取的方法、工程进度安排、组织制度等，原则是在保证工程质量与工期的前提下，如何降低成本和增长利润。

（2）**编制投标文件** 投标者应严格按照投标文件的投标须知、合同条款附件的要求编制投标文件，逐项逐条回答招标文件，顺序和编号应与招标文件一致，一般不带任何附加条件，否则将导致投标作废。投标文件对招标文件未提出异议的条款，均被视为接受和同意。

投标文件一般包括商务部分与技术方案部分，需特别注重技术方案的描述。技术方案应根据招标书提供的建筑物平面图及功能划分、信息点的分布情况，确定布线系统应达到的等级标准；推荐产品的型号、规格；提出应遵循的标准与规范；对安装及测试要求等方面充分理解和思考并做出完整的论述。技术方案应具有一定的深度，可以体现布线系统的配置方案和安装设计方案，还要提出建议性的技术方案，供业主与评审评议。切记避免过多地对厂家产品进行繁琐的全文照搬。

投标书应根据建筑物的具体类型，做出具有特点和切实可行的技术方案。系统设计应遵循先进性、成熟性、使用性、服务性、便利性、经济合理性、标准化、灵活性、开放性和集成与扩展性原则。

(3) 投标文件编制中的注意事项

1）技术方案。在与招标书相符的情况下，技术方案力求描述详细一些，主要提出方案的考虑原则、思路和各种推荐方案的可行性比较，其中建议性的方案不可缺少，是评委成员评审的重点。

2）工程投标报价。在招标书的要求下，投标者应做充分的市场分析和经济评估，工程造价应有单价，并反映出中档的造价水平，以免产生盲目报价和恶性竞争的局面。报价应进行单价、利润和成本分析，并选定定额，确定费率，投标的报价应取在适中的水平，一般应考虑综合布线系统的等级、产品的档次及配置量。工程报价可包括根据器材的清单计算的设备与主材价格、根据相关预算定额取定的工程安装调测费、酌情考虑的工程其他费、优惠价格和工程造价。

3）施工实施措施与施工组织、工程进度，主要体现在工程施工质量、工期和目标的保证体系上。

4）售后服务与承诺，主要体现在工程价格的优惠条件及备品备件提供、工程保证期、项目的维护响应、软件升级、培训等方面的承诺，优惠条件应切实可行。

5）企业资质。企业必须具备工程项目相应的等级资质，注重是否存在虚假资质证明材料。

6）评优工程与业绩。一般要体现近3年具有代表性的工程业绩，应反映出工程的名称、规模、地点、投资情况、合同文本内容和建设单位的工程验收与评价意见，对于获奖工程应有相应的证明文件。

7）建议方案。在招标书要求的基础上，主要对技术方案提出建设性情况意见，并阐述充分的理由（建议方案必须在基本方案的基础上另行提出）。

8）推荐的产品。应体现产品的性能、规格、技术参数、特点，具体内容可以用附件形式表示。

9）图样及技术资料、文件。投标书的文本质量应体现清晰、完整及符合格式要求。图样应有实际的内容和达到一定的深度，并不完全强调篇幅的多少。

10）封送投标书。在招标文件要求提交的截止日期前，将准备妥当的所有投标文件密封送到招标单位。如果需要，可以在截止日期前修改、补充或撤回所提交的投标文件。

11）评标。在评标过程中，评委会要求投标者针对某些问题进行答复。因为时间有限，投标者应组织项目的管理和技术人员对评委提出的问题做简短、实质性的答复，尤其对建设性的意见阐明观点，不要反复介绍承包单位的情况和与工程无关的内容。

13.4 开标与合同签订

在投标截止时间前，投标单位必须将投标文件递交到招标单位。招标单位要注意检查所接受的投标文件是否按照招投标的规定进行密封，并在开标之前妥善保管好投标文件资料。

1. 开标

开标由招标单位或招标管理机构组织，所有投标单位代表在指定时间内到达现场。首先，招标单位或招标管理机构以公开方式拆除各单位投标文件密封标志；其次，逐一报出每个单位的竞标价格；然后，由招标单位或招标管理机构组织的评标专家对各单位的投标文件进行评审，即评标；最后确认中标单位，即定标。

评审的主要内容包括投标单位是否符合招标文件规定的资质和投标文件是否符合招标文件规定的技术要求。专家根据评分原则给各投标单位评分，根据评分分值大小推荐中标单位顺序。

2. 签订合同

通过开标、评标，确定中标单位后，招标单位应及时以书面形式通知中标单位，并要求中标单位在指定时间内签订合同，同时招标单位应在一周内通知未中标单位，并退回投标保函和投标保证金，未中标单位在收到投标保函后，应迅速取回招标文件。合同应包含工程造价、施工日期、验收条件、付款日期、售后服务承诺等重要条款。

课后练习题

1. 填空题

（1）工程项目的招标又可分为_____、_____两种方式。

（2）无论哪一种招标方式，业主都必须按照规定的程序进行招标，要制订统一的_____，招标程序包括_____、_____、_____、_____、_____5个步骤。

（3）投标文件一般包括_____与_____两部分。

2. 简答题

（1）投标文件由哪些附件组成？

（2）投标邀请书包括哪些内容？

参 考 文 献

[1] 于鹏，丁喜纲．网络综合布线技术［M］．北京：清华大学出版社，2009．
[2] 张宜．综合布线系统应用技术［M］．北京：电子工业出版社，2007．
[3] 杨光，杜庆波，杨前华．通信工程制图与概预算［M］．2 版．西安：西安电子科技大学出版社，2019．
[4] 张彝，董茜．网络综合布线工程技术［M］．北京：人民邮电出版社，2006．
[5] 邓文达，邓宁，肖立英．网络工程与综合布线［M］．北京：清华大学出版社，2007．
[6] 方水平，王怀群．综合布线实训教程［M］．2 版．北京：人民邮电出版社，2012．
[7] 李立高．通信光缆工程［M］．3 版．北京：人民邮电出版社，2020．